高等职业教育通信类系列教材

校企"双元"合作新形态立体化教材

鸿蒙智能互联设备开发

（微课版）

主　编　苗玉虎

参　编　陈涵瀛　冯永攀　林进挚

西安电子科技大学出版社

内 容 简 介

本书主要介绍了 OpenHarmony 的基础及使用 OpenHarmony 开发智能设备的方法与具体操作。全书分为基础篇和实践篇。其中：基础篇共 6 章，第 1 章为鸿蒙系统概述，第 2、3 章介绍鸿蒙设备开发环境、鸿蒙系统构建工具链以及鸿蒙系统基本操作，第 4、5 章介绍鸿蒙系统 LiteOS-M、LiteOS-A 内核，第 6 章介绍 HDF 驱动框架；实践篇包括 2 个项目，通过智能安防设备和智能出行设备的开发案例，讲解智能设备开发的实际操作。

本书可以作为应用型本科、高等职业技术院校及各类职业学校通信类、计算机类专业的教材，也可以作为教师、科研人员、工程技术人员和相关培训机构的参考书，还可以作为希望快速学习 OpenHarmony 智能设备开发技术的初、中级用户和自学者的学习用书。

图书在版编目(CIP)数据

鸿蒙智能互联设备开发：微课版 / 苗玉虎主编. -- 西安 ：西安
电子科技大学出版社, 2024. 9. -- ISBN 978-7-5606-7405-6

Ⅰ. TN929.53

中国国家版本馆 CIP 数据核字第 2024WD3132 号

策　　划　明政珠
责任编辑　孟秋黎
出版发行　西安电子科技大学出版社(西安市太白南路 2 号)
电　　话　(029)88202421　88201467　　　　邮　　编　710071
网　　址　www.xduph.com　　　　　　　　　电子邮箱　xdupfxb001@163.com
经　　销　新华书店
印刷单位　广东虎彩云印刷有限公司
版　　次　2024 年 9 月第 1 版　　　　　2024 年 9 月第 1 次印刷
开　　本　787 毫米×1092 毫米　1/16　　印　张　16.75
字　　数　395 千字
定　　价　51.00 元

ISBN 978-7-5606-7405-6

XDUP 7706001-1

*** 如有印装问题可调换 ***

前　言

鸿蒙系统是一款面向全场景(移动办公、运动健康、社交通信、媒体娱乐等)的分布式操作系统。在传统单设备系统能力的基础上,鸿蒙系统提出了基于同一套系统能力、适配多种终端形态的分布式理念,能够支持多种终端设备。

本书系统介绍了 OpenHarmony 嵌入式设备开发方法。通过学习,学生可以了解鸿蒙系统的前世今生,理解鸿蒙系统在国产操作系统领域的重大意义,增强爱国情怀,熟悉鸿蒙系统的技术特征,掌握基于 OpenHarmony 的智能设备开发方法,为未来开发优质的智能互联设备奠定基础。

鸿蒙智能互联设备开发

本书根据职业院校学生的认知特点,将 OpenHarmony 理论讲解和具体的实践操作相结合,针对 OpenHarmony 理论配置了 2 个项目。

全书分为基础篇和实践篇,基础篇共 6 章,实践篇包括 2 个项目。

第 1 章为鸿蒙系统概述,包括鸿蒙系统的发展历程、技术特征等内容。

第 2 章为鸿蒙设备开发环境和鸿蒙系统构建工具链,介绍鸿蒙设备开发实践准备阶段的相关知识。本章首先介绍搭建 OpenHarmony 开发环境的方法,结合大量图片,完整展示了开发环境的搭建过程;然后简单介绍构建工具链的基础知识,有助于学生了解编译工具链的意义。

第 3 章为鸿蒙系统基本操作,介绍开发实践基础阶段的相关知识,主要内容包括鸿蒙系统源码,简单程序的编写、编译和烧写过程等。通过学习,学生能够掌握基本的智能终端开发实操。

第 4 章为 LiteOS-M 内核,主要内容包括与轻量级系统有关的中断管理、任务管理、内存管理、内核通信、时间管理等。通过学习,学生能够掌握鸿蒙系统中轻量级系统的理论知识和内核的基本使用方法。

第 5 章为 LiteOS-A 内核,主要内容包括与小型系统有关的中断与异常处理、进程管理、内存管理、内核通信等。通过学习,学生能够掌握鸿蒙系统中小型系统的理论知识和内核的基本使用方法。

第 6 章为 HDF 驱动框架,主要内容包括 HDF 驱动框架的理论知识、驱动服务管理、驱动消息机制、驱动配置管理等。本章最后一节设置了一个简单的实验,以加深学生对 HDF 驱动框架的理解。

实践篇的项目 1 为智能安防设备开发，从搭建工程开始到驱动程序开发、应用程序开发，逐步指导学生开发智能安防设备及进行功能调试，使学生掌握智能安防设备开发的完整过程，具备使用轻量级系统开发智能设备的实践能力。

实践篇的项目 2 为智能出行设备开发，通过学习，学生能够具备使用小型系统开发智能设备的实践能力。

本书配套有丰富的教学资源，包括电子课件、电子教案、微课视频、动画视频、课后题库及答案等。其中，微课视频和动画视频可通过扫描书中二维码获取，其他资源可从西安电子科技大学出版社网站(https://www.xduph.com)下载。

本书由苗玉虎(深圳信息职业技术学院)与企业人员联合编写。在编写本书的过程中，编者得到了所在单位领导的大力支持和帮助，在此表示由衷的感谢！

由于编者水平有限，加之鸿蒙系统的技术架构正在日臻完善中，新应用场景层出不穷，本书在内容编排上难免存在疏漏与不足之处，敬请专家和读者批评指正。

编 者

2024 年 6 月

目　录

基　础　篇

实 践 篇

基础篇

第 1 章 鸿蒙系统概述

近年来，国产操作系统的应用逐步发展壮大，其越来越受到用户的青睐，国产操作系统给设备的开发也带来了新的机遇和挑战。

鸿蒙系统是国产操作系统的代表，本章主要介绍鸿蒙系统的发展历程以及鸿蒙系统的技术特征等内容。

1.1

鸿蒙系统发展概述

"鸿蒙"在中文中是指天地未开时一团混沌的元气，而鸿蒙系统寓意着其作为国产操作系统的开端，将开辟一个崭新的万物互联的时代。

1.1.1 鸿蒙系统的发展历程

鸿蒙操作系统的诞生

鸿蒙系统的发展经历了以下几个阶段。

第一阶段：准备阶段，鸿蒙系统的前身——分布式操作系统。

2012 年，华为技术有限公司(简称华为)的中央软件研究院提出这样两个问题：如果安卓系统不给我们用了怎么办？用什么系统来代替安卓系统？

于是华为提出了构建分布式操作系统的设想。

第二阶段：正式立项阶段。

2016 年，鸿蒙系统在华为内部正式立项，开始投入人力进行研发。

第三阶段：鸿蒙系统正式诞生。

2019 年 8 月，华为正式发布 HarmonyOS 1.0，中文名称"鸿蒙"。

2020 年 9 月，华为正式发布 HarmonyOS 2.0。

第四阶段：鸿蒙开源。

2020 年 9 月，华为将 HarmonyOS 2.0 源码捐赠给开放原子开源基金会，该基金会推出 OpenHarmonyOS 1.0 版本并提供免费下载。

开放原子开源基金会是由工信部牵头的非营利性民间组织机构，是我国首个开源软件基金会。

2021 年 6 月，开放原子开源基金会发布 OpenHarmonyOS 2.0。

第五阶段：HarmonyOS 3.0 发布。

2022 年 7 月，华为正式发布 HarmonyOS 3.0。

第六阶段：HarmonyOS 4.0 发布。

2023 年 8 月，华为正式发布 HarmonyOS 4.0。

鸿蒙系统的发展历程如表 1-1 所示。

表 1-1　鸿蒙系统的发展历程

时间	事　件
2012 年	华为 2012 实验室启动鸿蒙系统研究
2016 年	华为正式立项研发鸿蒙系统
2019 年 8 月	华为正式发布 HarmonyOS 1.0
2020 年 9 月	华为正式发布 HarmonyOS 2.0 并将源码捐赠给 开放原子开源基金会，该基金会推出 OpenHarmonyOS 1.0 版本并提供免费下载
2021 年 6 月	开放原子开源基金会发布 OpenHarmonyOS 2.0
2022 年 7 月	华为正式发布 HarmonyOS 3.0
2023 年 8 月	华为正式发布 HarmonyOS 4.0

1.1.2　鸿蒙生态建设

一个成功的操作系统，不仅需要吸引大量专业的开发者，还需要有庞大的用户群体，以及海量入局的软硬件厂商。因此，生态建设是操作系统的核心竞争力。

鸿蒙生态建设

1. 技术生态建设

从华为将鸿蒙系统的代码捐献给开放原子开源基金会至今，已有众多厂商加入鸿蒙生态建设的队伍当中。

鸿蒙系统开源两年后，OpenHarmony 在部分领域取得了一定进展。在 C(consumer，消费者)端，美的和苏泊尔等家电品牌加入 OpenHarmony 生态建设队伍中；在 B(business，企业用户)端，深开鸿、统信软件、软通动力、中科创达也纷纷发布了基于 OpenHarmony 打造的操作系统，并向各行各业输出。

开源鸿蒙已成为发展速度最快的操作系统，截至 2023 年年底，其拥有 238 款商用终端、186 款开发款和模组支持，并有 43 款基于 OpenHarmony 的发行版应用在教育、金融、交通、矿山等各领域,构筑起千行百业的信息基础设施底座。

我国消费者使用的大部分都是鸿蒙系统,这也是基于 OpenHarmony 开发设计的产品,被华为广泛应用于智能手机、智能手表、平板电脑、智慧屏等终端产品,搭载数量已经突破了 9 亿台。

2. 应用生态建设

鸿蒙系统是一款面向万物互联时代的、全新的分布式操作系统。

在传统单设备系统能力的基础上,鸿蒙系统给出了基于同一套系统能力、适配多种终端形态的分布式理念,能够支持手机、平板电脑、智能穿戴、智慧屏、车机等多种终端设备,提供全场景(移动办公、运动健康、社交通信、媒体娱乐等)业务能力。

华为提出的"$1+8+N$"全场景战略如图 1-1 所示。其中:"1"指智能手机;"8"指智慧屏、音响、眼镜、手表、车机、耳机、平板电脑、PC 等;"N"指围绕这关键的八大"行星",合作伙伴开发的 N 个"卫星",即移动办公、智能家居、运动健康、影音娱乐及智慧出行各大板块的延伸业务。

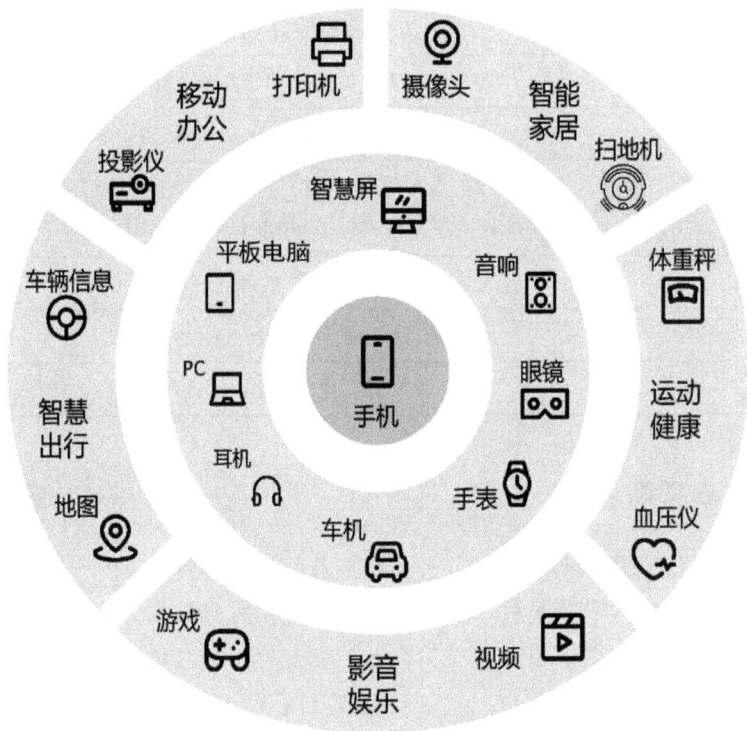

图 1-1　"$1+8+N$"示意图

3. 人才生态建设

鸿蒙生态系统的壮大离不开高校的参与。一方面,高校具有理论前瞻性,能够为鸿蒙系统注入未来发展的动力;另一方面,高校参与鸿蒙生态建设,能够将鸿蒙的生态技术知识向更多年轻学子普及,有利于鸿蒙系统的普及应用。总之,高校不但能够为鸿蒙系统的发展带来更加前沿的理论加持,还能够在培养鸿蒙系统研发人员方面作出不可替代的贡献,为鸿蒙生态未来的发展奠定坚实的人才和用户基础。

1.2

鸿蒙系统的技术架构和特征

鸿蒙操作系统
技术架构

鸿蒙系统的技术
架构和技术特征

鸿蒙系统的技术架构是怎样的？它具有哪些技术特征，支持什么系统类型？接下来我们带着这几个问题开始本节内容的学习。

1.2.1 鸿蒙系统的技术架构

鸿蒙系统的技术架构如图 1-2 所示。

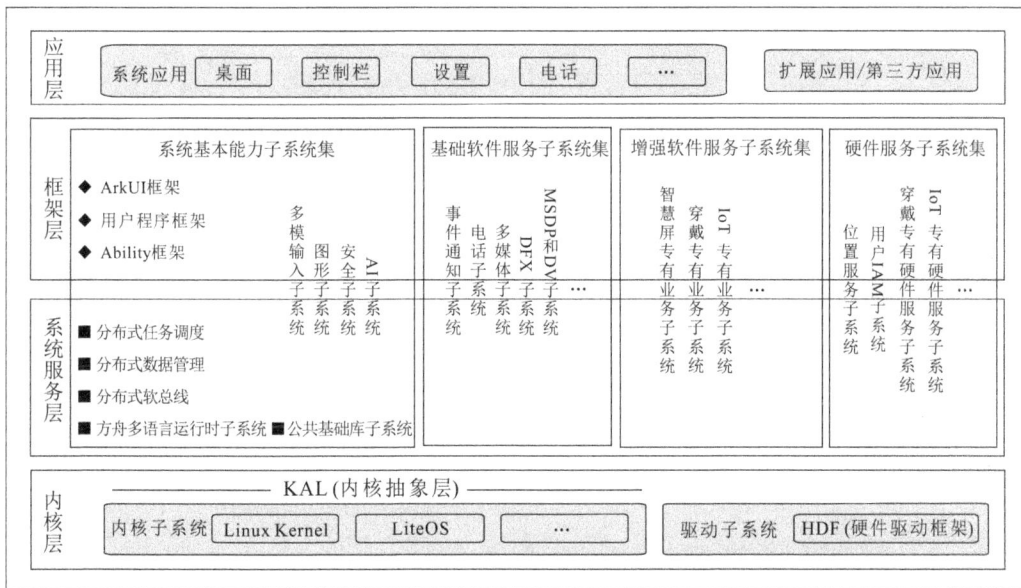

应用层	系统应用　桌面　控制栏　设置　电话　…　　扩展应用/第三方应用

框架层

系统基本能力子系统集	基础软件服务子系统集	增强软件服务子系统集	硬件服务子系统集
◆ ArkUI框架 ◆ 用户程序框架 ◆ Ability框架 多模输入子系统　图形子系统　安全子系统　AI子系统	MSDP和DV子系统 DFX子系统 事件通知子系统　电话子系统　多媒体子系统　…	智慧屏专有业务子系统　穿戴专有业务子系统　IoT专有业务子系统　…	穿戴专有硬件服务子系统　位置服务　用户IAM子系统　IoT专有硬件服务子系统　…

系统服务层

- ■ 分布式任务调度
- ■ 分布式数据管理
- ■ 分布式软总线
- ■ 方舟多语言运行时子系统　■ 公共基础库子系统

内核层

KAL (内核抽象层)
内核子系统　Linux Kernel　LiteOS　…　　驱动子系统　HDF (硬件驱动框架)

图 1-2　鸿蒙系统的技术架构

鸿蒙系统的技术架构共分为四层，从下向上依次为内核层、系统服务层、框架层和应用层。每层又包含了不同的子系统。

1. 内核层

内核层是最底层，包含了内核子系统和驱动子系统，如图 1-3 所示。

(1) 内核子系统。HarmonyOS 采用 Linux 内核和 LiteOS(轻量级物联网操作系统)的多内核设计，支持不同的设备选用适合的 OS 内核。内核抽象层(KAL，Kernel Abstract Layer)对上层提供基础的内核能力，包括进程管理、线程管理、内存管理、文件系统、网络管理和外设管理等。

(2) 驱动子系统。硬件驱动框架(HDF，Hardware Driver Fundation)是 HarmonyOS 硬件

生态开放的基础，提供统一外设访问能力和驱动开发、管理框架。

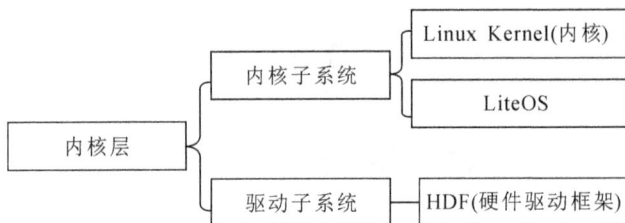

图 1-3　内核层

2. 系统服务层

系统服务层是 HarmonyOS 的核心能力集合，通过框架层为应用程序的运行提供各类服务。如图 1-4 所示，系统服务层包含以下四个部分。

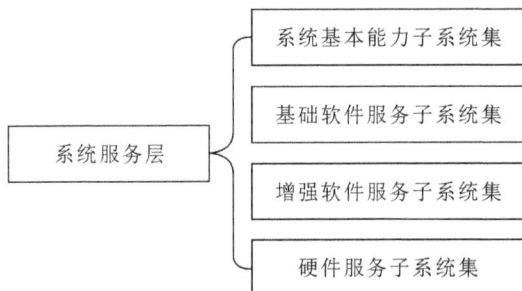

图 1-4　系统服务层

(1) 系统基本能力子系统集：由分布式任务调度、分布式数据管理、分布式软总线、方舟多语言运行时子系统、公共基础库子系统、多模输入子系统、图形子系统、安全子系统、AI(Artificial Intelligence，人工智能)子系统等多个子系统组成，如图 1-5 所示。这些子系统为分布式应用在 HarmonyOS 各种设备上的运行、调度、迁移等操作提供了基础能力。其中，方舟多语言运行时子系统提供了 C/C++/JS 多语言运行时和基础的系统类库，也为使用方舟编译器静态化的 Java 程序(即应用程序或框架层中使用 Java 语言开发的部分)提供运行时。

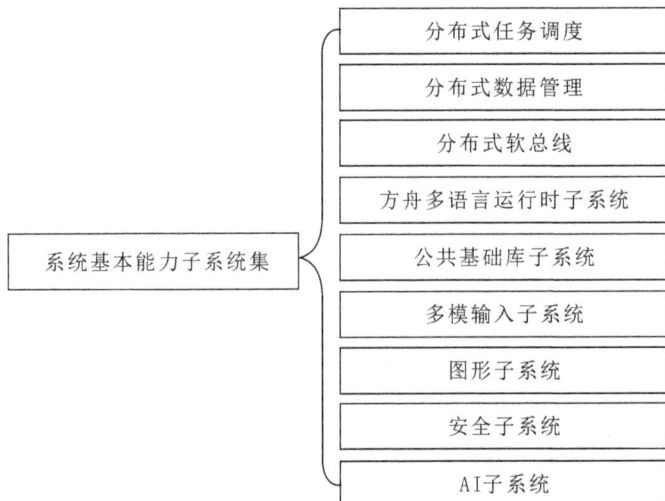

图 1-5　系统基本能力子系统集

(2) 基础软件服务子系统集：由事件通知子系统、电话子系统、多媒体子系统、DFX(Design For X)子系统、MSDP(Mobile Sensing Development Platform，移动感知平台)和DV(Device Virtualization，设备虚拟化)子系统等组成，如图 1-6 所示。

基础软件服务子系统集为 HarmonyOS 提供公共的、通用的软件服务，例如短信、电话、视频等基础软件服务。

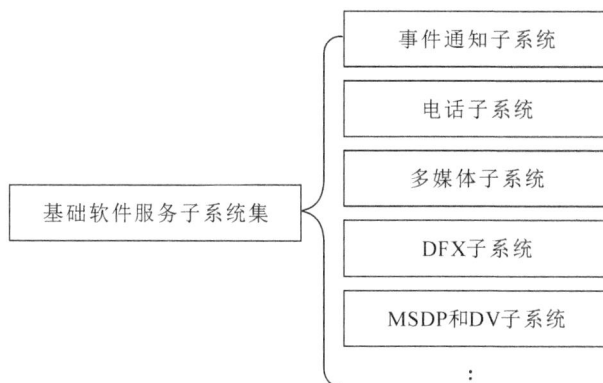

图 1-6 基础软件服务子系统集

(3) 增强软件服务子系统集：由智慧屏专有业务子系统、穿戴专有业务子系统、IoT(Internet of Things，物联网)专有业务子系统等组成，主要为智慧屏、穿戴设备、物联网设备等提供软件服务，如图 1-7 所示。

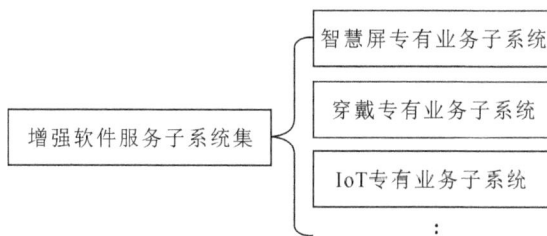

图 1-7 增强软件服务子系统集

(4) 硬件服务子系统集：由位置服务子系统、用户 IAM(Identity and Access Management)子系统、穿戴专有硬件服务子系统、IoT 专有硬件服务子系统等组成，如图 1-8 所示。硬件服务子系统集提供硬件相关服务，例如身份识别硬件、穿戴相关硬件、物联网硬件等。

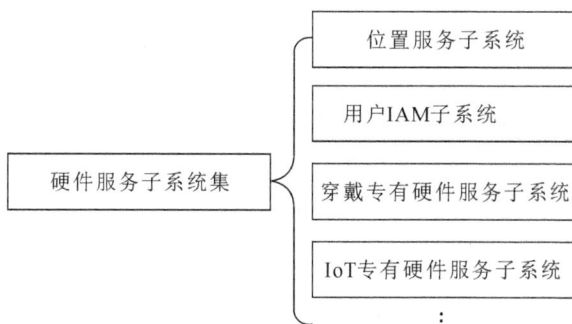

图 1-8 硬件服务子系统集

3. 框架层

框架层为系统服务层提供语言框架和应用程序框架,二者相互关联,缺一不可。框架层主要包括 ArkUI(User Interface,用户界面)框架、用户程序框架、Ability 框架,如图 1-9 所示。

(1) ArkUI 框架:提供两种 UI 框架,一种是适用于 ArkTS(Ark TypeScript)/JS(JavaScript) 语言的方舟开发框架,另一种是适用于 Java 语言的框架。

(2) 用户程序框架:为 HarmonyOS 应用开发提供 ArkTS、C、C++、JS、Java 等多种语言。

(3) Ability 框架:应用程序框架。

另外框架层还提供各种软硬件服务对外开放的多语言框架 API。

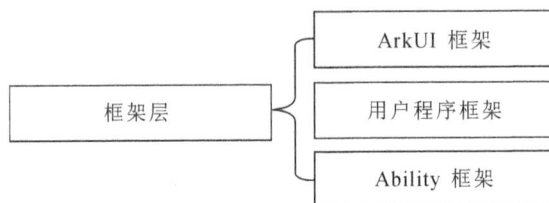

图 1-9　框架层

4. 应用层

应用层包括系统应用、扩展应用和第三方应用,如图 1-10 所示。

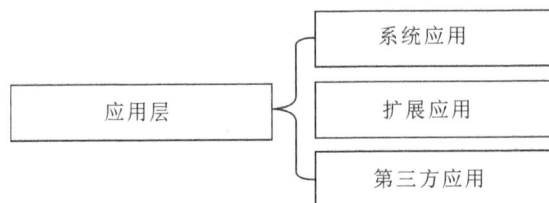

图 1-10　应用层

HarmonyOS 的应用由一个或多个 FA(Feature Ability,元服务)或 PA(Particle Ability,元能力)组成。其中,FA 有 UI 界面,可与用户进行交互,比如手机桌面;PA 无 UI 界面,主要为 FA 提供支持,例如作为后台服务提供计算能力,或作为数据仓库提供数据访问能力。

1.2.2　鸿蒙系统的技术特征

鸿蒙系统技术特征

上一小节我们学习了鸿蒙系统的技术架构,这种整体分层设计、系统功能逐级展开的架构具有分布式软总线、分布式设备虚拟化、分布式数据管理、分布式任务调度等多种技术特征,接下来分别对其进行介绍。

1. 分布式软总线

分布式软总线是手机、平板电脑、智能穿戴设备、智慧屏、车机等分布式设备的通信基座,它为设备之间的互连互通提供了统一的分布式通信能力,为设备之间的无感发现和零等待传输创造了条件。开发者只需聚焦于业务逻辑的实现，无需关注组网方式与底层协议。分布式软总线示意图如图 1-11 所示。

图 1-11　分布式软总线示意图

2. 分布式设备虚拟化

分布式设备虚拟化平台可以实现不同设备的资源融合、设备管理、数据处理，使多种设备共同形成一个超级虚拟终端；可针对不同类型的任务，为用户匹配并选择能力合适的执行硬件，让业务连续地在不同设备间流转，充分发挥不同设备的能力优势，如显示能力、摄像能力、音频能力、交互能力以及传感器能力等。分布式设备虚拟化示意图如图 1-12 所示。

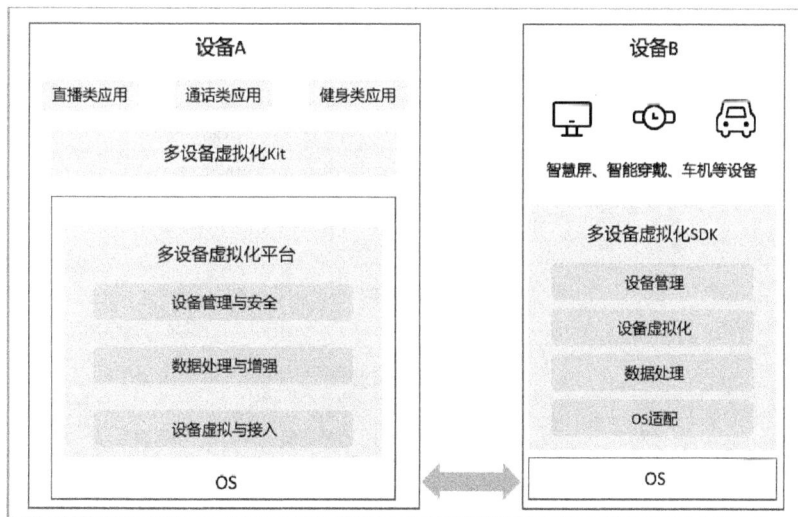

图 1-12　分布式设备虚拟化示意图

3. 分布式数据管理

分布式数据管理基于分布式软总线的能力，实现了应用程序数据和用户数据的分布式管理。它使得用户数据不再与单一物理设备绑定，业务逻辑与数据存储分离，跨设备的数据处理如同本地数据处理一样方便快捷，让开发者能够轻松实现全场景、多设备下的数据存储、共享和访问，为打造一致、流畅的用户体验创造了基础条件。分布式数据管理示意图如图 1-13 所示。

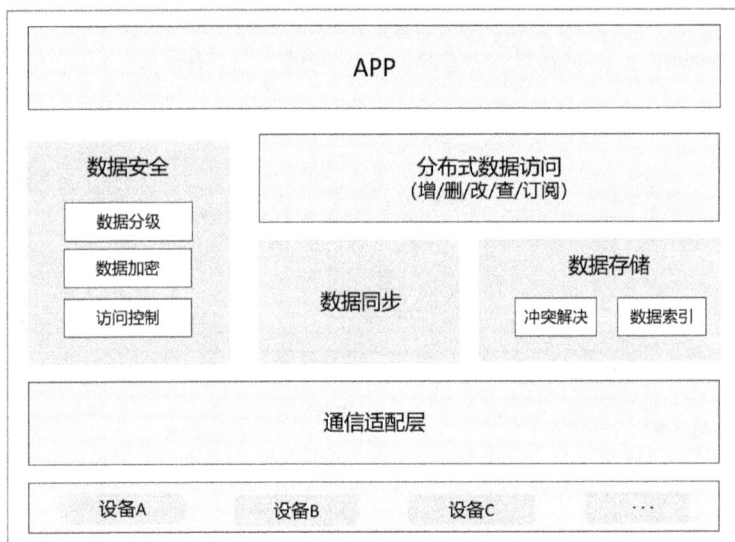

图 1-13　分布式数据管理示意图

4. 分布式任务调度

分布式任务调度基于分布式软总线、分布式数据管理、分布式 Profile(配置文件)等技术特性，构建统一的分布式服务管理(发现、同步、注册、调用)机制，支持对跨设备的应用进行远程启动、远程调用、远程连接以及迁移等操作。分布式任务调度能够根据不同设备的能力、位置、业务运行状态、资源使用情况以及用户的习惯和意图，选择合适的设备运行分布式任务。图 1-14 以应用迁移为例，简要地展示了分布式任务调度能力。

图 1-14　分布式任务调度示意图

5. 一次开发，多端部署

鸿蒙系统提供了用户程序框架、Ability 框架以及 ArkUI 框架，支持应用开发过程中对多终端的业务逻辑和界面逻辑进行复用，能够实现应用的一次开发、多端部署，提升了跨设备应用的开发效率。

一次开发、多端部署示意图如图 1-15 所示。其中，ArkUI 框架支持使用 ArkTS、JS、Java 语言进行开发，并提供了丰富的多态控件，可以在手机、平板电脑、智能穿戴设备、智慧屏、车机上显示不同的 UI 效果。ArkUI 框架采用业界主流设计方式，提供多种响应式布局方案，支持栅格化布局，满足不同屏幕的界面适配能力。

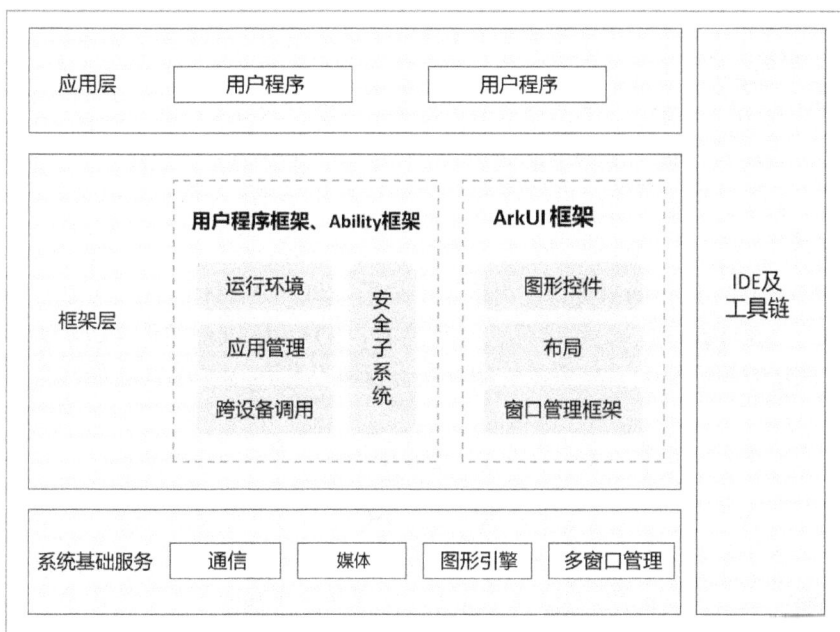

图 1-15　一次开发、多端部署示意图

6. 统一 OS，弹性部署

HarmonyOS 支持不同的终端设备。由于设备的硬件资源和功能各不相同，HarmonyOS 通过组件化和小型化等设计方法，将这些设备进行弹性部署。

(1) 自由选择组件：根据硬件的形态和需求，自由选择组件。例如，智能手表、蓝牙耳机所需硬件不同，可以选择的组件也不相同。

(2) 自由选择组件功能集：根据硬件的资源情况和功能需求，可以选择配置组件中的功能集，例如，选择配置图形框架组件中的部分控件。

(3) 支持组件间依赖的关联：根据编译链关系，可以自动生成组件化的依赖关系。例如，选择图形框架组件，将会自动选择依赖的图形引擎组件等。

1.2.3　鸿蒙系统的类型

OpenHarmony 是一个面向全场景、支持各类设备的系统，既包括像 MCU 单片机这样资源较少的芯片，也包括像 RK3568 这样的多核 CPU。

为了能够适应多种硬件，OpenHarmony 提供了 LiteOS、Linux 等内核，基于这些内核形成了不同的系统类型，即轻量级系统、小型系统、标准系统。

1. 轻量级系统

轻量级系统(mini system)支持使用 MCU 类处理器，例如使用 ARM Cortex-M 芯片、RISC-V 32 位芯片的设备，这些设备硬件资源极其有限，设备最小内存仅为 128 KB，可以提供多种轻量级网络协议、轻量级的图形框架以及丰富的 IoT 总线读/写部件等。轻量级系统可支撑的产品如智能家居领域的连接类模组、传感器设备、穿戴类设备等，典型的设备有使用了 Hi3861 芯片的鸿蒙小车。

2. 小型系统

小型系统(small system)支持使用应用处理器，例如 ARM Cortex-A 芯片的设备，设备最小内存为 1 MB，可以提供更高的安全能力、标准的图形框架、视频编解码的多媒体能力。小型系统可支撑的产品如智能家居领域的 IP Camera、电子猫眼、路由器以及行车记录仪等。

3. 标准系统

标准系统(standard system)支持使用应用处理器，例如 ARM Cortex-A 芯片的设备，设备最小内存为 128 MB，可以提供增强的交互能力、3D GPU 以及硬件合成能力、更多控件以及动效更丰富的图形能力、完整的应用框架。标准系统可支撑的产品如高端的冰箱显示屏等。

习　题

1. 填空题

(1) 鸿蒙系统的技术架构分为四层，分别是_____、_____、_____、_____。

(2) 框架层提供的框架包括_____、_____、_____。

(3) 框架层支持的开发语言有_____。

(4) 内核层中的驱动子系统提供了_____，提供统一外设访问能力和驱动开发、管理。

(5) 鸿蒙系统支持各类设备，根据_____和_____决定使用哪种类型的系统。

2. 判断题

(1) 鸿蒙系统支持的语言有 JS、C 语言等。(   )

(2) 安装在使用鸿蒙系统的手机和平板电脑上的同一个应用，需要开发两次。(   )

(3) 轻量级系统可以支持 RISC-V 32 位芯片的设备，设备内存最小为 1 MB。(   )

(4) 标准系统的设备最小内存是 1 MB。(   )

(5) 将手机视频通话转移到智慧屏上，是分布式设备虚拟化的应用场景。(   )

3. 简答题

鸿蒙系统的技术特征有哪些？

第 2 章　鸿蒙设备开发环境和鸿蒙系统构建工具链

嵌入式设备的开发需要一个稳定的开发环境，鸿蒙智能设备的开发同样需要一个稳定的开发环境。本章将介绍鸿蒙设备开发环境的要求及如何搭建一个稳定的开发环境。

2.1

鸿蒙设备开发环境

对任何嵌入式设备的开发，都需要在一个合适的开发环境中进行，考虑到不同开发者的开发习惯不同，鸿蒙设备的开发提供了两种方式，一种是 IDE 方式，另一种是命令行方式。本节主要介绍 IDE 开发方式，通过 DevEco Device Tool 进行一站式开发，编译工具的安装及程序的编译、烧录、运行都通过 IDE 进行操作。

2.1.1　鸿蒙设备开发硬件环境要求

鸿蒙设备的开发对硬件环境是有一定要求的。对于开发终端，要求计算机(电脑)的最低配置为内存 8 G，硬盘空间 256 G；推荐配置为内存 16 G，硬盘空间 500 G。

鸿蒙设备开发环境要求

设备硬件芯片分为轻量级系统系列芯片、小型系统系列芯片、标准系统系列芯片。

1. 轻量级系统系列芯片

1) Hi3861 芯片

Hi3861 芯片是海思半导体有限公司(简称海思)开发的一款高度集成的 2.4 GHz SoC WiFi 芯片，集成 IEEE 802.11b/g/n 基带和(射频 RF)电路，RF 电路包括功率放大器(PA)、低噪声放大器(LNA)、RF balun、天线开关以及电源管理等模块。

Hi3861 芯片集成了高性能 32 位微处理器，具有丰富的外设接口，外设接口包括 SPI、UART、I²C、PWM、GPIO 和多路 ADC；芯片内置 SRAM 和 Flash，可独立运行，并支持在 Flash 上运行程序。

Hi3861 芯片支持 Huawei LiteOS 和第三方组件，并配套提供开放、易用的开发和调试运行环境。

Hi3861 芯片适用于智能家电等物联网智能终端领域。其典型应用场景包括智慧路灯、智慧物流、人体红外等连接类设备。

2) BES2600 芯片

BES2600 芯片是恒玄科技设计的一款集成 Cortex-M33 Star 双核和 Cortex-A7 双核的 IC 芯片。网络连接方面支持 WiFi 和 BLE 双模，图形图像方面支持标准 MIPI(Mobile Industry Processor Interface，移动行业处理器接口)、DSI(Display Serial Interface，显示串行接口)和 CSI(Camera Serial Interface，摄像头串行接口)设备，目前已支持 OpenHarmony 轻量级系统。可广泛应用于智能家居、安防、工业控制等多种交互场景。其典型应用场景包括智能硬件、带屏类模组产品，如音箱、手表等。

3) ASR582X 芯片

ASR582X 系列芯片是翱捷科技开发的一款低功耗、高性能、高度集成的支持 1T1R WiFi+BLE 的 Combo SoC 芯片。该芯片集成了 RF 收发器、WiFi/BLE PHY + MAC、ARM STAR MCU、多种外设接口、AoA/AoD、实时计数器(RTC)和完整的电源管理模块。

ASR582X 系列芯片可广泛应用于智能照明、安全、遥控、电器、网状网络、工业无线控制、传感器网络等各类行业的终端产品。

4) GR5515 芯片

GR5515 是汇顶科技开发的 GR551x 系列芯片之一，GR551x 系列芯片是支持 Bluetooth 5.1 的单模低功耗蓝牙系统级芯片(SoC)，可以配置为广播者(broadcaster)、观察者(observer)、中央设备(central)或外围设备(peripheral)，并支持这几种角色的组合应用，可广泛应用于物联网(IoT)和智能穿戴设备领域。

2. 小型系统系列芯片

1) STM32MP157A 芯片

STM32MP157A 芯片是由意法半导体公司推出的一款嵌入式处理器，具有高度集成、功能丰富、性能强劲等特点。该处理器采用双核 Cortex-A7 架构和 Cortex-M4 内核，支持多种接口和协议，可广泛应用于工业控制、智能家居、智能物联网等领域。

STM32MP157A 芯片拥有丰富的硬件资源，包括 GPIO、SPI、I²C、UART、USB 等接口，支持多种存储介质和通信协议，如 NAND Flash、SD 卡、Ethernet、WiFi、Bluetooth 等。此外，该芯片还支持多种外设，如 ADC、DAC、PWM、CAN、RTC 等，可满足不同应用场景的需求。

2) Hi3516 芯片

Hi3516 芯片是海思半导体有限公司针对高清 IP Camera 产品应用开发的一款专业高端 SoC 芯片。它集成了新一代 ISP(Image Signal Processor，图像信号处理器)、H.265 视频压缩编码器、高性能 NNIE 引擎，在低码率、高画质、智能处理和分析、低功耗等方面有较好的性能。其典型应用场景包括带屏智能设备，如带屏冰箱、车机等。

3. 标准系统系列芯片

1) RK3568 芯片

RK3568 芯片是瑞芯微电子股份有限公司开发的一款中高端的通用型 SoC，采用 22nm 制程工艺，集成 4 核 ARM 架构 A55 处理器和 Mali G52 2EE 图形处理器，支持 4K 解码和 1080P 编码。RK3568 芯片支持 SATA/PCIE/USB3.0 等各类型外围接口，内置独立的 NPU，可用于轻量级人工智能应用。

RK3568 芯片支持安卓 11 和 Linux 系统，主要面向物联网网关、NVR 存储、工控平板、工业检测、工控盒、卡拉 OK、云终端、车载中控等行业定制市场。

2) Hi3751V351 芯片

Hi3751V351 芯片是海思半导体有限公司开发的全球制式 FHD(Full HD，全高清)智能电视主处理芯片，内置高性能多核 ARM A53 CPU，多核 Mali T450 GPU，支持 NTSC/PAL/SECAM 制式解调，支持 DTMB/DVB-C/ATSC/ISDB-T 等全球数字 demod，可以扩展 DVB-T/T2/S/S2，支持 USB 播放，支持主流的视频格式包括 MPEG2、H.264、H.265、RMVB、AVS+等，支持主流音频解码和音效处理，以及海思半导体有限公司自研的 SWS 音效处理，支持 CVBS/YPbPr/VGA/HDMI 1.4/USB 接口，内置 1GB DDR，支持 LVDS 和 miniLVDS 接口，支持主流的 tconless 屏。其典型应用场景包括智能电视、智能家居中控屏、智能显示器、商显广告屏、交互白板、工业控制屏、打印机屏、白电屏、健身器显示屏等。

3) Amlogic A311D 芯片

Amlogic A311D 芯片是晶晨半导体公司开发的一款 AI 应用处理器，它将强大的 CPU、GPU 和神经网络加速器子系统、安全的 4K 视频编解码器引擎和一流的 HDR 图像处理管道与所有主要外设集成在一起，形成高性能的 AI 多媒体应用芯片。其典型应用场景包括智能家居、AI 人脸识别、工业控制、智慧车载、多媒体处理、AI 边缘计算等。

2.1.2　鸿蒙设备开发软件环境要求

通常在嵌入式设备的开发中，很多开发者习惯使用 Windows 系统进行代码的编辑，比如使用 Visual Studio Code(简称 VSCode)软件进行代码开发。在目前阶段，鸿蒙系统大部分的开发板源码还不支持在 Windows 系统环境下进行编译，如 Hi3861 系列开发板。因此，就需要使用 Linux 系统的编译环境对源码进行编译。

在鸿蒙设备开发场景中，可以搭建一套 Windows + Linux 交叉编译的开发环境，在 Windows 系统和 Linux 系统中都安装 DevEco Device Tool 工具。

通过 Windows 平台的 DevEco Device Tool 可视化界面进行相关操作，使用远程连接的方式对接 Ubuntu 下的 DevEco Device Tool (可以不安装 Visual Studio Code)，然后对 Ubuntu 下的源码进行开发、编译、烧写等操作。

对 Windows 系统的具体要求是 Windows10 64 位系统，推荐内存 8 GB 及以上，硬盘 100 GB 及以上。

对 Linux 系统的具体要求是 Ubuntu20.04 及以上版本，推荐内存 16 GB 及以上。

Windows 和 Ubuntu 系统上安装的 DevEco Device Tool 为最新版本，且版本号必须相同。

了解了开发环境的要求，接下来进行具体开发环境的搭建。

鸿蒙系统开发环境介绍

2.1.3　鸿蒙设备开发环境的搭建

鸿蒙设备开发环境的搭建包括安装虚拟机、安装 Ubuntu 系统、搭建 Ubuntu 环境、搭建 Windows 环境、配置 Windows 远程访问 Ubuntu 环境、安装 Samba 服务、映射 Samba 服务的共享目录、安装 Docker 环境等内容，下面进行详细讲解。

鸿蒙设备开发环境的搭建

1. 安装虚拟机

在 VirtualBox 官网的 Downloads 页面(https://www.virtualbox. org/wiki/Downloads)可以找到不同操作系统版本的 VirtualBox 安装包的下载方式，如图 2-1 所示。单击"Windows hosts"链接，即可下载 Windows 版的 VirtualBox 安装包。

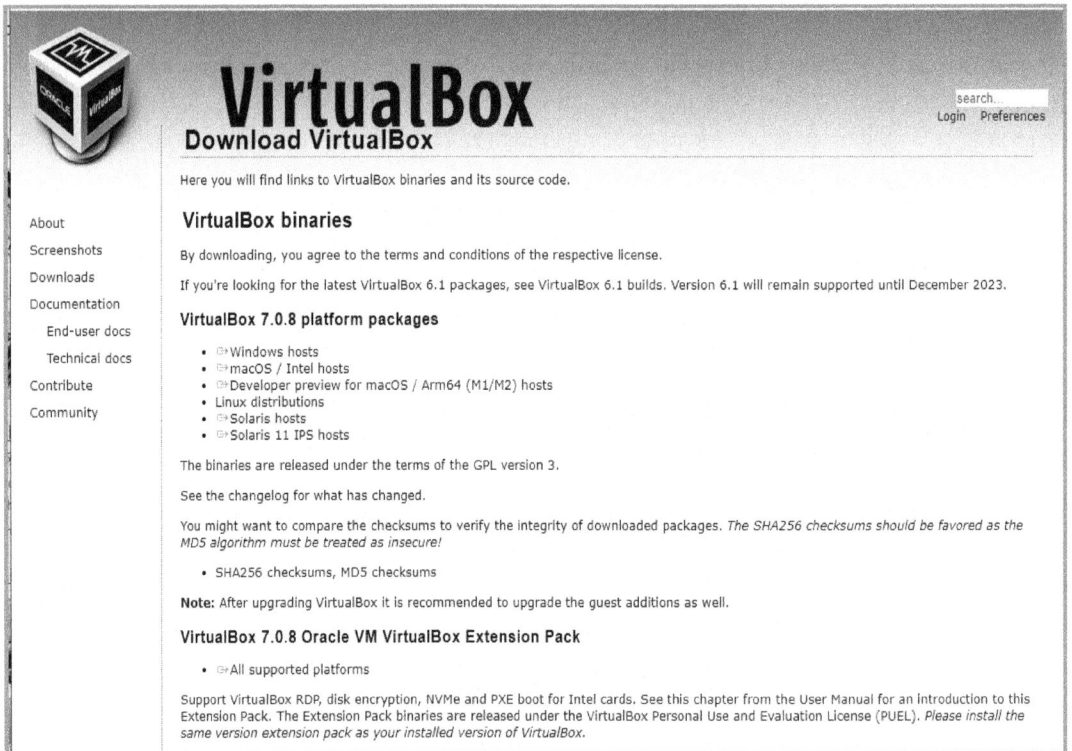

图 2-1　VirtualBox 下载页面

在下载 VirtualBox 安装包完成后，就可以在 Windows 系统中安装 VirtualBox 了。双击安装包文件，根据安装向导的指引完成安装，如图 2-2 所示。

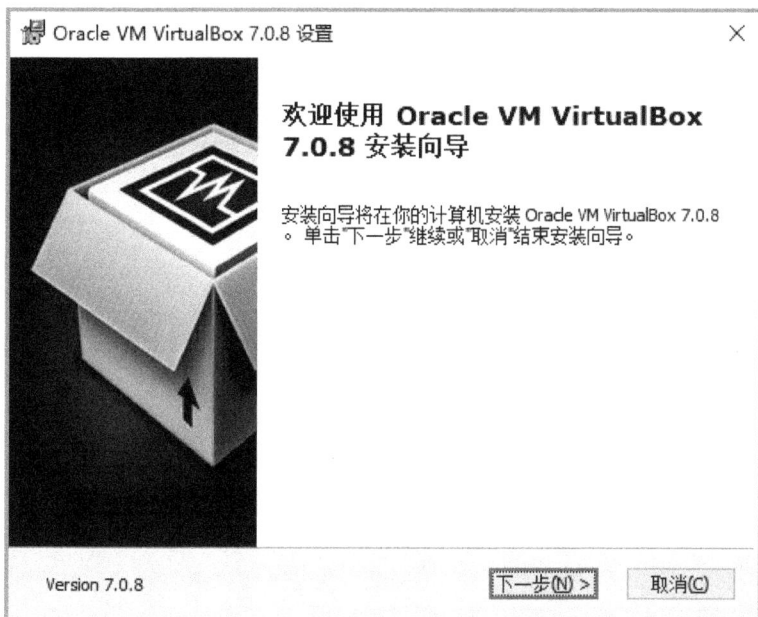

图 2-2　安装 VirtualBox

2. 安装 Ubuntu 系统

VirtualBox 启动后的主界面如图 2-3 所示。

图 2-3　VirtualBox 主界面

（1）单击主界面上的"新建(N)"选项，弹出"新建虚拟电脑"设置界面，如图 2-4 所示。其中：在"名称"文本框中输入名称，例如"OpenHarmony-ubuntu"；在"文件夹"下拉列表框中自由设置保存位置，建议放在 C 盘之外的其他盘下；暂时跳过"虚拟光盘"下拉列表框，不选择；在"类型"下拉列表框中选择"Linux"。

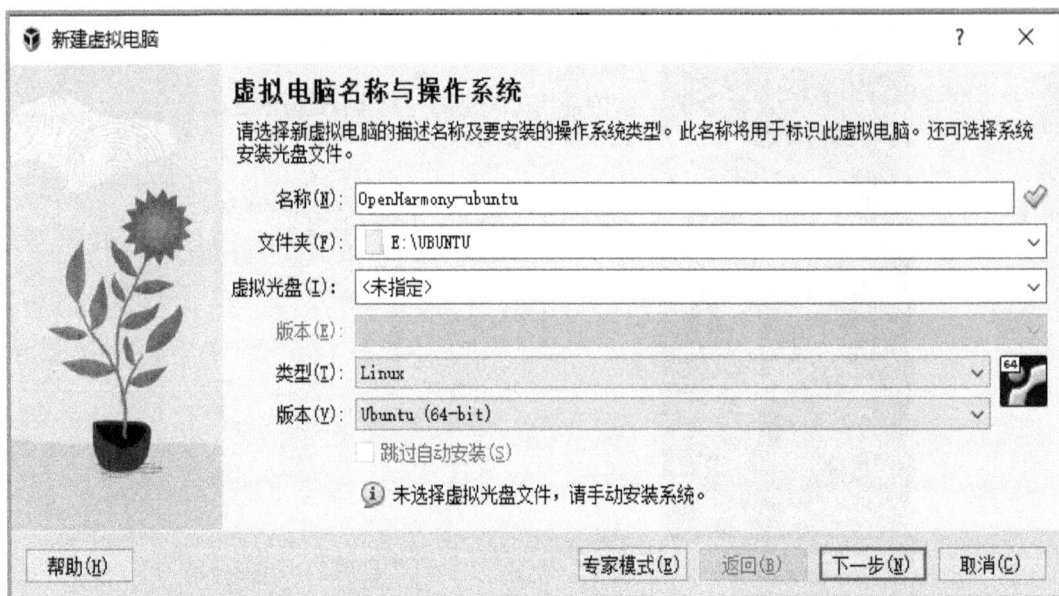

图 2-4　"新建虚拟电脑"设置

(2) 单击"下一步"按钮，弹出"硬件"设置界面。在该界面设置虚拟电脑的内存大小和处理器数量。根据当前主机的实际物理内存对"内存大小"进行设置，例如将其设置为 8192 MB，根据需要调整"处理器"的微调按钮，如图 2-5 所示。

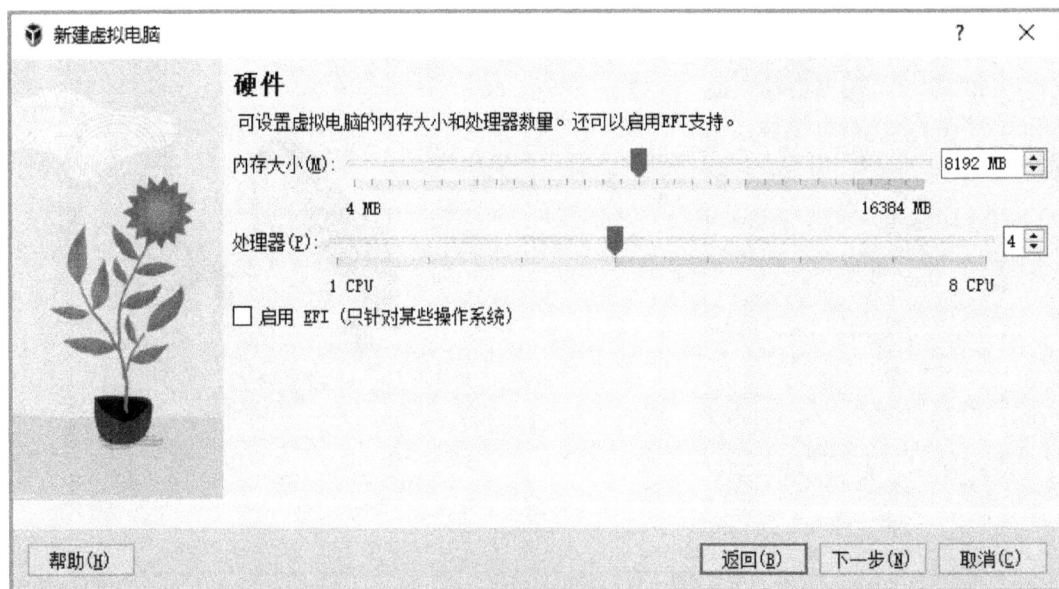

图 2-5　硬件设置

(3) 单击"下一步"按钮，弹出"虚拟硬盘"设置界面，建议将"磁盘空间"设置为 200 GB，以避免在后期使用的时候出现空间不足的情况，如图 2-6 所示。

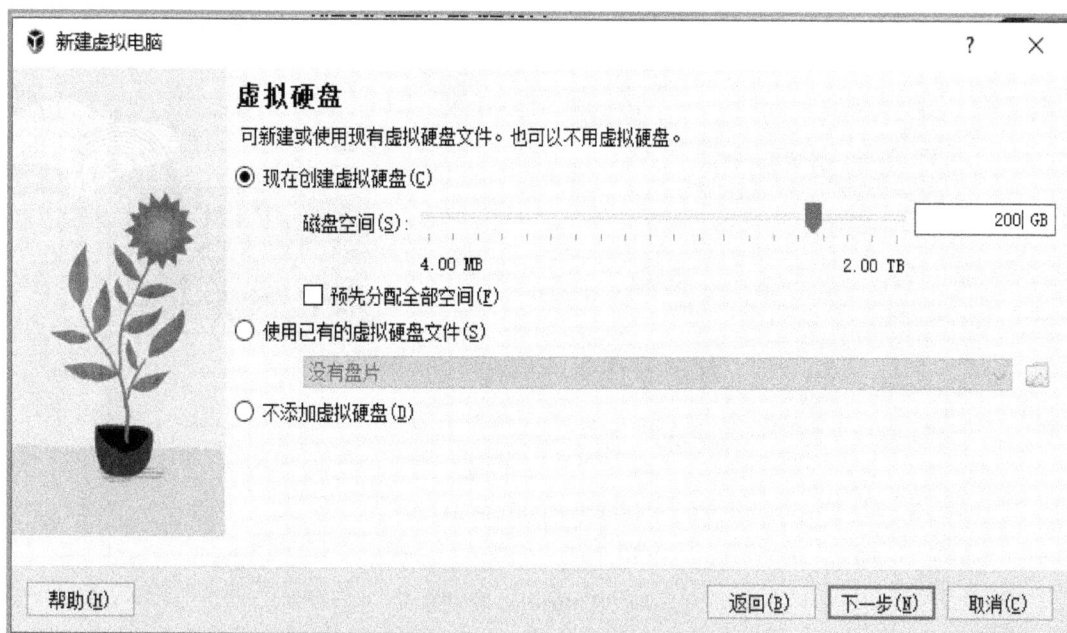

图 2-6　虚拟硬盘设置

(4) 单击"下一步"按钮，弹出"摘要"界面，并显示虚拟电脑配置信息，如图 2-7 所示。

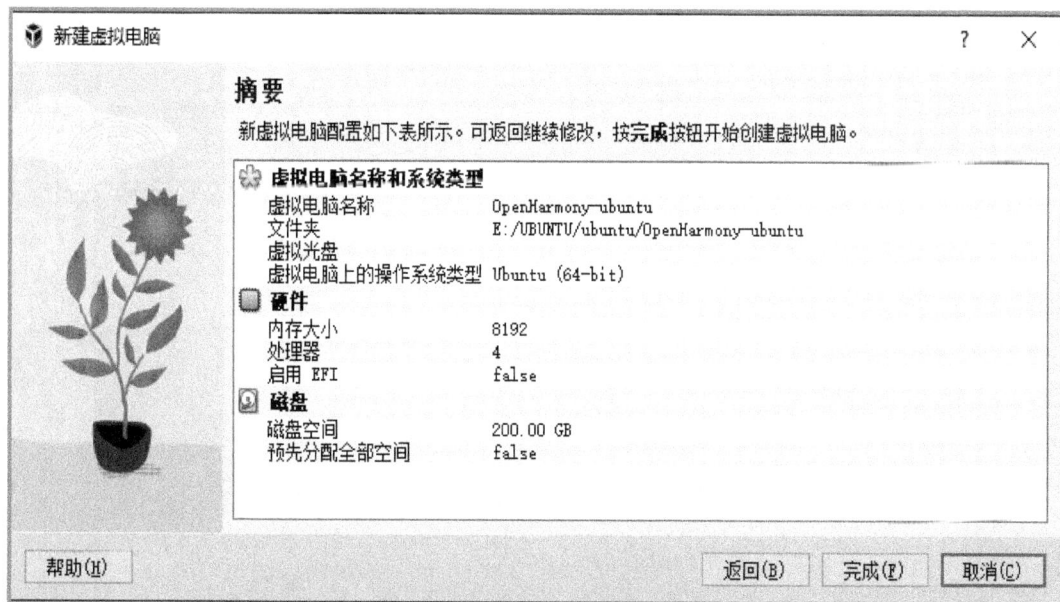

图 2-7　虚拟电脑配置信息

(5) 单击"完成"按钮，完成 Ubuntu 虚拟机及虚拟硬盘的创建，如图 2-8 所示。

图 2-8　VirtualBox 管理界面

Ubuntu 虚拟机创建完成后,还需要进行相关设置。

(6) 单击 VirtualBox 管理器界面的"设置"选项,然后在 VirtualBox 设置界面左侧栏中选择"网络",在"连接方式"下拉列表框中选择"桥接网卡",如图 2-9 所示。选择该方式的前提是电脑使用的是有线网络,而电脑连接无线网络这里不再介绍。

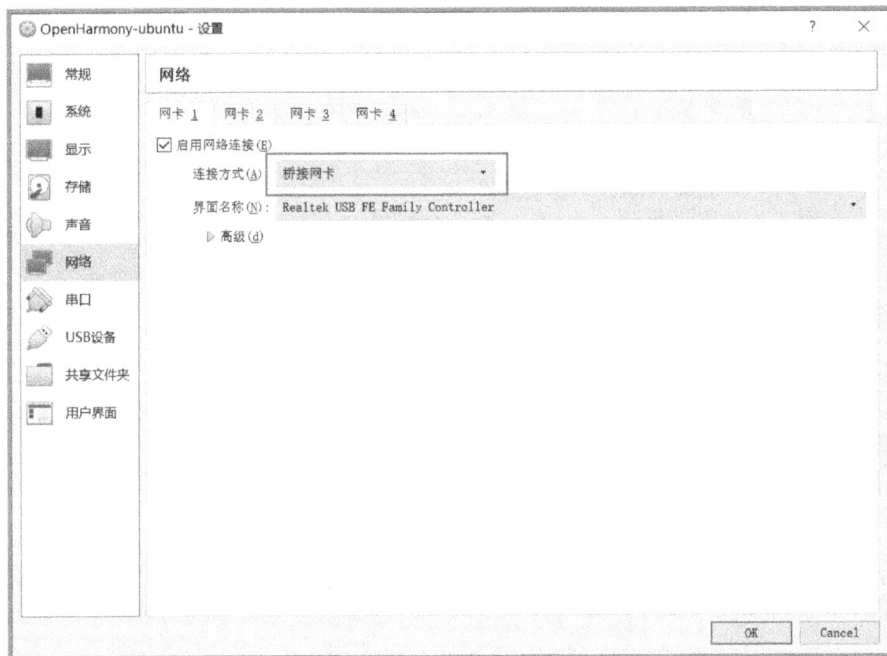

图 2-9　VirtualBox 设置界面 1

(7) 设置存储。在 VirtualBox 设置界面左侧栏中选择"存储",然后在"存储介质"下单击"没有盘片",在"属性"下单击最右侧图标,如图 2-10 所示。

图 2-10　VirtualBox 设置界面 2

(8) 选择虚拟盘。选择电脑本地的 ubuntu-20.04 镜像文件，如图 2-11 所示。
镜像文件可在华为云开源镜像站(https://mirrors.huaweicloud.com/home)进行下载。

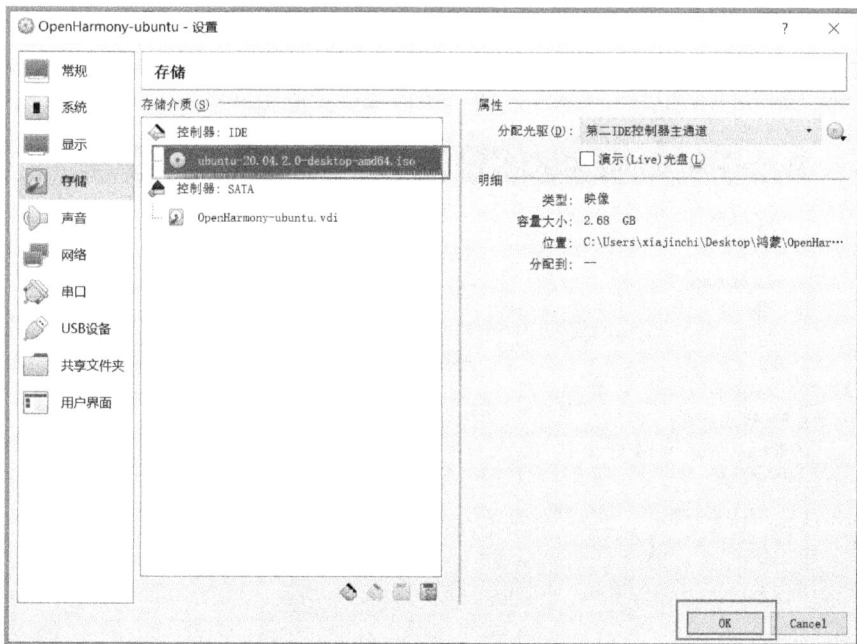

图 2-11　VirtualBox 设置界面 3

(9) 设置全部完成之后，单击管理界面的启动图标，启动虚拟机，稍等片刻后，出现 Ubuntu 安装向导界面，先单击右上角"关闭"图标关闭安装界面，再右击桌面然后选择

"Display Settings",修改分辨率,保存后回到桌面,双击 Ubuntu 安装包继续安装。

(10) 在 Ubuntu 的"安装"界面左侧栏中选择"中文(简体)",单击"继续"按钮,如图 2-12 所示。

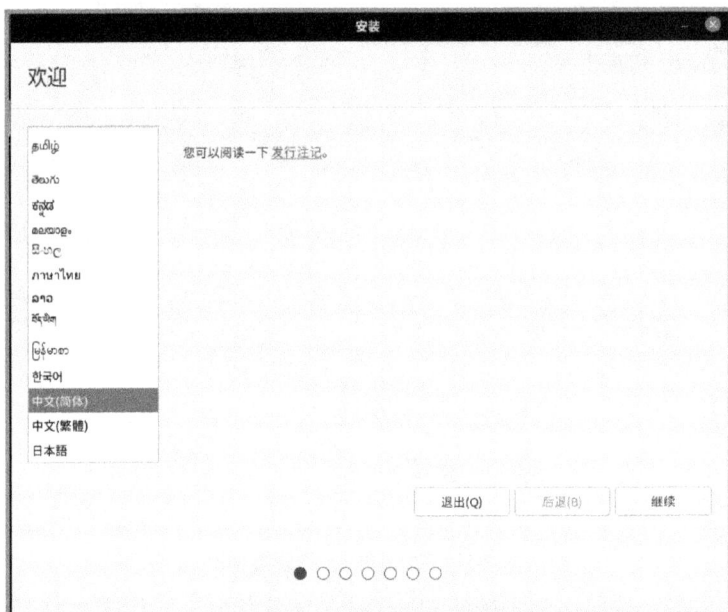

图 2-12　Ubuntu"安装"界面

(11) 在"键盘布局"选择界面,默认是美式键盘布局,通常无须修改。单击"继续"按钮进入下一个页面。

(12) 在"更新和其他软件"设置界面,建议选择"最小安装",如图 2-13 所示。

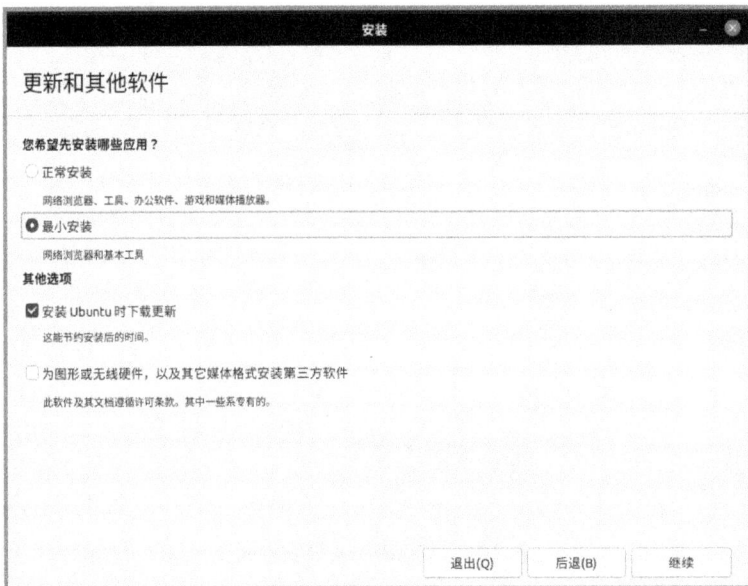

图 2-13　选择安装方式

(13) 在"安装类型"设置界面，默认选择"清除整个磁盘并安装 Ubuntu"选项，单击"现在安装"按钮，如图 2-14 所示。

图 2-14　选择安装类型

(14) 在弹出的确认分区对话框中单击"继续"按钮，进入时区选择界面，这里选择"shanghai"。

(15) 在弹出的用户设置界面中设置用户信息。如图 2-15 所示，将"您的姓名"设置为登录界面显示的用户名称，例如填写"user"；将"您的计算机名"设置为主机名，例如填写"VirtualBox"；将"选择一个用户名"设置为用户名，例如填写"user"；在"选择一个密码"和"确认您的密码"中设置密码和确认密码。

图 2-15　设置用户信息

(16) 各文本框中内容填写完成后，单击"继续"按钮，开始安装过程，安装向导将会显示进度条，等待几分钟后，安装过程完成，单击"现在重启"，如图 2-16 所示。

图 2-16　安装完成

重启过程中系统提示"Please remove the installation medium,then press ENTER:"，按回车键即可。

重启成功后，显示 Ubuntu 系统登录界面，输入设置的密码，进入系统。

使用 Ubuntu 之前还需要对环境进行设置，操作如下：

如图 2-17 所示，单击左下角"显示应用程序"图标，选择"软件和更新"。在"软件和更新"设置界面，单击"中国的服务器"后的下拉菜单，在"选择下载服务器"界面选择"mirrors.aliyun.com"，如图 2-18 所示，单击"选择服务器"按钮，弹出认证框，输入密码，然后单击"关闭"按钮。

在新弹出的窗口单击"重新载入"按钮，更新软件缓存，如图 2-19 所示。

经过以上的一系列操作，Ubuntu 系统就安装好了。

图 2-17　软件和更新

图 2-18　选择下载服务器

图 2-19   更新缓存

3. 搭建 Ubuntu 环境

由于以下步骤都是在 Ubuntu 中进行操作的，故确保开发终端中已安装 Ubuntu。

(1) 修改 Ubuntu 终端环境。

① 单击鼠标右键，打开终端窗口，执行如下命令：

```
ls -l /bin/sh
```

确认输出结果为 bash。如果输出结果不是 bash，需要进行设置，修改 Ubuntu shell 为 bash。

② 在终端窗口中执行如下命令：

```
sudo dpkg-reconfigure dash
```

输入密码，然后选择"No"，将 Ubuntu shell 由 dash 修改为 bash，如图 2-20 所示。

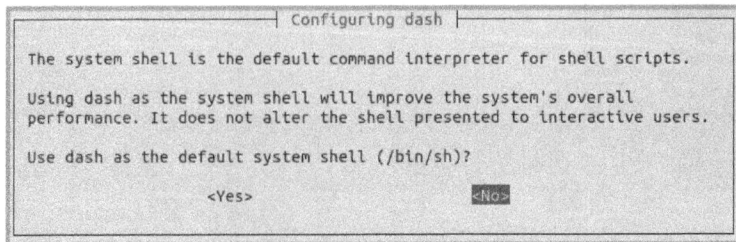

图 2-20   修改 Shell 环境

（2）下载 DevEco Device Tool 3.0 ReleaseLinux 版本，这里不再说明下载方法。

（3）下载完成后，解压软件包，对文件夹进行赋权。

① 进入 DevEco Device Tool 软件包存放目录，执行如下命令解压软件包：

```
unzip devicetool-linux-tool-3.0.0.401.zip
```

其中 devicetool-linux-tool-3.0.0.401.zip 为软件包名称，请根据实际进行修改。

② 进入解压后的文件夹，执行如下命令赋予安装文件可执行权限：

```
chmod u+x devicetool-linux-tool-3.0.0.401.sh
```

其中 devicetool-linux-tool-3.0.0.401.sh 请根据实际进行修改。

（4）执行如下命令安装 DevEco Device Tool：

```
sudo ./devicetool-linux-tool-3.0.0.401.sh
```

其中 devicetool-linux-tool-3.0.0.401.sh 请根据实际进行修改。

在安装过程中，程序会自动检查 Python 是否安装，且要求 Python 为 3.8/3.9 版本。如果不满足要求，则安装过程中会自动安装 Python，提示 "Do you want to continue?"，请输入 "Y" 后继续安装。

安装完成后，当界面显示 "Deveco Device Tool successfully installed." 时，表示 DevEco Device Tool 安装成功，如图 2-21 所示。

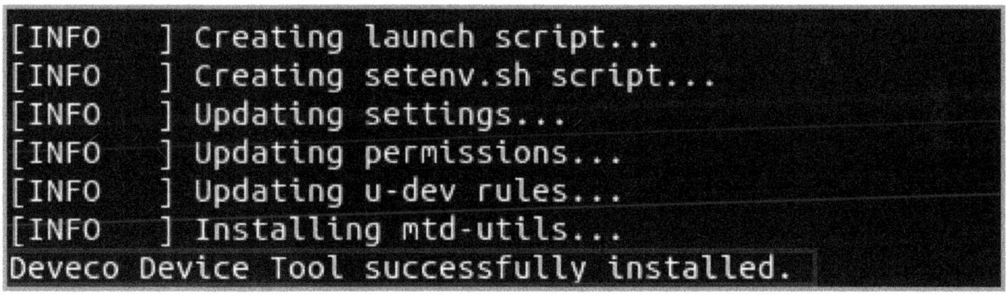

```
[INFO    ] Creating launch script...
[INFO    ] Creating setenv.sh script...
[INFO    ] Updating settings...
[INFO    ] Updating permissions...
[INFO    ] Updating u-dev rules...
[INFO    ] Installing mtd-utils...
Deveco Device Tool successfully installed.
```

图 2-21　安装成功界面

4. 搭建 Windows 环境

搭建 Ubuntu 环境完成后，继续搭建 Windows 环境。通过 Windows 系统远程访问 Ubuntu 环境，先在 Windows 系统中安装 DevEco Device Tool，以便使用 Windows 平台的 DevEco Device Tool 可视化界面进行相关操作。具体操作步骤如下：

（1）下载 DevEco Device Tool 3.0 ReleaseWindows 版本。

（2）解压 DevEco Device Tool 压缩包，先双击安装包程序，然后单击 "Next" 按钮进行安装。

（3）设置 DevEco Device Tool 的安装路径，建议安装到非系统盘符。

如果已安装 DevEco Device Tool 3.0 Beta2 及以前的版本，则在安装新版本时，会先卸载旧版本。卸载过程中出现如图 2-22 所示的错误提示时，请单击 "Ignore" 按钮继续安装，该错误不影响新版本的安装。

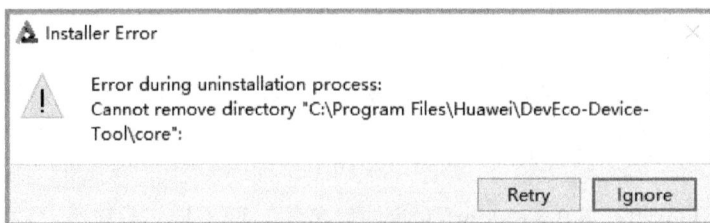

图 2-22　安装报错提示

(4) 根据安装向导提示，勾选要自动安装的软件。在"VSCode installation confirm"界面，勾选"Install VSCode 1.62.2 automatically"，单击"Next"按钮，如图 2-23 所示。

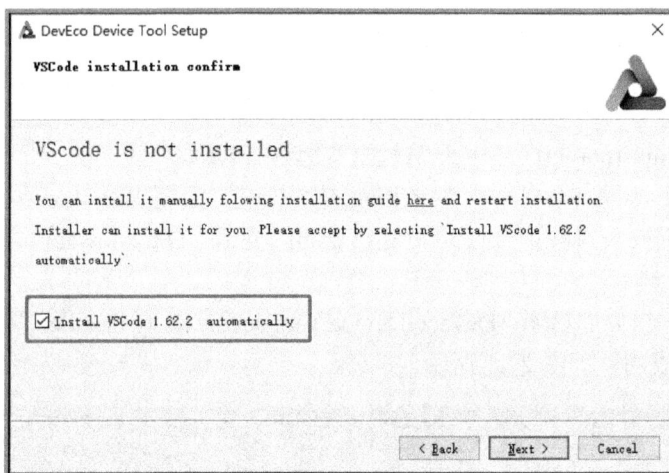

图 2-23　自动安装 VSCode 界面

如果检测到 Visual Studio Code 已安装，且版本为 1.62 及以上，则会跳过该步骤。

(5) 在弹出的"Python select page"界面选择"Download from Huawei mirror"，单击"Next"按钮，如图 2-24 所示。

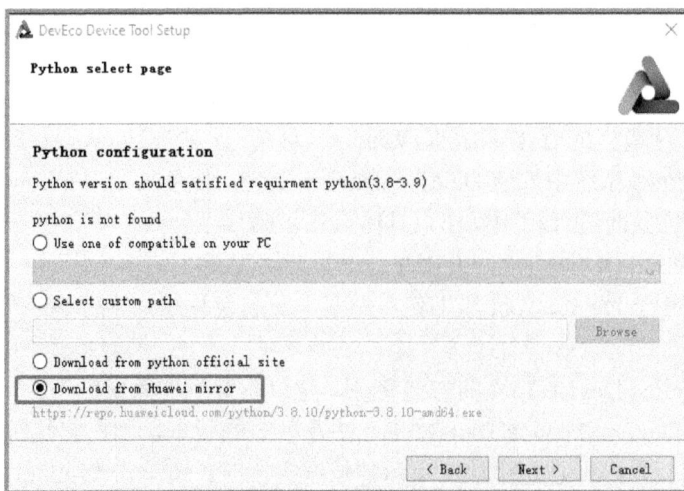

图 2-24　选择 Python 界面

如果系统已安装可兼容的 Python 版本(Python 3.8/3.9 版本)，可选择"Use one of compatible on your PC"。

(6) 在如图 2-25 所示界面中单击"Next"按钮，进行软件下载和安装。

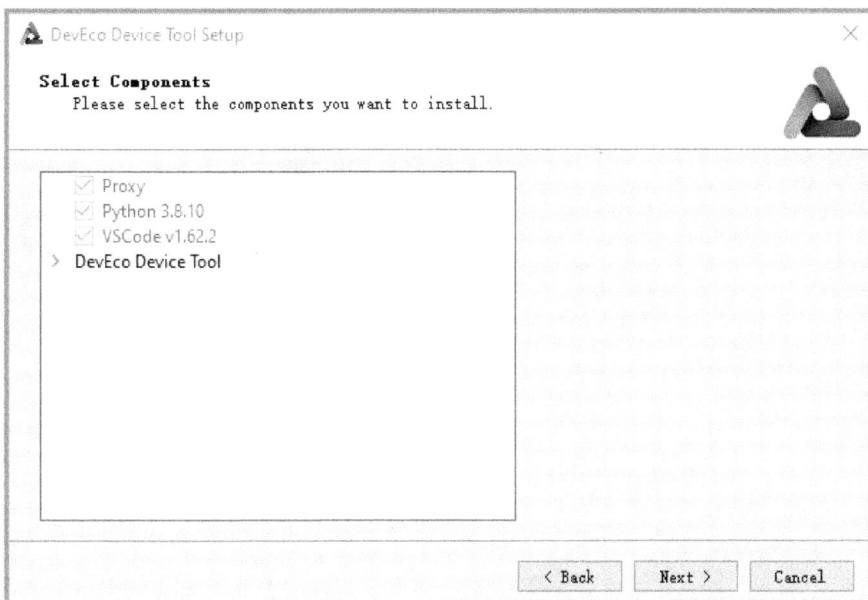

图 2-25　软件下载和安装界面

(7) 继续等待 DevEco Device Tool 安装向导自动安装 DevEco Device Tool 插件，直至安装完成，单击"Finish"按钮，关闭 DevEco Device Tool 安装向导，如图 2-26 所示。

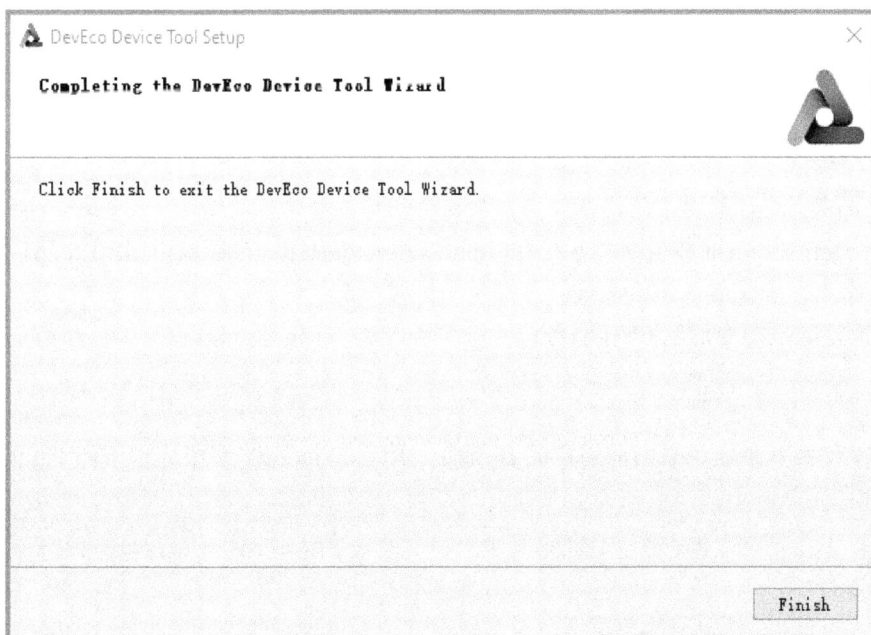

图 2-26　安装完成

(8) 打开刚安装的 Visual Studio Code，进入 DevEco Device Tool 工具界面，如图 2-27 所示。至此，DevEco Device Tool Windows 开发环境安装完成。

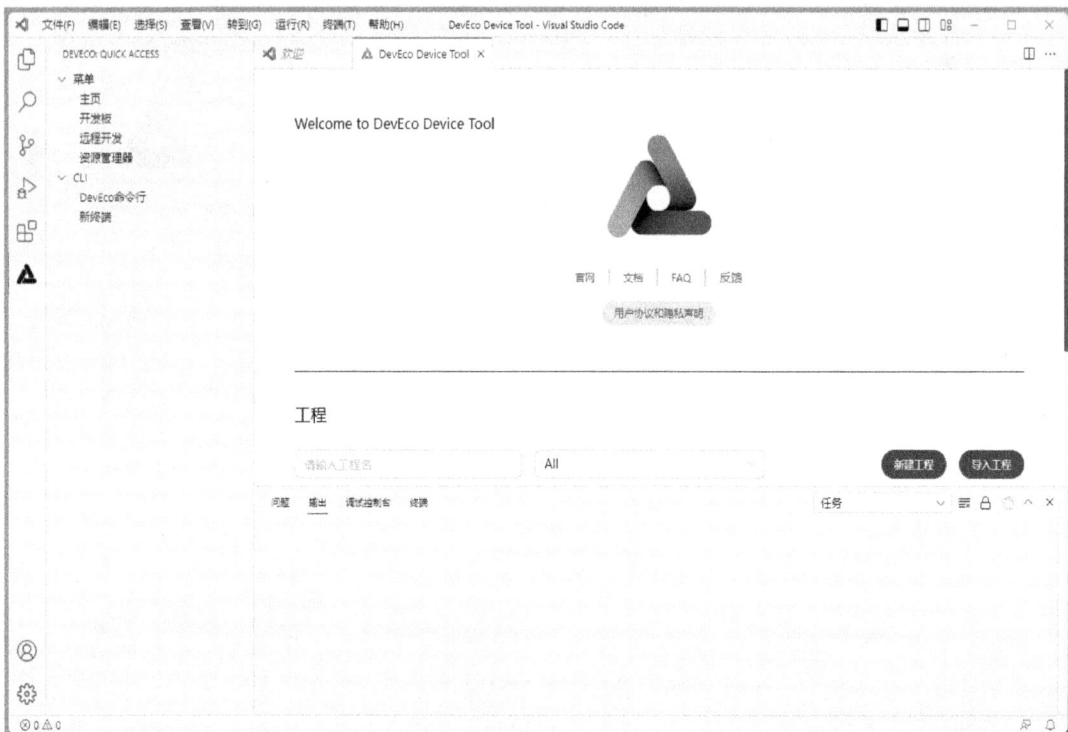

图 2-27　DevEco Device Tool 工具界面

5. 配置 Windows 远程访问 Ubuntu 环境

1) 安装 SSH 服务并获取远程访问的 IP 地址

(1) 在 Ubuntu 系统中，单击鼠标右键，打开终端工具，执行如下命令安装 SSH 服务：

```
sudo apt-get install openssh-server
```

安装 openssh-client 相应版本后(例如 sudo apt-get install openssh-client=1:8.2p1-4)，再重新执行该命令，安装 openssh-server。

(2) 执行如下命令启动 SSH 服务：

```
sudo systemctl start ssh
```

(3) 执行如下命令获取当前用户的 IP 地址，用于 Windows 系统远程访问 Ubuntu 环境，如图 2-28 所示。

```
ifconfig
```

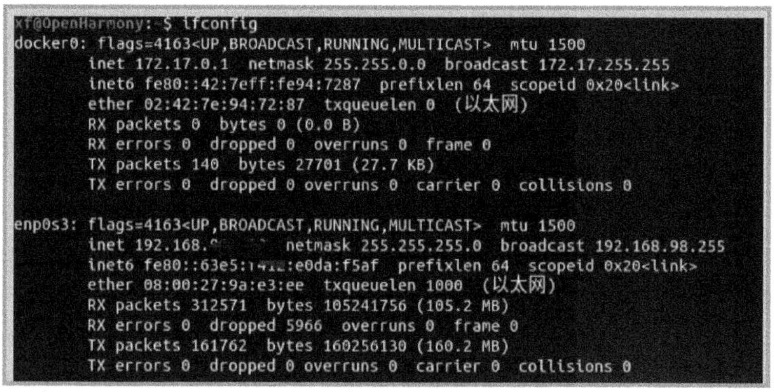

图 2-28　获取当前 IP 地址

2) 安装 Remote SSH

(1) 打开 Windows 系统下的 Visual Studio Code，单击左侧扩展按钮，在插件市场的搜索输入框中输入"remote-ssh"，如图 2-29 所示。

图 2-29　remote-SSH 搜索页面

(2) 单击 Remote-SSH 后面的"安装"按钮，安装 Remote-SSH。

3) 远程连接 Ubuntu 环境

(1) 打开 Windows 系统下的 Visual Studio Code，单击左侧栏的电脑图标，然后在远程资源管理器界面单击"+"按钮，如图 2-30 所示。

图 2-30　远程资源管理器界面

(2) 在弹出的 SSH 连接命令输入框中按 ssh username@ip_address 格式输入 IP 地址及账号，其中 ip_address 为要连接的远程计算机的 IP 地址，username 为登录远程计算机的账号，如图 2-31 所示。

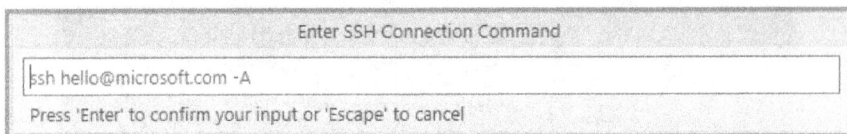

图 2-31　输入远程计算机 IP 地址及账号

(3) 在弹出的界面中，选择 SSH configuration 文件，选择默认的第一个选项即可，如图 2-32 所示。

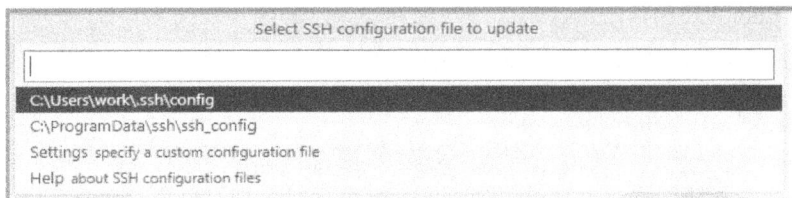

图 2-32　选择默认选项

(4) 如图 2-33 所示，在 "SSH TARGETS" 中，找到远程计算机，单击图标█，打开远程计算机。

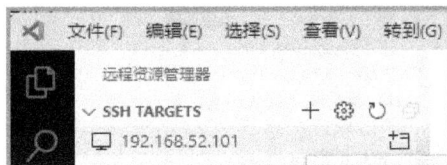

图 2-33　打开远程计算机

(5) 在弹出的界面中，选择 "Linux"，如图 2-34 所示，然后选择 "Continue"，最后输入登录远程计算机的密码，连接远程计算机，如图 2-35 所示。

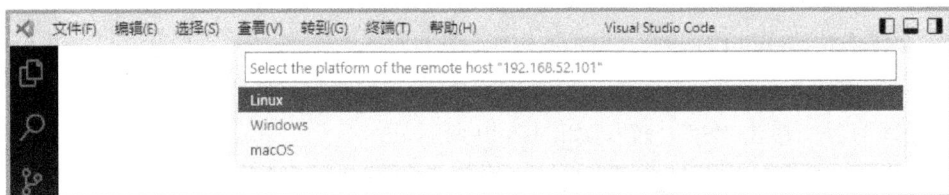

图 2-34　选择系统

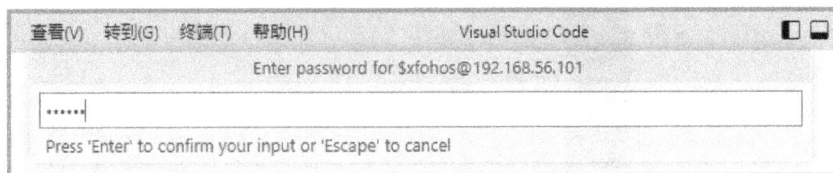

图 2-35　输入登录密码

连接成功后，在远程计算机 .vscode-server 文件夹下会自动安装插件，安装完成后，根据界面提示在 Windows 系统下重新加载 Visual Studio Code，便可以在 Windows 的 DevEco Device Tool 界面进行源码开发、编译、烧录等操作了。

4) *注册访问 Ubuntu 环境的公钥*

在完成以上操作后，就可以通过 Windows 远程连接 Ubuntu 环境进行开发了，但在使用过程中，需要频繁地输入远程连接密码来进行连接。为解决该问题，可以使用 SSH 公钥来进行设置。

(1) 安装 Git 工具插件，官网下载地址为 https://git-scm.com/downloads/，其下载速度较慢，可在国内其他相关软件下载网站下载。下载完成之后，双击软件包进行安装，安装界面如图 2-36 所示。

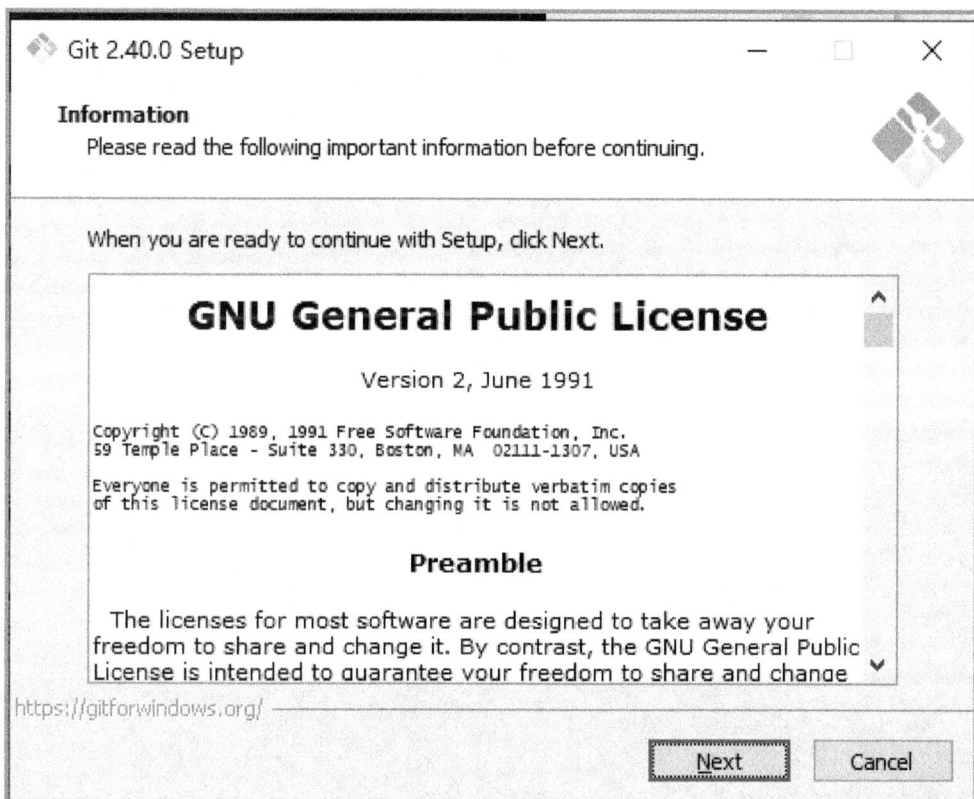

图 2-36　Git 安装界面

(2) 打开 Git bash 命令行界面，执行如下命令：

```
ssh-keygen -t rsa
```

生成 SSH 公钥，如图 2-37(a)所示。

继续输入第二条命令：

```
ssh-copy-id -i ~/.ssh/id_rsa.pub username@ip
```

注意，在执行命令的过程中，请根据界面提示进行操作。username 和 ip 处应填写连接 Ubuntu 系统时需要的参数。

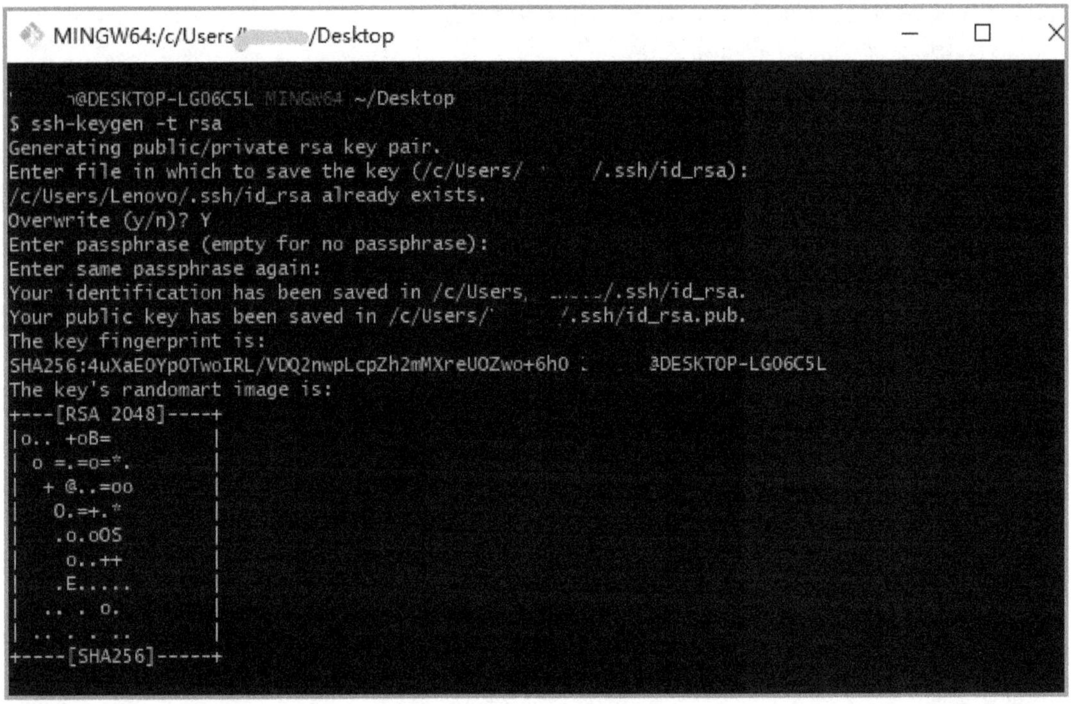

(a) 生成 SSH 公钥 1

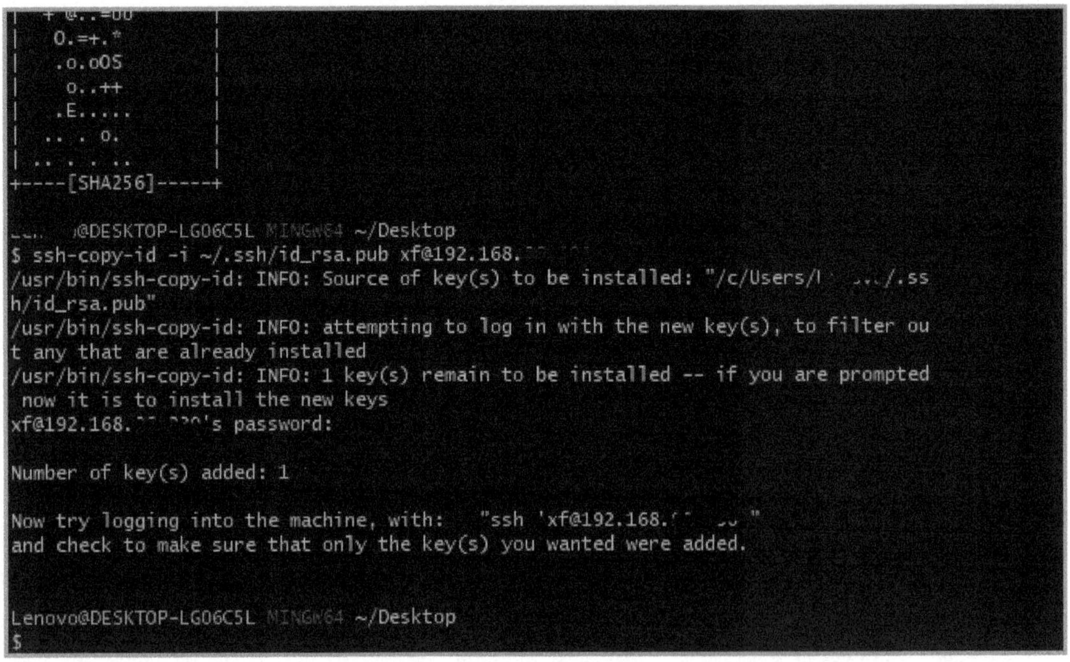

(b) 生成 SSH 公钥 2

图 2-37　生成 SSH 公钥

(3) 在 Visual Studio Code 中，单击远程连接的设置按钮，然后选择打开 config 文件，如图 2-38 所示。

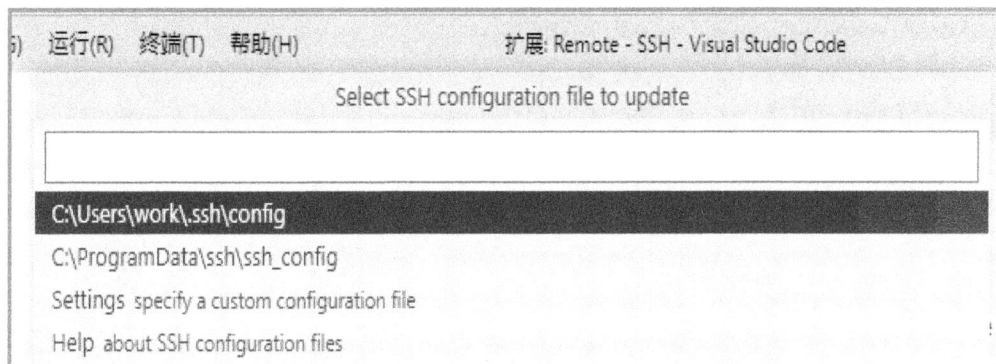

图 2-38　选择 config 文件

(4) 在 config 配置文件中添加 SSH Key 文件信息，如图 2-39 所示，然后保存即可。

图 2-39　添加 SSH Key 信息

至此，访问 Ubuntu 环境的 SSH 公钥就注册完成了，以后无需再频繁输入远程连接密码。

6. 安装 Samba 服务

当无法使用 DevEco Device Tool 进行程序烧写时，就需要在 Windows 下进行程序烧写，开发者需要访问 Ubuntu 环境下的源码和镜像文件。此时需要在 Ubuntu 系统中安装 Samba 服务，通过 Samba 服务器实现 Windows 环境远程连接 Ubuntu 环境。具体操作步骤如下：

(1) 在 Ubuntu 中，打开终端并执行以下命令，安装 Samba 服务：

```
sudo apt install samba
```

(2) 输入以下命令，打开 Samba 配置文件：

```
sudo gedit /etc/samba/smb.conf
```

在 Samba 配置文件末尾添加如下内容：

```
[home]                          #在 Windows 中映射的根文件夹名称(此处以“home”为例)
comment = User Homes            #共享信息说明
path = /home                    #共享目录
```

guest ok = no	#是否拒绝匿名访问
writable = yes	#是否可写
available = yes	#是否可获取
browseable = yes	#是否可浏览
directory mask = 0775	#默认创建的目录权限
create mask = 0775	#默认创建的文件权限

(3) 输入以下命令,创建 Samba 用户:

```
sudo smbpasswd -a username
```

执行命令后,终端显示"New SMB password:",提示输入密码。输入密码后,终端显示"Retype new SMB password:",再次输入密码确认,当终端显示"Addad user user."时,表示完成添加 Samba 用户。

建议使用登录 Ubuntu 系统的用户名作为 Samba 用户名,便于记忆。

(4) 输入以下命令,重启 Samba 服务:

```
sudo service smbd restart
```

7. 映射 Samba 服务的共享目录到本地磁盘

(1) 在终端输入"ifconfig",查看虚拟机的 IP 地址,如图 2-40 所示。

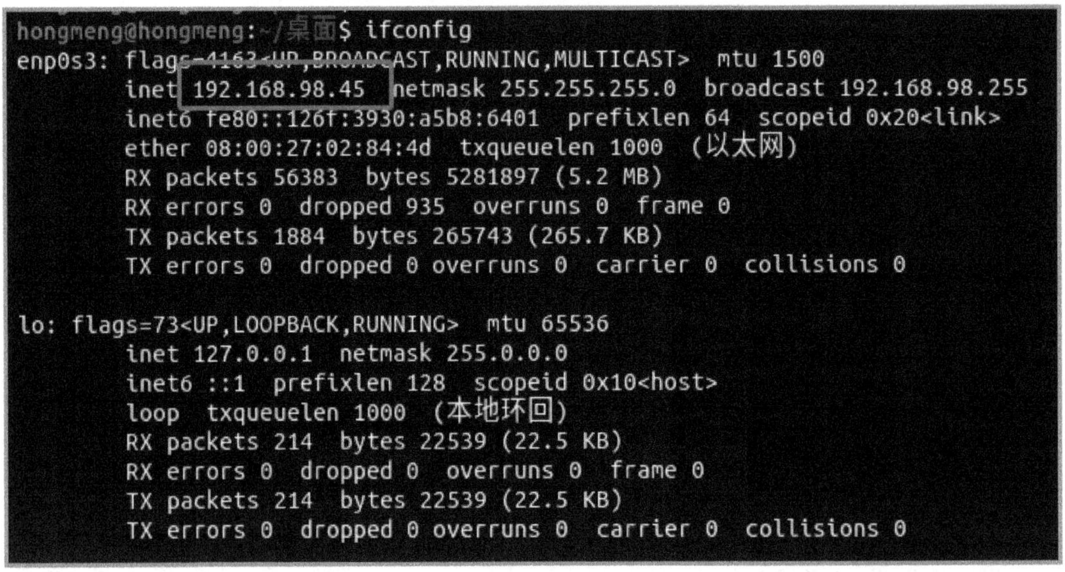

```
hongmeng@hongmeng:~/桌面$ ifconfig
enp0s3: flags=4163<UP,BROADCAST,RUNNING,MULTICAST>  mtu 1500
        inet 192.168.98.45  netmask 255.255.255.0  broadcast 192.168.98.255
        inet6 fe80::126f:3930:a5b8:6401  prefixlen 64  scopeid 0x20<link>
        ether 08:00:27:02:84:4d  txqueuelen 1000  (以太网)
        RX packets 56383  bytes 5281897 (5.2 MB)
        RX errors 0  dropped 935  overruns 0  frame 0
        TX packets 1884  bytes 265743 (265.7 KB)
        TX errors 0  dropped 0 overruns 0  carrier 0  collisions 0

lo: flags=73<UP,LOOPBACK,RUNNING>  mtu 65536
        inet 127.0.0.1  netmask 255.0.0.0
        inet6 ::1  prefixlen 128  scopeid 0x10<host>
        loop  txqueuelen 1000  (本地环回)
        RX packets 214  bytes 22539 (22.5 KB)
        RX errors 0  dropped 0  overruns 0  frame 0
        TX packets 214  bytes 22539 (22.5 KB)
        TX errors 0  dropped 0 overruns 0  carrier 0  collisions 0
```

图 2-40　查看 IP 地址

(2) 打开"我的电脑",在"计算机"下找到映射网络驱动器,在"映射网络驱动器"界面中"文件夹"的下拉框中选择 Samba 服务地址和共享目录,如图 2-41 所示。

(3) 在弹出的"输入网络凭据"对话框中输入 Samba 用户名和密码,勾选"记住我的凭据"选项,单击"确定"按钮,如图 2-42 所示。

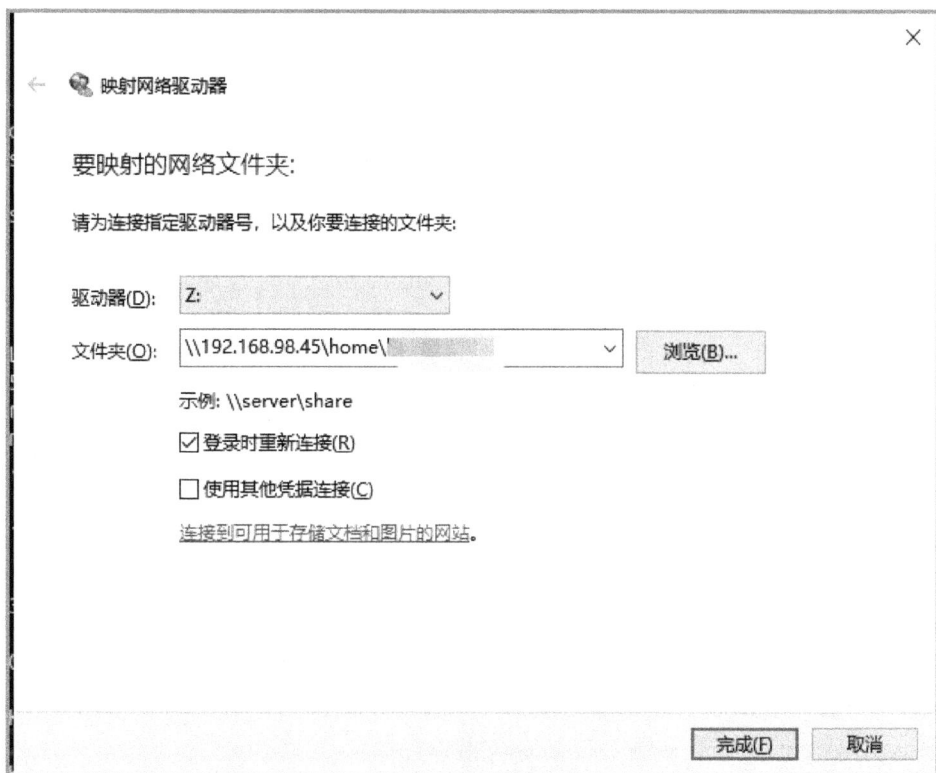

图 2-41　"映射网络驱动器"界面

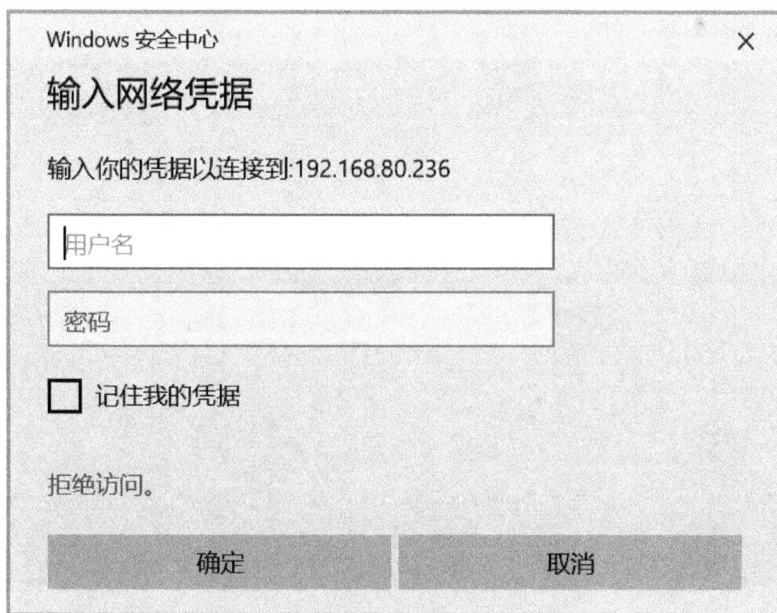

图 2-42　"输入网络凭据"对话框

　　如果输入的 Samba 用户名和密码正确，则可成功打开共享文件夹，并且可以在地址栏中看到映射了本地盘符，如图 2-43 所示。

图 2-43   Ubuntu 共享目录

8. 安装 Docker 环境

DevEco Device Tool 目前支持的开发板数量有限，如果使用的开发板不在 DevEco Device Tool 的支持范围内，那就需要用 Docker 环境来进行设备的开发。

Docker 镜像是包含了运行环境和应用程序的轻量级、可执行的软件包，OpenHarmony 的 Docker 镜像托管在 HuaweiCloud 上。开发者可以通过该镜像在很大程度上简化编译前的环境配置。下面介绍 Docker 的部署方法。

(1) 启动 Ubuntu。在终端输入 Docker 安装命令：

```
sudo apt install docker.io
```

程序运行界面如图 2-44 所示。

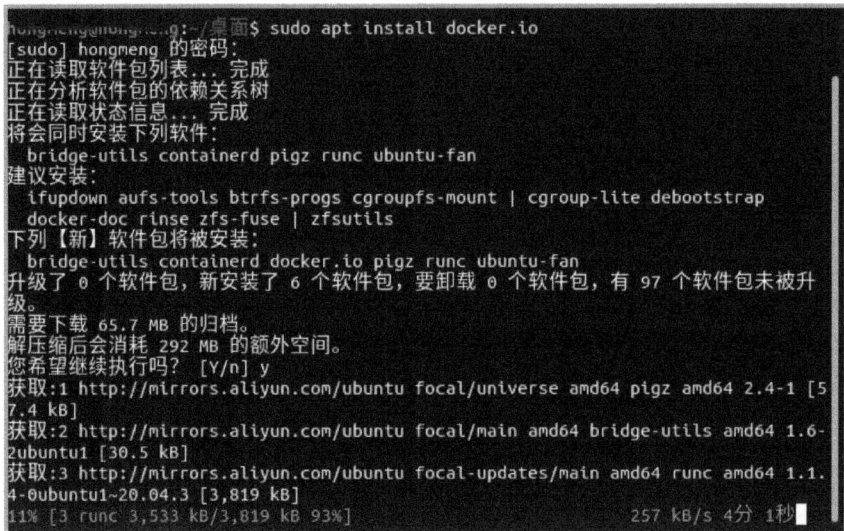

图 2-44   安装 Docker

(2) 安装 OpenHarmony 编译的 Docker 环境包。如图 2-45 所示，输入命令如下：

```
sudo docker pull swr.cn-south-1.myhuaweicloud.com/openharmony-docker/openharmony-docker:1.0.0
```

图 2-45　安装 Docker 环境包

2.2

鸿蒙系统构建工具链

鸿蒙系统构建工具链

只有开发环境没有编译工具是无法进行开发工作的，因此需要构建一套完整的工具链来执行具体的编译过程。

2.2.1　鸿蒙构建工具链

在 Linux 系统中嵌入式设备开发的编译过程分为四个阶段：编译预处理、编译、汇编和链接。其中每个阶段都会使用若干工具去实现所要达到的目的，最终生成各种文件。在整个编译过程中都要用到构建工具链。构建工具链可以理解为构建工具和工具链的组合。

1. 工具链

软件开发的编译需要通过一系列的步骤来完成，其中每一个步骤都会使用到相应的工具，前一个工具的输出是后一个工具的输入，这么多工具链接起来，像一根链条一样，因此人们把这些工具的组合形象地称为工具链。

工具链本质上是工具，工具的作用是生成可以运行的程序或库文件。为了实现该目标，工具内部需要经历编译过程和链接过程。

编译过程：编译的输入为程序代码；编译的输出为目标文件；编译需要的工具有编译器 gcc。

链接过程：链接的输入为程序运行所依赖的库文件或某个库所依赖的另一个库文件；链接的输出为程序的可执行文件，或者可被调用的完整的库文件；链接需要的工具有链接器，即 LD。

2. 构建工具

构建工具是一个可编程的工具，它描述了整个工程如何编译、连接、打包等规则，工程中的哪些源文件需要编译以及如何编译，需要创建哪些库文件以及如何创建库文件等。

构建一个项目通常包含了依赖管理、测试、编译、打包、发布等流程，构建工具可以自动化进行这些操作。

构建工具提供的依赖管理能够自动处理依赖关系。例如一个项目需要用到依赖 A，A 又依赖于 B，那么构建工具就能帮我们导入 B，而不需要我们手动去寻找并导入 B。

3. 鸿蒙构建工具链

鸿蒙内核 LliteOS 的编译构建工具是 hb，hb 是 ohos-build 的简称，ohos 是 OpenHarmonyOS 的简称。鸿蒙构建系统是由 Python、GN、Ninja、Makefile 等几个部分组成的，每个部分的作用各不相同。

Python 用于对参数、环境变量、文件进行操作，负责编译前的准备工作和为 GN 收集命令参数。GN 即 Generate Ninja，用于生成 Ninja 文件。Ninja 是一个致力于速度的小型编译系统。Makefile 文件中包括了编译和处理规则，通过 Makefile 工具解析 Makefile 文件中的命令来指导整个工程的编译过程。

2.2.2 Ninja 构建工具

Ninja 一般通过 Unix/Linux 中的程序里的 Make/Makefile 文件来进行构建编译，而 Ninja 通过将编译任务并行组织，大大提高了构建速度。

1. Ninja 简介

Ninja 是 Google 的一名程序员推出的、注重速度的构建工具，是一个专注于速度的小型构建系统，只需拷贝一个可执行程序 Ninja 就可以执行，不需要依赖任何库。

设计 Ninja 的目的是使编译过程更快，类似构建工具 Make，Make 即 GNU Make，是一个用于决定如何使用命令完成最终目标构建的程序。Ninja 被认为是更好的 Make 工具，编译速度更快。可以通过其他高级的编译系统生成 Ninja 的输入文件，Ninja 的核心是由 C/C++ 编写的程序，同时有一部分辅助功能由 Python 和 Shell 实现。

2. Ubuntu 环境安装 Ninja

Ninja 编译需要依赖 re2c，re2c 是一款语法分析器。

安装 re2c 的详细步骤如下：

(1) 在 Linux 系统中，单击鼠标右键，打开终端，在终端输入以下命令：

```
sudo  apt-get  install  re2c
```

程序运行界面如图 2-46 所示。

```
xf@OpenHarmony:~$ sudo apt-get install re2c
[sudo] xf 的密码:
正在读取软件包列表... 完成
正在分析软件包的依赖关系树
正在读取状态信息... 完成
下列软件包是自动安装的并且现在不需要了:
  gir1.2-goa-1.0
使用'sudo apt autoremove'来卸载它(它们)。
下列【新】软件包将被安装:
  re2c
```

图 2-46　安装 re2c 命令

(2) 检测 re2c 版本。在终端输入以下命令：

```
re2c --version
```

程序运行界面如图 2-47 所示。

```
xf@OpenHarmony:~$ re2c --version
re2c 1.3
```

图 2-47　检测 re2c 版本

(3) 安装 re2c 之后，继续安装 Ninja。在终端输入下载命令：

```
git clone https://github.com/ninja-build/ninja.git
```

程序运行界面如图 2-48 所示。

```
xf@OpenHarmony:~$ git clone https://github.com/ninja-build/ninja.git
正克隆到 'ninja'...
remote: Enumerating objects: 12051, done.
remote: Counting objects: 100% (31/31), done.
remote: Compressing objects: 100% (25/25), done.
remote: Total 12051 (delta 8), reused 18 (delta 4), pack-reused 12020
接收对象中: 100% (12051/12051), 4.44 MiB | 166.00 KiB/s, 完成.
处理 delta 中: 100% (8494/8494), 完成.
```

图 2-48　下载 Ninja

(4) 下载完成之后，需要对 Ninja 进行安装和编译。在终端输入以下命令：

```
cd ninja
./configure.py --bootstrap
```

程序运行界面如图 2-49 所示。

```
xf@OpenHarmony:~$ cd ninja
xf@OpenHarmony:~/ninja$ ./configure.py --bootstrap
bootstrapping ninja...

wrote build.ninja.
bootstrap complete.  rebuilding...
[34/34] LINK ninja
```

图 2-49　编译 Ninja

(5) 最后检测 Ninja 安装情况。在终端输入以下命令:

```
sudo  cp  ./ninja  /usr/bin
ninja  --version
```

程序运行界面如图 2-50 所示。

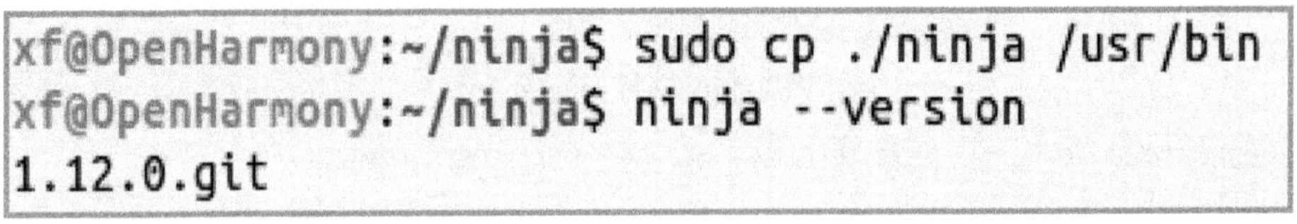

图 2-50　检测 Ninja

2.2.3　GN 常用语法

GN 是 Ninja 构建文件的元构建工具,能够构建出 Ninja 的.ninja 文件,比起 Ninja 原本的构建命令,GN 能够比较好地进行依赖管理,并且能够很方便地输出构建图谱。

GN 使用非常简单的动态类型语言,包括布尔(true,false)、64 位有符号整数、字符串、列表(任何其他类型)、范围(scopes)、条件语句、循环和函数调用等。

下面是 GN 部分类型的语法。

(1) 字符串语法如下:

```
a = "mypath"
b = "$a/foo.cc" // b -> "mypath/foo.cc"
c = "foo${a}bar.cc" // c -> "foomypathbar.cc"
```

(2) 列表语法如下:

```
a = ["first"]
a += ["second"] // ["first","second"]
a += ["third","fourth"] // ["first","second","third","fourth"]
b = a + ["fifth"] // ["first","second","third","fourth","fifth"]
```

(3) 条件语句语法如下:

```
if (is_linux || (is_win && target_cpu == "x86"))
{
    source -= ["something.cc"]
}
else
{
    ...
}
```

(4) 循环语法如下：

```
Foreach(i,mylist)
{
    print(i) //Note: i is a copy of each element, not a reference to it.
}
```

(5) 函数调用语法如下：

```
print("hello world")
assert(is_win, "This should only be executed on Windows")
static_library("mylibrary")
{
    sources = ["a.cc"]
}
```

习　　题

1. 填空题

(1) 鸿蒙设备开发中，命令行开发使用的是_____编译环境。

(2) 在同一台计算机中安装 Linux 系统需要通过_____软件来实现。

(3) 鸿蒙设备开发使用的 Linux 系统版本为_____以上。

(4) 鸿蒙设备开发使用的构建工具是由_____等组成的。

(5) 映射 Samba 服务的目录到本地磁盘，需要输入_____和_____。

2. 判断题

(1) 在 Window 系统下可以对鸿蒙源码进行直接编译。(　　)

(2) Ubuntu 系统的用户名可以包含中文字符。(　　)

(3) 当电脑连接的是无线网络时，在虚拟机的网络设置中，网络连接方式选桥接网卡。(　　)

(4) 通过 Samba 服务，在 Window 系统下可以查看鸿蒙源码的目录。(　　)

(5) Ubuntu 系统中安装 Docker 的命令是"sudo apt install docker.io"。(　　)

3. 简答题

简述鸿蒙设备开发环境的搭建流程。

第 3 章　鸿蒙系统基本操作

在第 2 章我们学习了如何搭建鸿蒙设备开发环境，本章我们将在搭建好的鸿蒙设备开发环境基础上，学习使用鸿蒙系统源码进行智能设备开发的基本操作。

3.1

鸿蒙系统源码

在进行鸿蒙设备开发之前，首先要做的第一步是获取鸿蒙官方源码。获取源码有多种方式，可以从镜像站点获取，可以从 DevEco Marketplace 网站获取，也可以从代码仓库获取。下面介绍鸿蒙系统源码框架结构和源码的下载方法。

3.1.1　鸿蒙系统源码框架

在进行具体的鸿蒙设备开发工作之前，必须了解鸿蒙系统源码的目录结构。鸿蒙系统源码的目录结构如表 3-1 所示。

表 3-1　鸿蒙系统源码的目录结构

目　录　名	描　　　述
applications	应用程序样例，包括 camera、WiFi 等
base	基础软件服务子系统集和硬件服务子系统集
build	组件化编译、构建和配置脚本
develop tools	研发工具链子系统
device	设备平台

续表

目 录 名	描　　述
docs	说明文档
domains	增强软件服务子系统集
drivers	驱动子系统
foundation	系统基础能力子系统集
interface	接口系统
kernel	内核子系统
prebuilts	编译器及工具链子系统
productdefine	产品形态配置
test	测试子系统
third_party	开源第三方组件
utils	常用的工具集
vendor	厂商提供的软件
build.py	编译脚本文件

下面对目录中的主要部分进行简要说明。

1. applications 目录

applications 目录下有 sample、standard 两个文件夹，其中 sample 文件夹下是开发板案例代码及教程，standard 文件夹下是鸿蒙标准系统的部分应用，为开发者提供了构建标准系统应用的具体实例，这些应用支持在所有标准系统的设备上使用。

鸿蒙系统源码目录介绍

2. base 目录

base 目录主要包含有关基础软件服务子系统集和硬件服务子系统集的内容。

3. build 目录

bulid 目录主要包含构建脚本、配置信息脚本、工具链、工具等内容。

4. develop tools 目录

develop tools 目录是研发工具链子系统，包含 ACE 框架工具、追踪进程轨迹工具、HDC 工具、性能优化组件、打包工具组件等内容。

5. device 目录

device 目录包含支持的硬件和模拟器，开发者可将与移植有关的文件放到该目录下。

6. docs 目录

docs 目录下包含了中文和英文的相关文档。

7. domains 目录

domains 目录是增强软件服务子系统集,对照鸿蒙系统技术架构图可知,它主要包含智慧屏专有业务子系统、穿戴专有业务子系统、IoT 专有业务子系统等,可以根据项目需要进行使用,也可以进行剪切。

8. drivers 目录

drivers 目录下包含了适配代码、驱动框架核心代码、外设驱动代码。

9. foundation 目录

foundation 目录是有关系统基础能力子系统集的内容,包含了 Ability 开发框架接口、Ability 管理服务、ACE UI 框架、AI 子系统、用户程序框架接口、通信方式、分布式硬件、分布式任务调度、分布式数据管理、图像子系统、多媒体子系统、多模输入子系统等。

10. interface 目录

interface 目录下包含了 SDK-js 文件夹,是关于 JavaScript 的 API 接口相关代码。

11. kernel 目录

kernel 目录是内核子系统目录,鸿蒙系统支持的内核有 Linux、LiteOS-A、LiteOS-M。

12. prebuilts 目录

prebuilts 目录下包含了 cmake、gcc、Python、clang 等一系列编译工具。

13. productdefine 目录

productdefine 目录下是产品形态配置仓,主要包括产品所属的系统类型、产品名称、对应的 device 配置、产品的部件列表等。支持的产品需要在 productdefine/common/products/ 目录下有同名的配置文件,编译时找不到会报错。在 productdefine/common/device/ 目录下要有产品对应的 device 的同名配置文件。

14. test 目录

test 目录下包含了开发者测试组件、测试框架核心组件、XTS 兼容性测试组件等。

15. third_party 目录

third_party 目录下主要是开源第三方的组件。随着每一次版本的更新,第三方的组件也会相应地增加很多。

16. utils 目录

utils 目录下是常用的工具集,包括工具类的 native 层实现、ndk 库的配置目录、系统相关的预定义值和安全策略配置等。

17. vendor 目录

vendo 目录下是不同厂商的开发板芯片驱动软件以及部分仿真工程样例。

18. build.py 文件

build.py 文件是编译脚本文件,用于 OpenHarmony 工程的编译,调用底层构建系统完成源码的编译和打包工作。

鸿蒙系统源码

3.1.2　鸿蒙系统源码下载

常用的下载鸿蒙系统源码的方式有 4 种，分别是从码云仓库下载、从 DevEco Marketplace 网站下载、从镜像站点下载、创建工程自动下载，其中从码云仓库下载的操作较复杂，这里不作讲解，下面分别介绍其他 3 种方法。

1. 从 DevEco Marketplace 网站下载源码

对于刚接触 OpenHarmony 的开发者，如果希望能够参考一些实际案例，从而能够快速上手进行开发，那么可以通过 DevEco Marketplace 网站获取想要的案例源码。

可以从网站下载开源发行版，也可以在开源发行版的基础上定制组件，然后通过包管理器命令行工具(hpm-cli)将需要的组件及相关的编译工具链全部下载、安装到本地。

1) 准备工作

需要在本地安装 Node.js 和 hpm 命令行工具。

从 Node 官网(https://nodejs.org/zh-cn/download/)下载，推荐安装 LTS 版本。

打开 CMD，输入如下命令：

```
npm install -g @ohos/hpm-cli
```

安装完成后，输入如下命令：

```
hpm -V 或 hpm --version
```

若显示 hpm 版本，则表示安装成功。

2) 下载组件

打开 DevEco Marketplace 网站(https://repo.harmonyos.com/#/cn/home)，单击页面顶部的"设备组件"，在左侧边栏可以看到"开源发行版"的相关选项，如图 3-1 所示。

图 3-1　设备组件列表

在页面顶部的搜索框内输入关键字，例如"摄像头"，会出现与关键字匹配的结果，如图 3-2 所示。左侧边栏还可以添加过滤条件如开发板、内核。

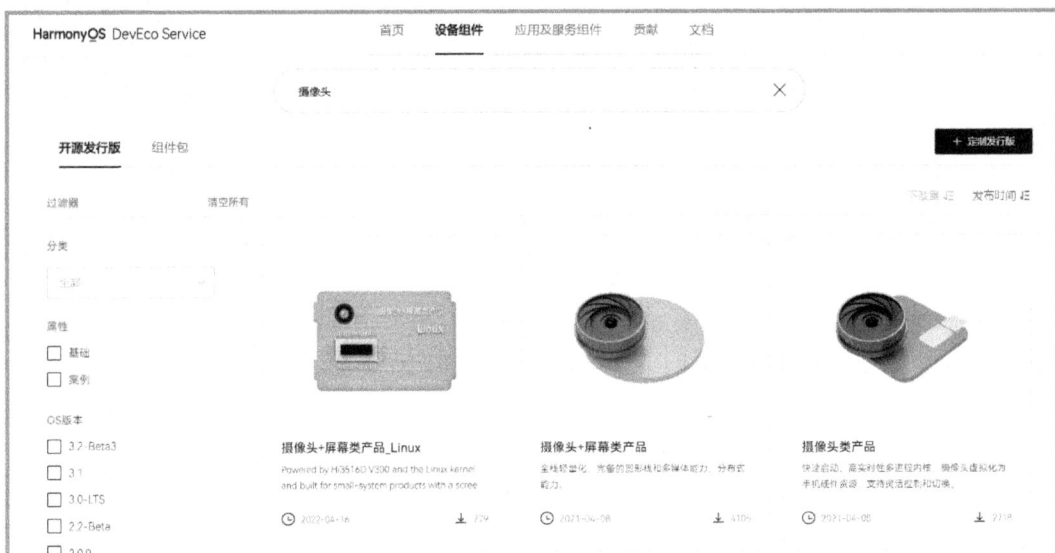

图 3-2　显示搜索结果

单击其中一个选项，可以看到发行版的详情介绍，如图 3-3 所示。单击页面右上角的"直接下载"可以直接下载到本地；单击"设备组件裁剪"可以打开组件详情页，进行定制组件的添加，填写项目信息进行下载。

图 3-3　组件详情页

3) 安装组件

下载的组件是压缩包形式，需要先解压缩。

在解压后的文件目录地址栏中输入 CMD，如图 3-4 所示。

执行 hpm install 命令，系统会自动下载并安装组件。窗口中显示"Install successful"，表示组件下载及安装成功。下载的组件将保存在工程目录下的 ohos_bundles 文件夹中。

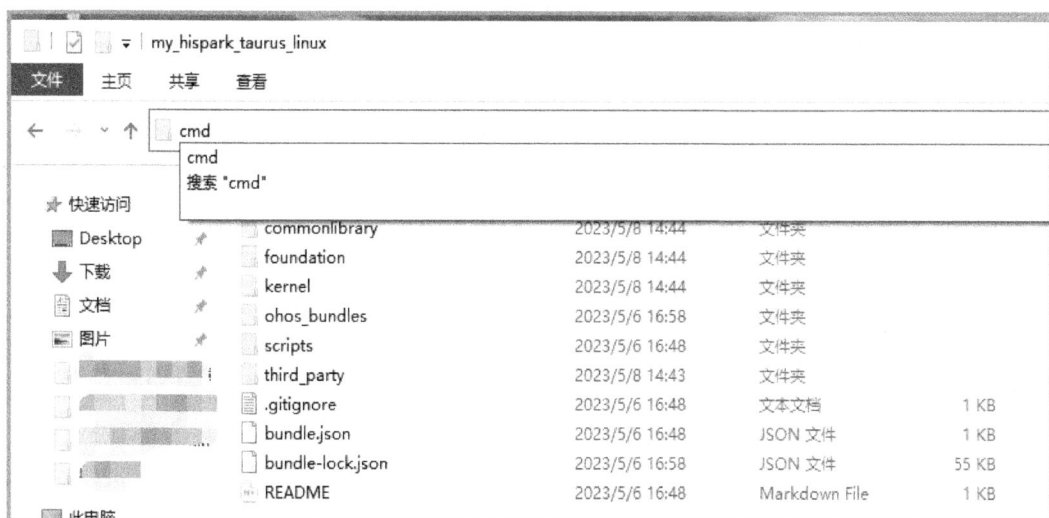

图 3-4　打开 CMD 工具

通过此种方式下载的源码，适用于基于命令行的开发模式，通过配置 Samba 服务器来实现 Windows 系统和 Ubuntu 系统之间的文件共享。

2. 从镜像站点下载源码

从镜像站点下载源码相对简单。但是通过镜像站点下载的是鸿蒙系统整个源码，需要自行裁剪，才能进一步进行开发。

从镜像站点可以获取源码的稳定版本和最新发布的版本，其他版本源码的获取方式以及具体版本信息可以参考官网的 Release-Notes。LTS 版本源码如表 3-2 所示。

表 3-2　LTS 版本源码

LTS 版本源码	版本信息	下载站点	SHA256 校验码
全量代码(标准、轻量级和小型系统)	3.0	站点	SHA256 校验码
标准系统解决方案(二进制)	3.0	站点	SHA256 校验码
Hi3861 解决方案(二进制)	3.0	站点	SHA256 校验码
Hi3518 解决方案(二进制)	3.0	站点	SHA256 校验码
Hi3516 解决方案——LiteOS(二进制)	3.0	站点	SHA256 校验码
Hi3516 解决方案——Linux(二进制)	3.0	站点	SHA256 校验码
Release-Notes	3.0	站点	—

"SHA256 校验码"表示是带 SHA256 校验码的版本，可以验证用户从非官方渠道下载的软件是否没被修改过的原版，从而防止软件被某些人篡改。

最新发布版本的源码如表 3-3 所示。

表 3-3   最新发布版本源码

最新发布版本源码	版本信息	下载站点	SHA256 校验码
全量代码Beta版本(标准、轻量级和小型系统)	3.2 Release	站点	SHA256 校验码
Hi3861 解决方案(二进制)	3.2 Release	站点	SHA256 校验码
Hi3516 解决方案——LiteOS(二进制)	3.2 Release	站点	SHA256 校验码
Hi3516 解决方案——Linux(二进制)	3.2 Release	站点	SHA256 校验码
RK3568 标准系统解决方案(二进制)	3.2 Release	站点	SHA256 校验码
Release-Notes	3.2 Release	站点	—

3. 创建工程自动获取源码

在通过 DevEco Device Tool 创建 OpenHarmony 工程时，可自动下载相应版本的 OpenHarmony 源码，源码类型包括 OpenHarmony Stable Version(稳定版本)、OpenHarmony Sample(发行版示例源码)和 HarmonyOS Connect Solution(鸿蒙智联解决方案)。

OpenHarmony Stable Version 源码通过镜像站点获取，支持 OpenHarmony-v1.1.4-LTS、OpenHarmony-v3.0.3-LTS 和 OpenHarmony-v3.1-Release 版本。

使用此方法的前提是，只有在 Windows 环境通过 Remote SSH 远程连接上 Ubuntu 环境的情况下，才可以创建 OpenHarmony 新工程。

打开 DevEco Device TooI，进入主页，单击"新建工程"按钮，如图 3-5 所示。

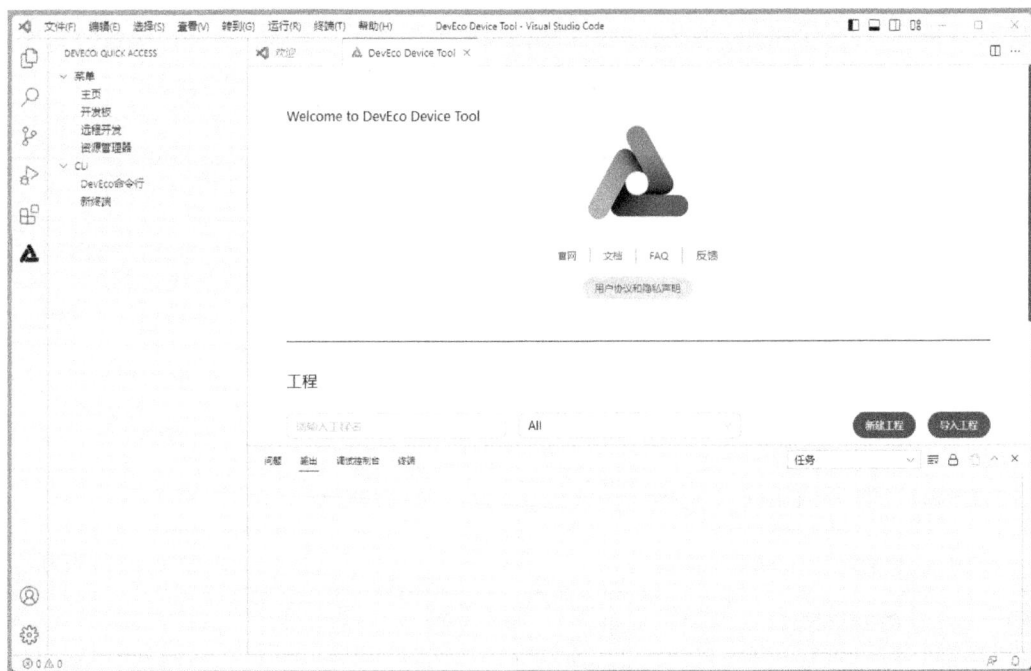

图 3-5   新建工程

在"新建工程"界面，配置工程相关信息，如图 3-6 所示。具体内容包括：
在"OpenHarmony 源码"下选择需要下载的 OpenHarmony 源码，请选择 OpenHarmony

Stable Version 下的源码版本，支持 OpenHarmony-v1.1.4-LTS、OpenHarmony-v3.0.3-LTS 和 OpenHarmony-v3.1-Release 版本。

在"工程名"下的文本框中设置工程名称。

在"工程路径"下选择工程文件存储路径。

在"SOC"下拉列表框中选择支持的芯片。

在"开发板"下拉列表框中选择支持的开发板。

在"产品"下拉列表框中选择开发板自动生成的产品。

图 3-6　"新建工程"界面

完成工程配置后，单击"确定"按钮，DevEco Device Tool 会自动启动 OpenHarmony 源码的下载。由于 OpenHarmony 稳定版本源码包体积较大，需要耐心等待，直至源码下载完成。

3.2

鸿蒙轻量级系统的 HelloWorld 程序

下载鸿蒙系统源码之后，我们可以通过编写简单的程序，对程序进行编译、烧写等操作来验证鸿蒙系统源码的完整性。

3.2.1　编写 HelloWorld 程序

我们以修改源码的方式编写"HelloWorld"程序来验证源码。

编写 HelloWorld 程序

在"新建工程"界面中，在"SOC"下拉列表框中选择 Hi3861，在"开发板"下拉列表框中选择 Hi3861，在"产品"下拉列表框中选择 sifiiot_hispark_pegasus，配置好信息后下载源码。编写程序的详细步骤如下。

1. 建立代码目录

开发者在编写代码之前，需要在 OpenHarmony/applications/sample/wifi-iot/app 路径下新建一个目录，来存放代码文件。

例如，在 app 下新增 my_app，其中 hello_world.c 为需要编写的代码，BUILD.gn 为编译脚本，具体目录结构如下：

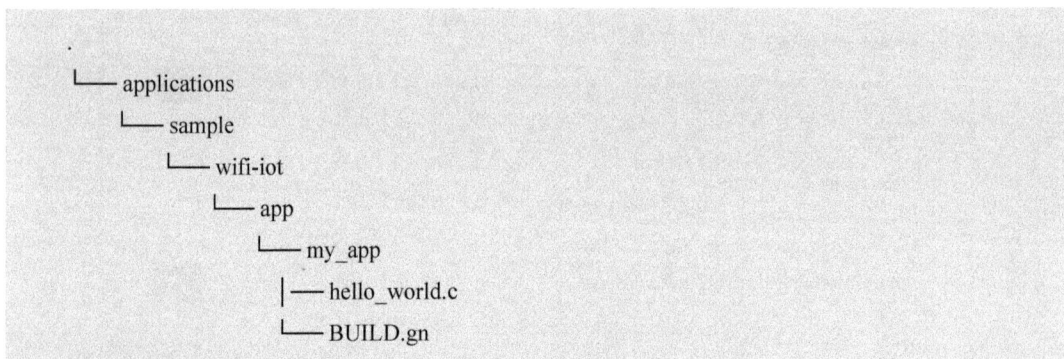

```
.
└── applications
    └── sample
        └── wifi-iot
            └── app
                └── my_app
                    ├── hello_world.c
                    └── BUILD.gn
```

2. 编写代码

新建 hello_world.c 文件，在 hello_world.c 中新建入口函数 HelloWorld，并实现程序逻辑。在代码的最后，使用 OpenHarmony 启动恢复模块接口 SYS_RUN()启动程序，SYS_RUN()是定义在 ohos_init.h 头文件的。

具体代码如下：

```
#include <stdio.h>
#include "ohos_init.h"
#include "ohos_types.h"
void HelloWorld(void)
{
    printf("Hello world!\n");
}
SYS_RUN(HelloWorld);
```

3. 编写 BUILD.gn 文件

编写 BUILD.gn 文件的目的是将程序构建成静态库。BUILD.gn 文件由目标、源文件、头文件路径三部分构成，需由开发者完成填写。

新建./applications/sample/wifi-iot/app/my_app 下的 BUILD.gn 文件，并完成如下配置。

示例代码如下：

```
static_library("myapp") {
```

```
        sources = [
            "hello_world.c"
        ]
        include_dirs = [
            "//utils/native/lite/include"
        ]
    }
```

说明：

static_library 中指定模块的编译结果为静态库文件 libmyapp.a，开发者根据实际情况完成填写。

sources 中指定静态库.a 所依赖的.c 文件及其路径，若路径中包含"//"，则表示绝对路径(此处为代码根路径)，若不包含"//"，则表示相对路径。

include_dirs 中指定 source 所需要依赖的.h 文件路径。

4. 添加新组件

修改文件 build/lite/components/applications.json，添加组件 hello_world_app 的配置，代码截图如图 3-7 所示。

```
23      {
24        "component": "hello_world_app",
25        "description": "hello world samples.",
26        "optional": "true",
27        "dirs": [
28          "applications/sample/wifi-iot/app/my_app"
29        ],
30        "targets": [
31          "//applications/sample/wifi-iot/app/my_app:myapp"
32        ],
33        "rom": "",
34        "ram": "",
35        "output": [],
36        "adapted_kernel": [ "liteos_m" ],
37        "features": [],
38        "deps": {
39          "components": [],
40          "third_party": []
41        }
42      },
43      {
44        "component": "camera_sample_app",
45        "description": "Camera related samples.",
```

图 3-7　新组件代码截图

新增加的代码如下：

```
{
  "component": "hello_world_app",
  "description": "hello world samples.",
  "optional": "true",
  "dirs": [
    "applications/sample/wifi-iot/app/my_app"
  ],
  "targets": [
    "//applications/sample/wifi-iot/app/my_app:myapp"
  ],
  "rom": "",
  "ram": "",
  "output": [],
  "adapted_kernel": [ "liteos_m" ],
  "features": [],
  "deps":
  {
    "components": [],
    "third_party": []
  }
},
```

注意：如果下载的源码版本大于等于 OpenHarmony 3.2 Beta2 时，组件配置文件为 build/lite/components/communication.json。

5. 修改单板配置文件

修改文件 vendor/hisilicon/hispark_pegasus/config.json，新增 hello_world_app 组件的条目，在 applications 子系统配置中增加代码，代码截图如图 3-8 所示。

```
11        "subsystems": [
12          {
13            "subsystem": "applications",
14            "components": [
15              { "component": "hello_world_app", "features":[] },
16              { "component": "wifi_iot_sample_app", "features":[] }
17            ]
18          },
```

图 3-8　新增条目代码截图

完成以上步骤之后，进入程序编译环节。

3.2.2　编译 HelloWorld 程序

DevEco Device Tool 支持 Hi3861V100 开发板的源码一键编译功能，提供编译工具链和编译环境依赖的检测及一键安装，在简化复杂编译环境的同时，提升了编译的效率。下面来演示如何在远程连接 Ubuntu 环境中配置编译环境。

(1) 如图 3-9 所示，在"DEVECO"菜单栏中选择工程配置，进入 Hi3861 工程配置界面。

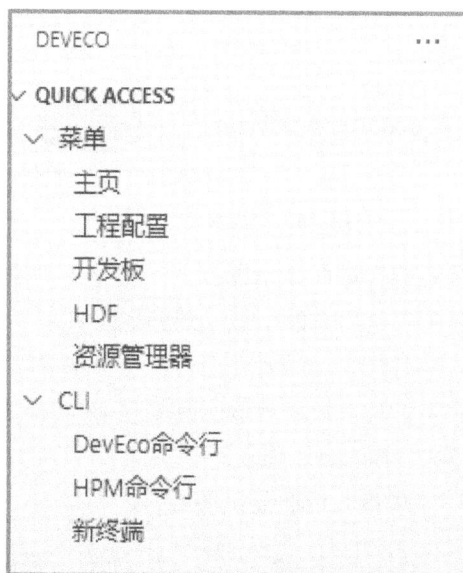

```
DEVECO                      ...

∨ QUICK ACCESS
  ∨ 菜单
      主页
      工程配置
      开发板
      HDF
      资源管理器
  ∨ CLI
      DevEco命令行
      HPM命令行
      新终端
```

图 3-9　"DEVECO"菜单栏

(2) 在"工具链"界面，DevEco Device Tool 会自动检测依赖的编译工具链是否完备，如图 3-10 所示。

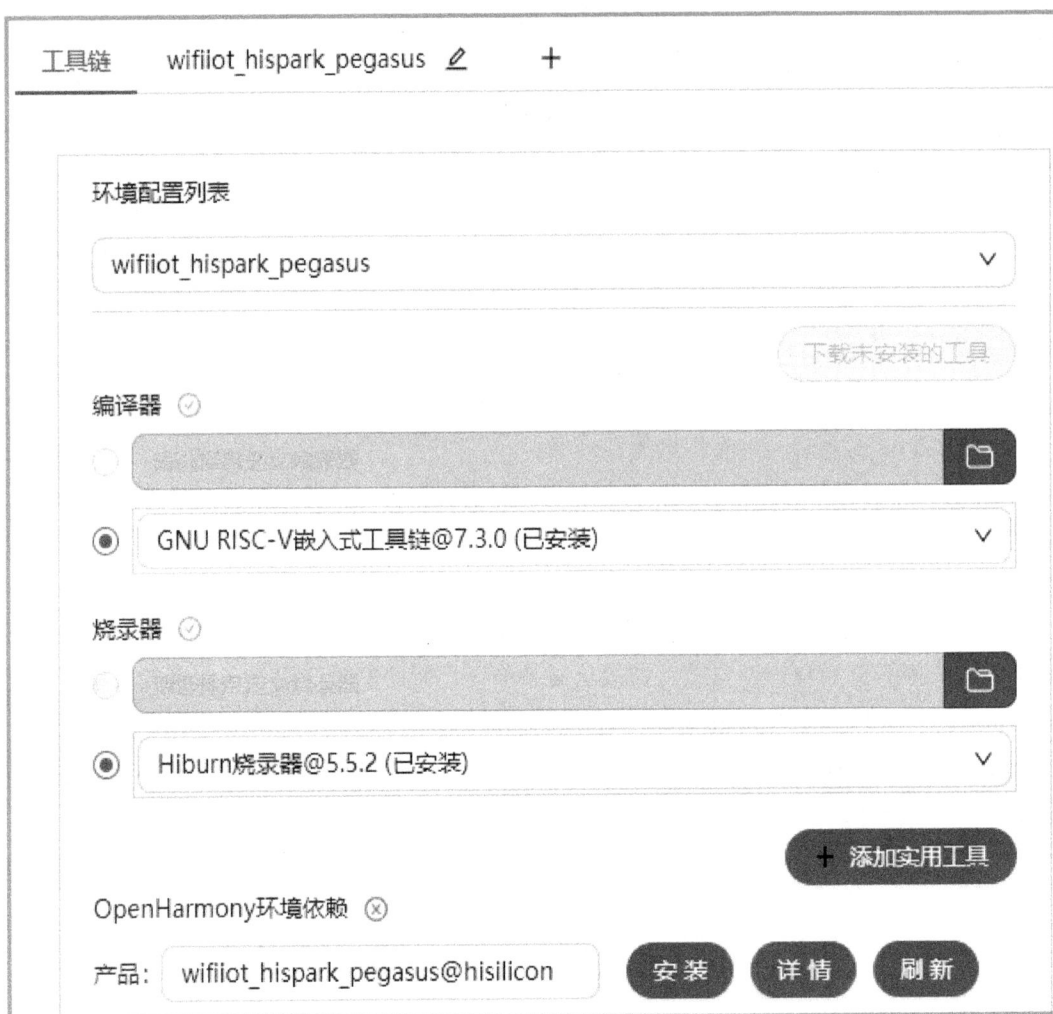

图 3-10　"工具链"界面

如果"编译器"和"烧录器"后面显示图标×，则单击"下载未安装的工具"按钮，可自动安装所需工具，或单击工具后方的下载安装指定工具。

如当前识别到的工具类型有缺失，需要补充，则可单击"添加实用工具"按钮添加。

如无法通过下载方式安装工具，则表示该工具未被 DevEco Device Tool 收录，需要开发者自行下载到本地后，单击"Import"导入。

如果"OpenHarmony 环境依赖"后面显示图标×，则单击"安装"按钮，进行自动下载安装。

部分工具的安装需要使用 root 权限，请在终端界面输入用户密码进行安装。

安装完成后，工具和环境依赖后面图标显示为✓，如图 3-11 所示，表示工具链配置成功。

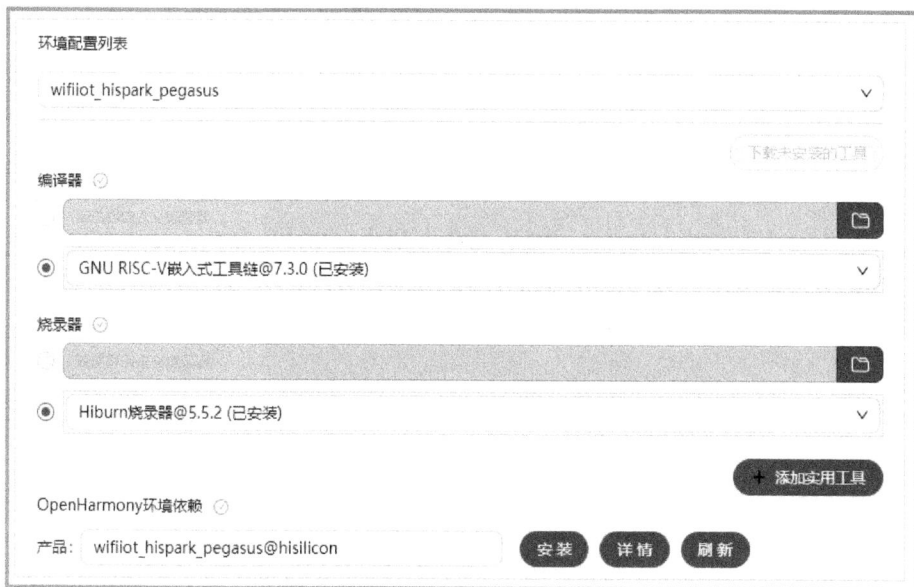

图 3-11　工具链配置成功

(3) 如图 3-12 所示，在 DevEco Device Tool 界面的"PROJECT TASKS"菜单栏中，选择对应开发板下的"Build"，执行编译。

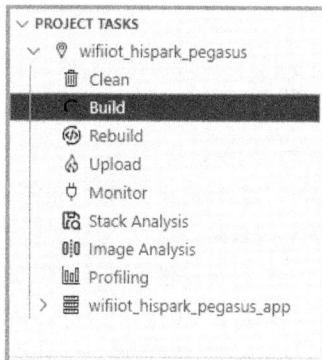

图 3-12　选择"Build"

(4) 等待编译完成，当终端界面显示"SUCCESS"时，表示编译成功，如图 3-13 所示。

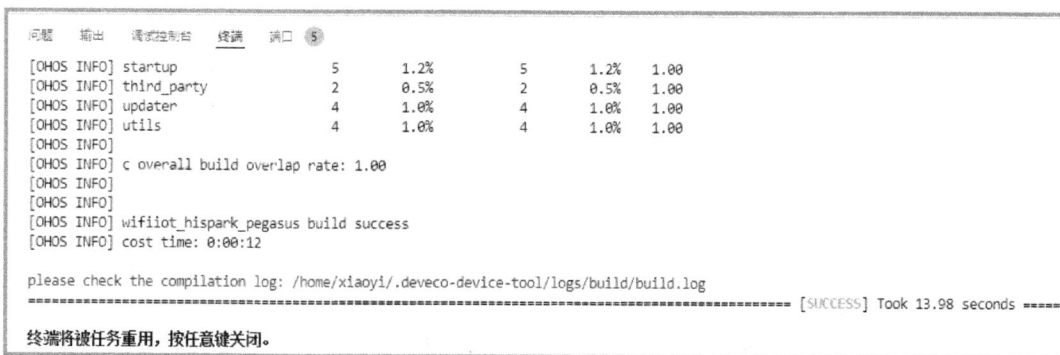

图 3-13　编译成功界面

编译完成后，可以在工程的 out 目录下查看编译生成的文件，用于后续的 Hi3861V100 开发板的烧写。

如果编译不成功，则提示"'Python': No such file or directory"，这是因为 Python 路径不正确导致的。

解决方法：

(1) 打开终端，输入"whereis python"，查询 Python 路径。

(2) 检查输出结果是否包含/usr/bin/python3.8 或者/usr/bin/python3.9，如果包含，则执行如下命令：

```
sudo ln -s /usr/bin/python3.8 /usr/bin/python
```

命令中 python 版本按实际情况修改。

如果输出结果不包含 usr/bin/python3.8 或者 /usr/bin/python3.9，则执行步骤(3)。

(3) 重新安装 DevEco Device Tool，执行如下命令：

```
sudo ./devicetool-linux-tool-3.1.0.500.sh
```

其中"devicetool-linux-tool-3.1.0.500"根据实际版本修改。

3.2.3 烧写 HelloWorld 程序

烧写程序是将编译后的程序文件下载到开发板上。DevEco Device Tool 提供了一键烧写功能，能快捷地完成程序的烧写。

Hi3861V100 开发板烧写是在 Windows 环境下进行的。DevEco Device Tool 通过 Remote-SSH 远程模式，将 Ubuntu 环境下编译生成的程序文件拷贝至 Windows 目录下，然后通过 Windows 的烧写工具将程序文件烧写至开发板中。具体的烧写步骤如下：

(1) 连接设备之前需要安装 USB 转串口的驱动程序，这里安装 CH341SER USB 转串口驱动程序，完成驱动安装后，重新插拔 USB 接口即可。

使用 USB 数据线将计算机和开发板连接起来，接开发板的 Type-C 接口。

(2) 在 DevEco Device Tool 中，选择"REMOTE DEVELOPMENT"→"Local PC"，查看远程计算机(Ubuntu 开发环境)与本地计算机(Windows 开发环境)的连接状态，如图 3-14 所示。

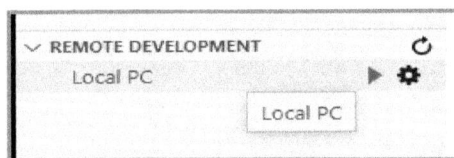

图 3-14 查看连接状态

如果"Local PC"右边连接按钮为 ■，则远程计算机与本地计算机为已连接状态，不需要执行其他操作。

如果"Local PC"右边连接按钮为 ▶，则单击绿色按钮进行连接。连接时，由于 DevEco Device Tool 会重启服务，因此不要在下载源码或源码编译过程中进行连接，否则会中断任务。

(3) 如图 3-15 所示，在"DEVECO"菜单栏中选择"工程配置"，进入工程配置界面。

图 3-15　选择工程配置

(4) 在"工具链"界面，检查烧录器是否已安装，如果未安装，则可以通过下载按钮在线安装。

(5) 在"烧录"界面，设置烧写选项，包括 upload_port、upload_protocol 和 upload_partitions。配置完成后，工程将自动保存，如图 3-16 所示。

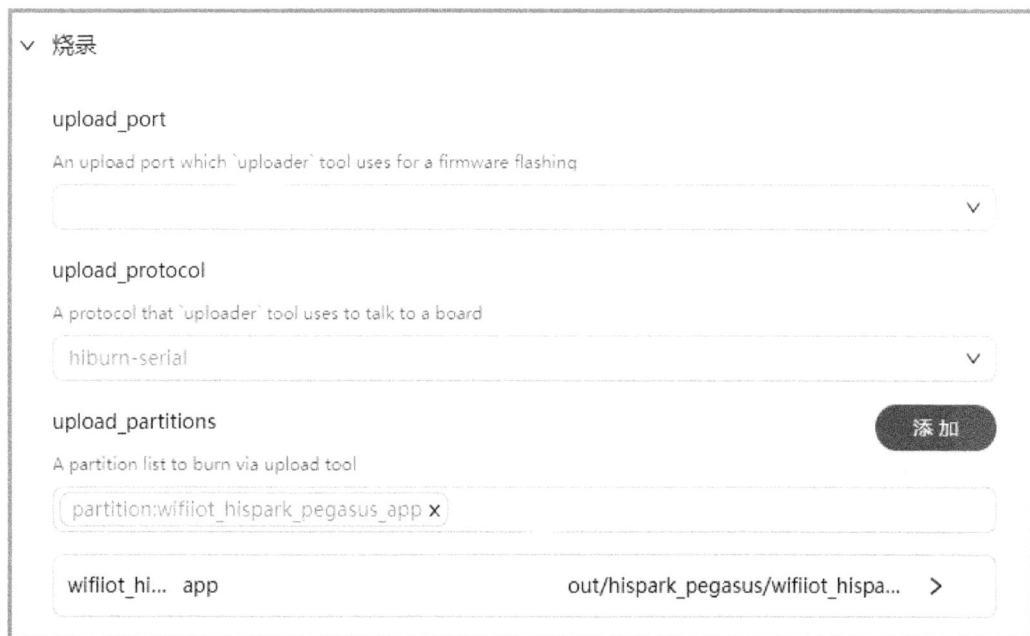

图 3-16　"烧录"设置界面

在"upload_port"下的下拉列表框中选择已查询的串口号。

在"upload_protocol"下的下拉列表框中选择烧写协议"hiburn-serial"。

在"upload_partitions"下选择待烧写的文件名称。DevEco Device Tool 已预置默认的烧写文件信息，如果需要修改待烧写文件地址，可单击每个待烧写文件后的▶按钮进行修改。

(6) 如图 3-17 所示，在"PROJECT TASKS"菜单栏中选择"Upload"，启动烧写。

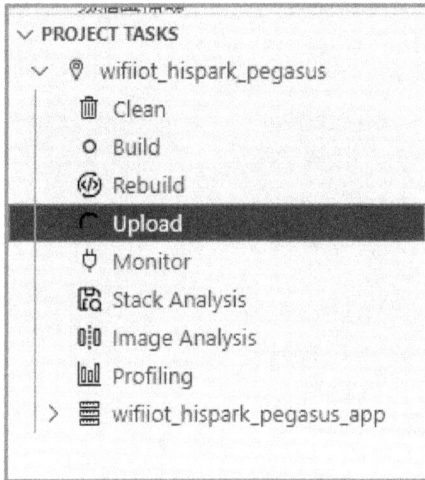

图 3-17　选择"Upload"

(7) 启动程序烧写后，如图 3-18 所示，显示"Please reset the device"提示信息时，需要在 15 秒内，按下开发板上的 RST 按钮，重启开发板。

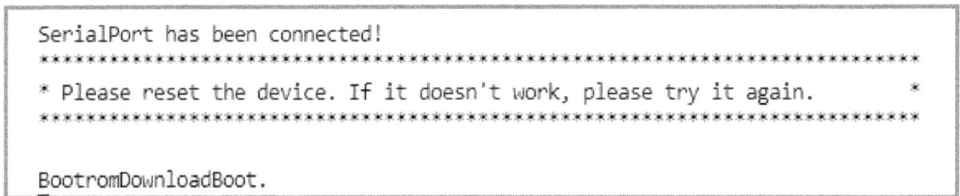

```
SerialPort has been connected!
**********************************************************************
* Please reset the device. If it doesn't work, please try it again.  *
**********************************************************************

BootromDownloadBoot.
```

图 3-18　重启设备提示

重新启动开发板后，界面显示如图 3-19 所示信息时，表示程序烧写成功。

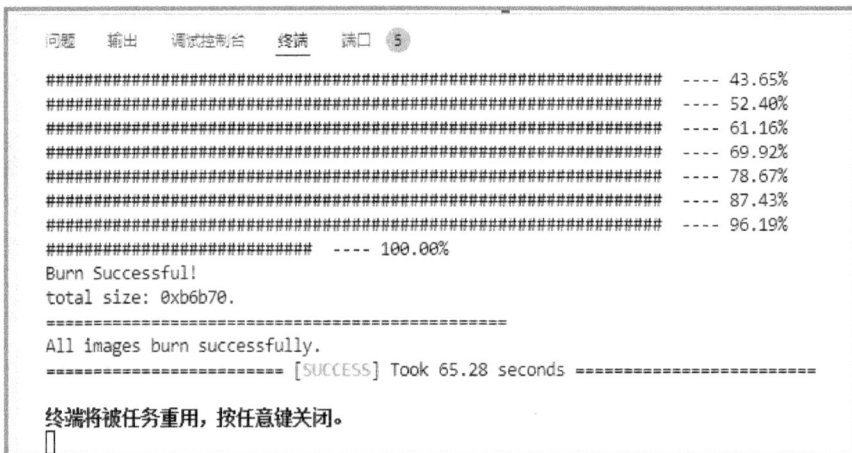

图 3-19　程序烧写成功界面

3.2.4 运行 HelloWord 程序

完成程序的编译和烧写之后，需要运行程序，验证源码的完整性。具体操作如下：

在 DevEco Device Tool 的左下方的"PROJECT TASKS"菜单栏中，选择"Monitor"，如图 3-20 所示。之后复位 Hi3861 开发板，终端界面显示"ready to OS start"，表示程序运行成功。程序运行结果如图 3-21 所示。

图 3-20 打开监听终端

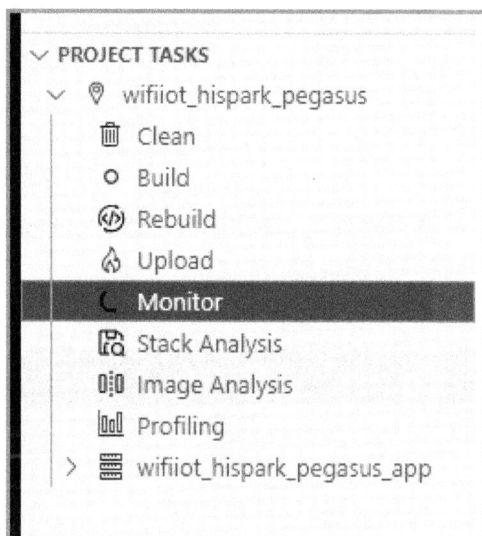

图 3-21 程序运行结果

3.3

基于命令行的开发

DevEco Device Tool 不能支持所有的开发板，故其在使用上有一定的限制。本小节我们来了解目前适用于任意开发板的命令行开发方法。

3.3.1 源码编译

从镜像站点下载的源码，需要对其进行解压操作，然后在 Docker 环境下对其进行编译，编译成功才可以进行正式的代码开发工作。

(1) 首先通过 Samba 服务将下载的鸿蒙系统源码移动到 Ubuntu 中，如图 3-22 所示。

源码编译

图 3-22　鸿蒙系统源码

接下来解压鸿蒙系统源码压缩包，在此目录下打开终端，输入如下命令：

```
sudo tar -zxvf code-v3.0-LTS.tar.gz
```

为了方便操作，解压完成后修改文件夹的权限，继续输入如下命令：

```
sudo chmod 777 -R code-v3.0-LTS
```

(2) 构建 Docker 镜像。此操作需要在 openharmony/code-v3.0-LTS/OpenHarmony 目录下进行。单击鼠标右键，打开终端，输入如下命令：

```
sudo docker run -it --name code-v3.0-LTS -v $(pwd):/home/openharmony

swr.cn-south-1.myhuaweicloud.com/openharmony-docker/openharmony-docker:1.0.0
```

运行结果如图 3-23 所示。

图 3-23　构建 Docker 镜像

和 Docker 环境有关的命令如下：

① 进入 Docker 镜像命令：sudo docker start -i code-v3.0-LTS。

② 退出 Docker 镜像命令：exit。

③ 查看 Docker 及状态命令：sudo docker ps –a。

(3) 修改 Docker 环境配置。在 Docker 环境下，输入如下命令：

```
python3 -m pip uninstall ohos-build
```

运行结果如图 3-24 所示。

图 3-24　卸载旧配置

继续输入如下命令：

```
pip3 install build/lite
```

运行结果如图 3-25 所示。

图 3-25　安装新配置

(4) 完成环境配置之后，就可以在 Docker 环境下生成产品的配置文件了。进入 Docker 环境后输入如下命令：

```
hb set
```

运行结果如图 3-26 所示。

```
root@49591ea12048:/home/openharmony# hb set
[OHOS INFO] Input code path: █
```

图 3-26　生成配置文件

此时，可以按键盘上方向键，选择配置文件"wifiiot_hispark_pegasus"，按回车键确定，结果如图 3-27 所示。

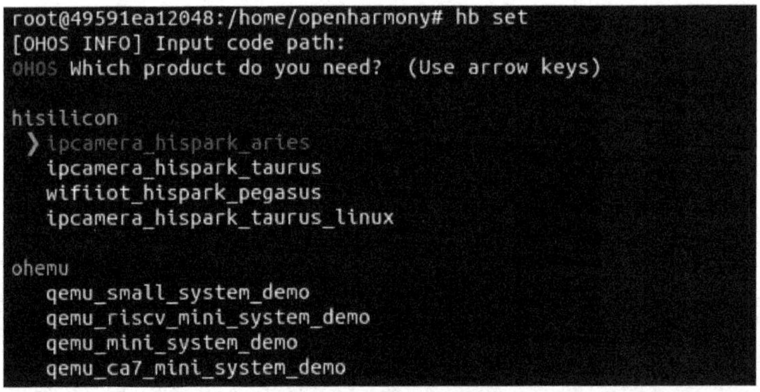

```
root@49591ea12048:/home/openharmony# hb set
[OHOS INFO] Input code path:
OHOS Which product do you need?  (Use arrow keys)

hisilicon
❯ ipcamera_hispark_aries
  ipcamera_hispark_taurus
  wifiiot_hispark_pegasus
  ipcamera_hispark_taurus_linux

ohemu
  qemu_small_system_demo
  qemu_riscv_mini_system_demo
  qemu_mini_system_demo
  qemu_ca7_mini_system_demo
```

图 3-27　选择配置文件

选中工程文件之后对工程进行编译。

若是轻量级系统 liteOS-M，则输入如下命令：

```
hb build -f
```

若是小型系统 liteOS-A，则输入如下命令：

```
hb build -t notest --tee -f
```

编译成功会提示"build success"，运行结果如图 3-28 和图 3-29 所示。

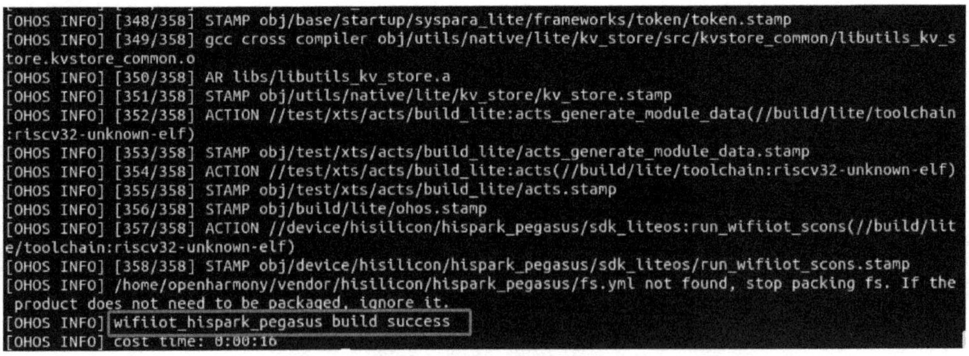

```
[OHOS INFO] [348/358] STAMP obj/base/startup/syspara_lite/frameworks/token/token.stamp
[OHOS INFO] [349/358] gcc cross compiler obj/utils/native/lite/kv_store/src/kvstore_common/libutils_kv_s
tore.kvstore_common.o
[OHOS INFO] [350/358] AR libs/libutils_kv_store.a
[OHOS INFO] [351/358] STAMP obj/utils/native/lite/kv_store/kv_store.stamp
[OHOS INFO] [352/358] ACTION //test/xts/acts/build_lite:acts_generate_module_data(//build/lite/toolchain
:riscv32-unknown-elf)
[OHOS INFO] [353/358] STAMP obj/test/xts/acts/build_lite/acts_generate_module_data.stamp
[OHOS INFO] [354/358] ACTION //test/xts/acts/build_lite:acts(//build/lite/toolchain:riscv32-unknown-elf)
[OHOS INFO] [355/358] STAMP obj/test/xts/acts/build_lite/acts.stamp
[OHOS INFO] [356/358] STAMP obj/build/lite/ohos.stamp
[OHOS INFO] [357/358] ACTION //device/hisilicon/hispark_pegasus/sdk_liteos:run_wifiiot_scons(//build/lit
e/toolchain:riscv32-unknown-elf)
[OHOS INFO] [358/358] STAMP obj/device/hisilicon/hispark_pegasus/sdk_liteos/run_wifiiot_scons.stamp
[OHOS INFO] /home/openharmony/vendor/hisilicon/hispark_pegasus/fs.yml not found, stop packing fs. If the
product does not need to be packaged, ignore it.
[OHOS INFO] wifiiot_hispark_pegasus build success
[OHOS INFO] cost time: 0:00:16
```

图 3-28　轻量级系统 liteOS-M 编译成功

```
[OHOS INFO] 23734+0 records in
[OHOS INFO] 23734+0 records out
[OHOS INFO] 12151808 bytes (12 MB, 12 MiB) copied, 0.0533801 s, 228 MB/s
['/home/openharmony/build/lite/make_rootfs/rootfsimg_liteos.sh', '/home/openharmony/out/xf_h3ca22/xf_h
3ca22/rootfs', 'vfat', '20971520']
[OHOS INFO] 40960+0 records in
[OHOS INFO] 40960+0 records out
[OHOS INFO] 20971520 bytes (21 MB, 20 MiB) copied, 0.0888666 s, 236 MB/s
['/home/openharmony/build/lite/make_rootfs/rootfsimg_liteos.sh', '/home/openharmony/out/xf_h3ca22/xf_h
3ca22/userfs', 'vfat', '104857600']
[OHOS INFO] 204800+0 records in
[OHOS INFO] 204800+0 records out
[OHOS INFO] 104857600 bytes (105 MB, 100 MiB) copied, 0.406423 s, 258 MB/s
[OHOS INFO] xf_h3ca22 build success
[OHOS INFO] cost time: 0:02:24
root@8d2db204be9b:/home/openharmony#
```

图 3-29　小型系统 liteOS-A 编译成功

3.3.2　轻量级系统 LiteOS-M 的烧写及运行

轻量级系统 LiteOS-M 的烧写步骤如下：

(1) 在 Windows 系统中打开 HiBurn 烧写工具，选择串口，设置波特率，如图 3-30 和图 3-31 所示，将波特率设置为 921600，单击"确定"按钮。

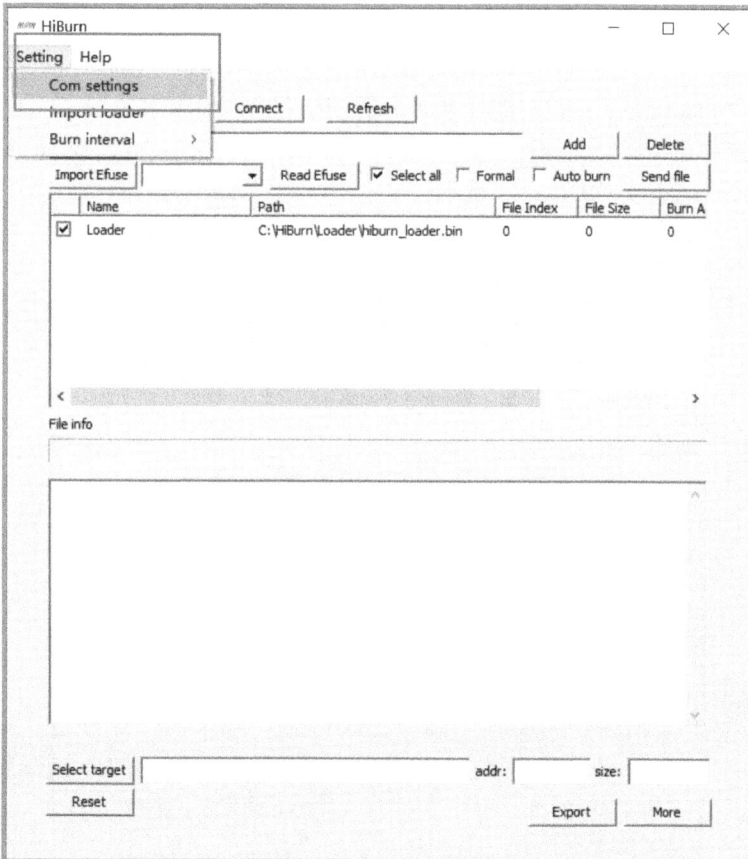

图 3-30　设置波特率 1

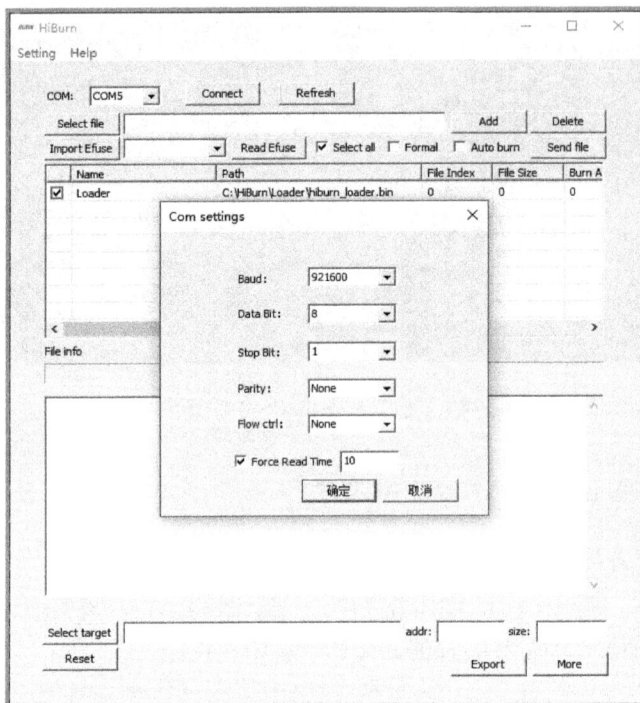

图 3-31　设置波特率 2

(2) 单击"Select file"按钮，选择要烧写的 bin 文件，如图 3-32 所示，bin 文件的路径为源码的根目录下的 out\hispark_pegasus\wifiiot_hispark_pegasus，这里选择"Hi3861_wifiiot_app_allinone.bin"文件，如图 3-33 所示。

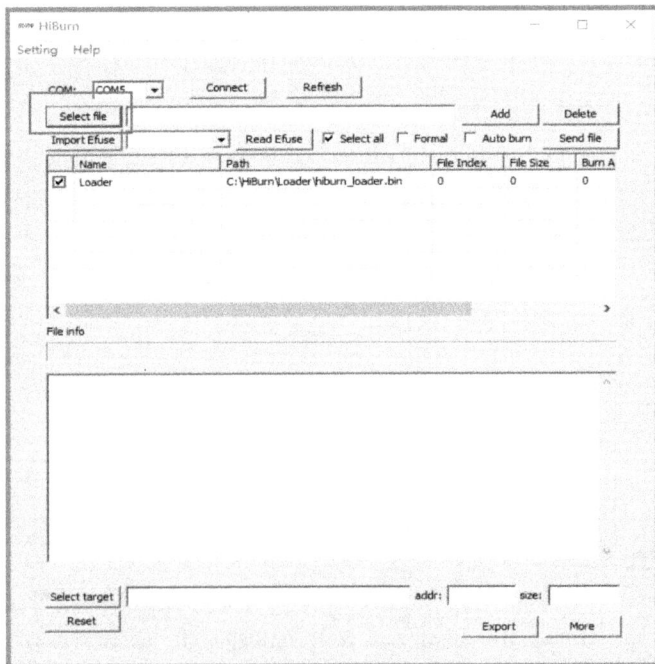

图 3-32　选择烧写文件 1

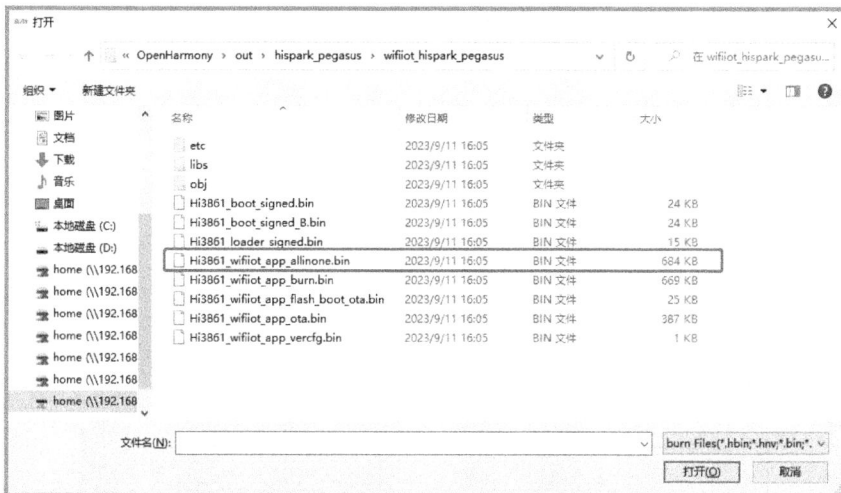

图 3-33　选择烧写文件 2

(3) 选好烧写的文件后，勾选"Auto burn"复选框，再单击"Connect"按钮，打开串口，如图 3-34 所示，按下 LiteOS-M 模块上的复位按键开始烧写文件，等待 bin 文件烧写完成，关闭串口，再按下复位按键，程序即可正常运行，如图 3-35 所示。

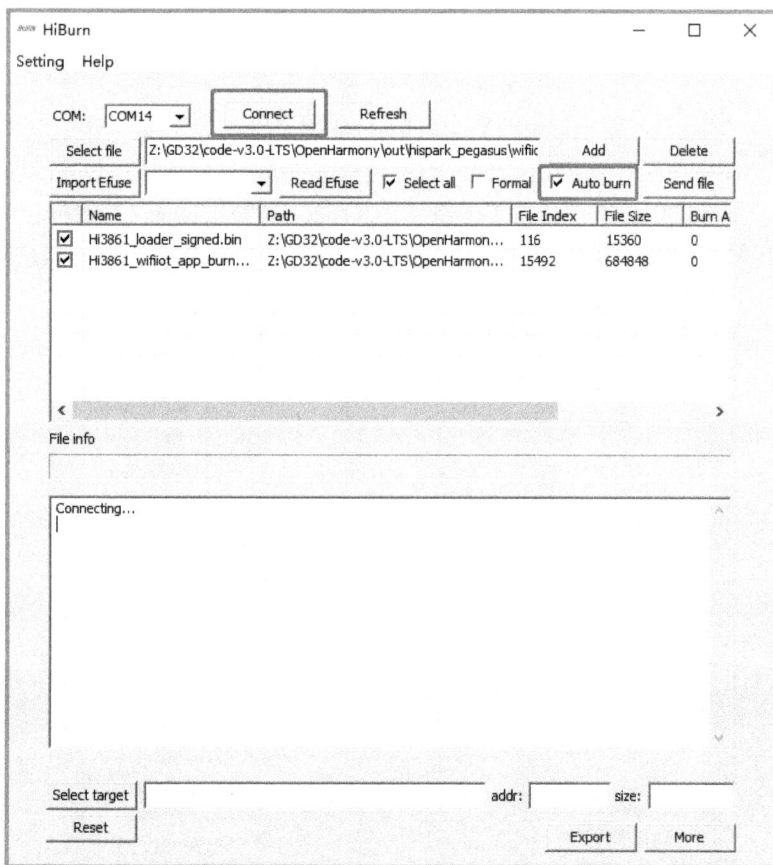

图 3-34　打开串口和烧写程序 1

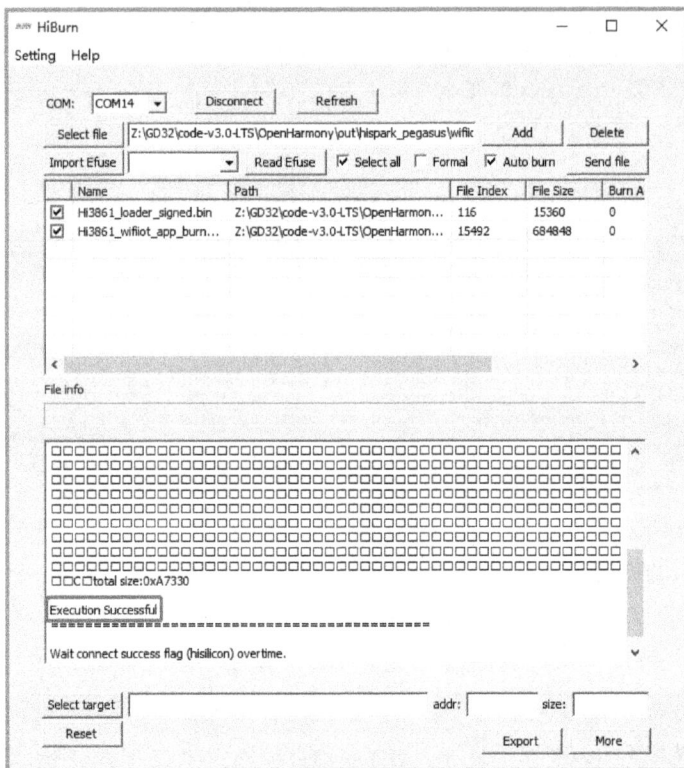

图 3-35　打开串口和烧写程序 2

(4) 烧写文件完成后，使用串口调试助手查看程序运行结果。在 Windows 环境下打开 XCOM 软件，选择对应的串口，设置波特率为 115200，停止位为 1，数据位为 8，奇偶校验位为 None，单击"打开串口"，按下 LiteOS-M 模块的复位按键，等待模块初始化完成，即可查看程序运行情况，如图 3-36 所示。

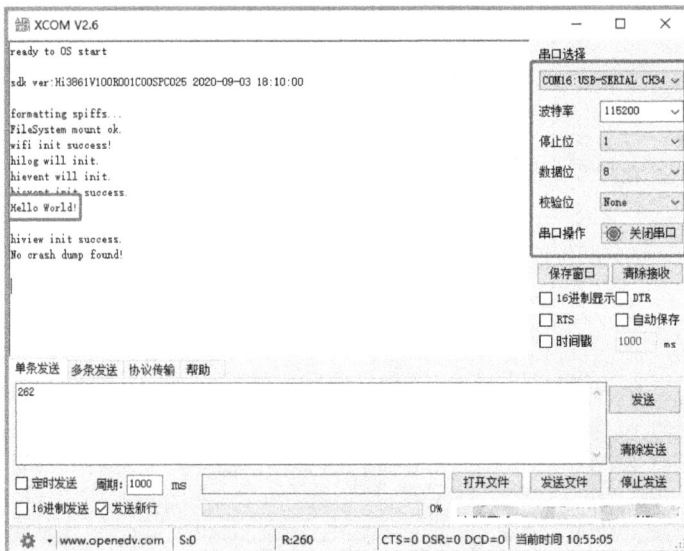

图 3-36　运行程序

3.3.3　小型系统 LiteOS-A 的烧写及运行

小型系统与轻量级系统使用的芯片不同，使用的烧写软件也不一样。小型系统使用的烧写软件是 STM32CubeProgrammer_win64，下面介绍具体的烧写过程。

(1) 打开 STM32CubeProgrammer_win64 软件，单击"Open file"，或单击"Device memory"旁边的"+"再单击"Open file"，如图 3-37 所示。

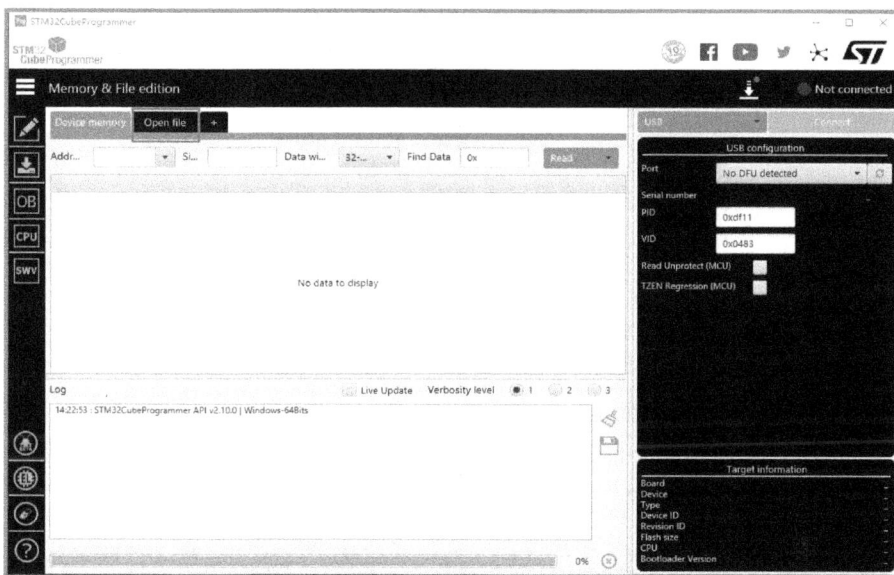

图 3-37　选择 tsv 文件 1

(2) 在打开的窗口中选择"download_img 文件夹"，然后选择"xf-hm_micro.tsv"文件，如图 3-38 所示。

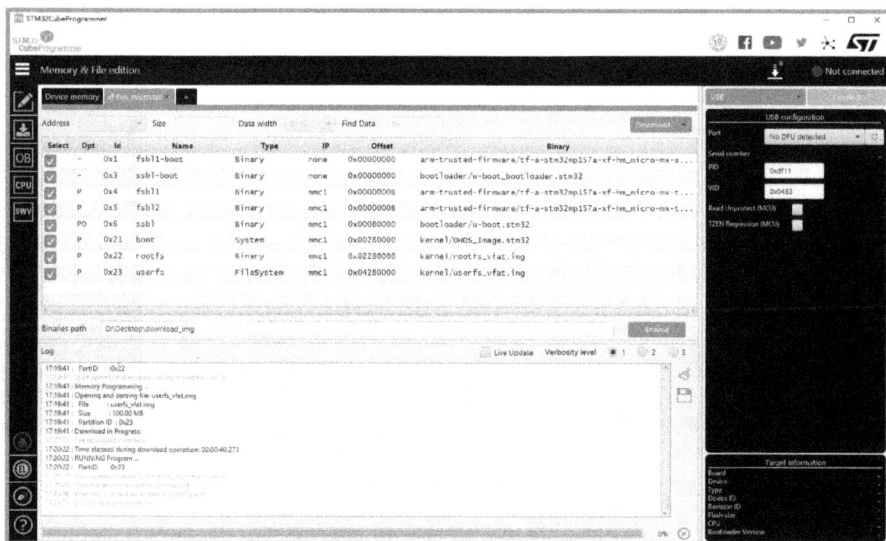

图 3-38　选择 tsv 文件 2

(3) 把刚编译出来的"OHOS_Image.stm32""rootfs_vfat.img""userfs_vfat.img"从 out/xf_h3ca22/xf_h3ca22 拷贝到 download_img/kernel 文件夹中,为了提高烧写文件的成功率,把 download_img 文件夹拷贝到电脑桌面,需要注意 download_img 的文件路径不能包含中文路径,如图 3-39 所示。

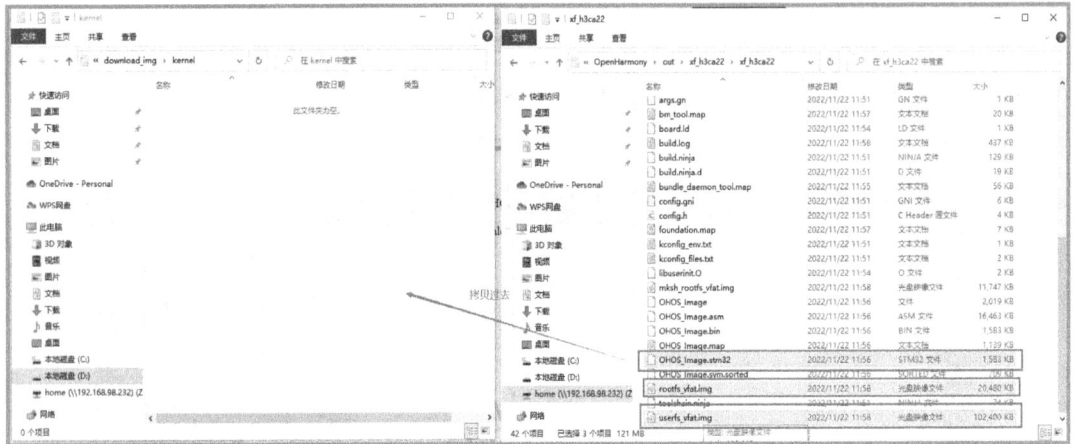

图 3-39 拷贝镜像

(4) 使用数据线连接电脑的 USB 接口与设备的 Type-C 接口,按下 LiteOS-A 模块的复位键,然后单击软件界面右上角的刷新图标,下载端口会显示出来,如图 3-40 所示。

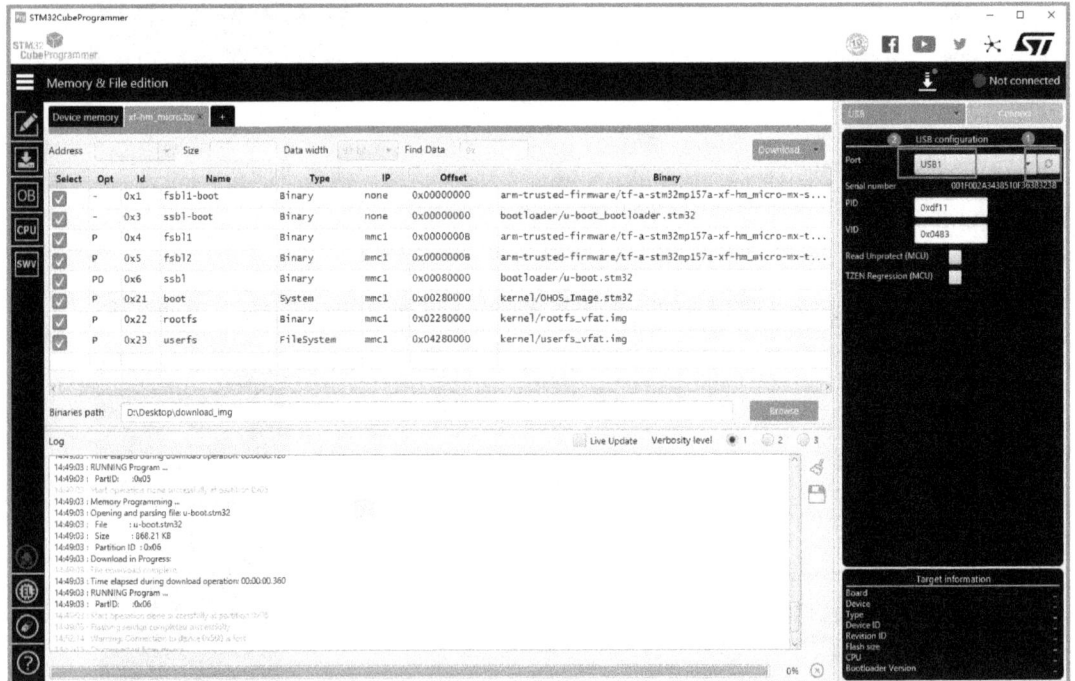

图 3-40 连接 USB

(5) 单击"Connect"按钮,然后再单击"Download"按钮,即可对设备进行程序下载,如图 3-41 所示。

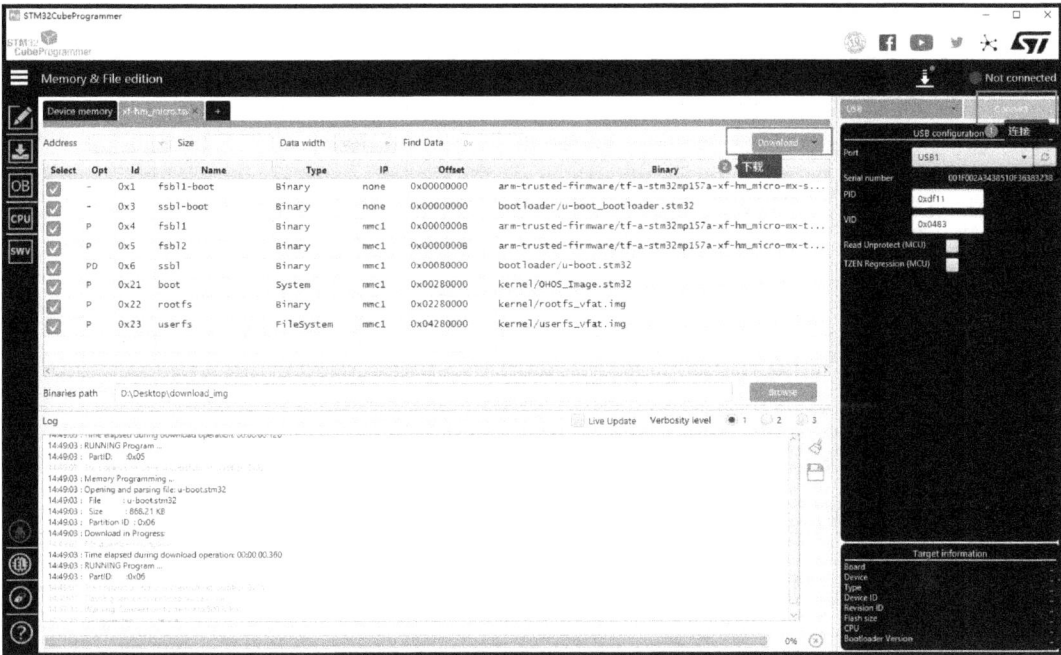

图 3-41　程序下载

烧写文件成功会提示"Flashing service completed successfully"，如图 3-42 所示。

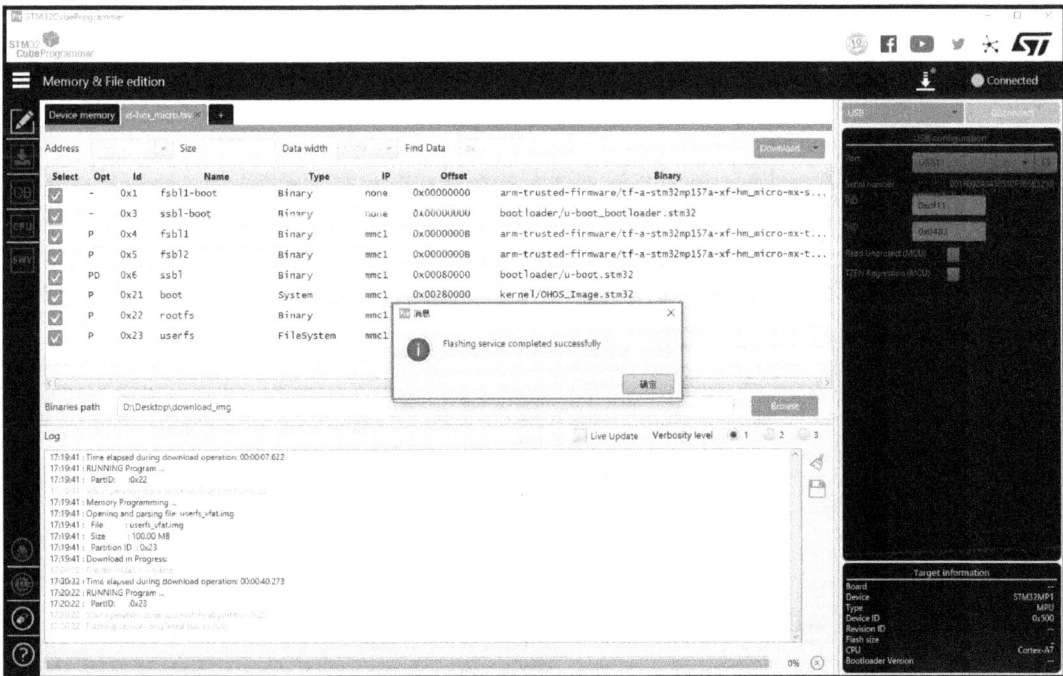

图 3-42　烧写文件成功

(6) 按下 LiteOS-A 模块的复位键，即可启动设备。接下来需要连接串口调试助手查看程序运行状态。

　　打开串口调试助手 MobaXterm,如图 3-43 所示。单击左上角的"Session",在弹出的界面中选择"Serial",在串口下拉列表框中选择与设备连接的 USB 口,波特率下拉框中选择 115200,最后单击底部的"OK"按钮。

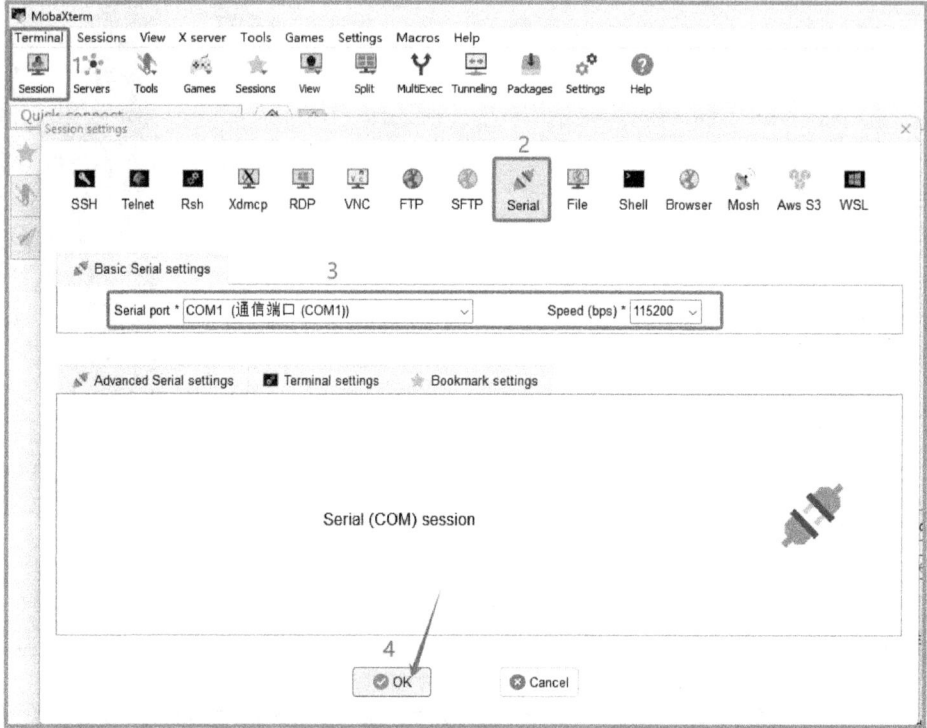

图 3-43　连接串口

　　(7) 连接上串口后,按下 liteOS-A 模块的复位键,即可看到显示的串口启动信息,如图 3-44 所示。

图 3-44　串口启动信息

（8）在串口命令行输入"cd bin"，进入 bin 文件夹，输入"ls"即可看到执行的程序，如图 3-45 所示。

```
OHOS #
OHOS #
OHOS #
OHOS #
OHOS # cd bin
OHOS # ls
Directory /bin:
-rwxrwxrwx 6712      u:0      g:0      os_dump
-rwxrwxrwx 32564     u:0      g:0      wms_server
-rwxrwxrwx 73592     u:0      g:0      toybox
-rwxrwxrwx 4532      u:0      g:0      wpa_supplicant
-rwxrwxrwx 3872      u:0      g:0      foundation
-rwxrwxrwx 4664      u:0      g:0      xf_h3a22_app
-rwxrwxrwx 47128     u:0      g:0      init
-rwxrwxrwx 12228     u:0      g:0      appspawn
-rwxrwxrwx 4664      u:0      g:0      xf_h3t22_app
-rwxrwxrwx 16392     u:0      g:0      tftp
-rwxrwxrwx 176012    u:0      g:0      mksh
-rwxrwxrwx 21344     u:0      g:0      shell
-rwxrwxrwx 7116      u:0      g:0      hilogcat
-rwxrwxrwx 4648      u:0      g:0      my_led
-rwxrwxrwx 4548      u:0      g:0      hostapd
-rwxrwxrwx 46312     u:0      g:0      bundle_daemon
-rwxrwxrwx 4648      u:0      g:0      my_hello
-rwxrwxrwx 3676      u:0      g:0      my_app
-rwxrwxrwx 9020      u:0      g:0      apphilogcat
-rwxrwxrwx 4664      u:0      g:0      xf_h3h22_app
-rwxrwxrwx 9500      u:0      g:0      wpa_cli
-rwxrwxrwx 342364    u:0      g:0      deviceauth_service
OHOS #
```

图 3-45　bin 目录

（9）在命令行中输入可执行程序，即可看到对应的运行结果。比如输入"./my_app"，即可输出"hello OHOS！"，如图 3-46 所示。

```
OHOS # ls
Directory /bin:
-rwxrwxrwx 6712      u:0      g:0      os_dump
-rwxrwxrwx 32564     u:0      g:0      wms_server
-rwxrwxrwx 73592     u:0      g:0      toybox
 rwxrwxrwx 4532      u:0      g:0      wpa_supplicant
-rwxrwxrwx 3872      u:0      g:0      foundation
-rwxrwxrwx 4664      u:0      g:0      xf_h3a22_app
-rwxrwxrwx 47128     u:0      g:0      init
-rwxrwxrwx 12228     u:0      g:0      appspawn
-rwxrwxrwx 4664      u:0      g:0      xf_h3t22_app
-rwxrwxrwx 16392     u:0      g:0      tftp
-rwxrwxrwx 176012    u:0      g:0      mksh
-rwxrwxrwx 21344     u:0      g:0      shell
-rwxrwxrwx 7116      u:0      g:0      hilogcat
-rwxrwxrwx 4648      u:0      g:0      my_led
-rwxrwxrwx 4548      u:0      g:0      hostapd
-rwxrwxrwx 46312     u:0      g:0      bundle_daemon
-rwxrwxrwx 4648      u:0      g:0      my_hello
-rwxrwxrwx 3676      u:0      g:0      my_app
-rwxrwxrwx 9020      u:0      g:0      apphilogcat
-rwxrwxrwx 4664      u:0      g:0      xf_h3h22_app
-rwxrwxrwx 9500      u:0      g:0      wpa_cli
-rwxrwxrwx 342364    u:0      g:0      deviceauth_service
OHOS # ./my_app
OHOS #
************************************
          Hello OHOS!
************************************
```

图 3-46　运行程序

习　题

1. 填空题

(1) Kernel 目录下包含的内核有_____、_____、_____。

(2) 使用 DevEco Device Tool 创建工程时，需要选择_____和_____。

(3) 编译完成的工程存放在_____目录下。

(4) Hi3861 芯片运行 OpenHarmony 轻量级操作系统是基于_____内核来实现的。

(5) 命令行开发中 LiteOS-M 内核的编译命令是_____。

2. 判断题

(1) 程序的烧写过程是将.c 文件烧写到芯片中。(　　)

(2) 鸿蒙系统源码的编译只能在 Ubuntu 系统中进行。(　　)

(3) 在 DevEco Device Tool 中，可以编写代码、编译代码和烧写。(　　)

(4) DevEco Device Tool 是以插件的形式部署在 VSCode 上的，不需要安装包。(　　)

(5) 命令行开发中 Docker 容器内选择工程的指令为"hb set"。(　　)

3. 简答题

简述轻量级系统 LiteOS-M 的烧写过程及指令(Docker 容器名称"ohos")。

第 4 章　LiteOS-M 内核

OpenHarmony 支持多种系统类型，包括轻量级系统、小型系统、标准系统，其中轻量级系统使用的是 LiteOS-M 内核，本章我们学习 LiteOS-M 内核的有关知识。

4.1

LiteOS-M 内核简介

经过前面章节的学习，我们知道 OpenHarmony 针对不同量级的系统，使用了不同形态的内核，轻量级系统和小型系统选用的是 LiteOS，LiteOS 分为 LiteOS-M 和 LiteOS-A，其中 LiteOS-M 适用于轻量级的芯片架构，面向的 MCU 一般是百 K 级的内存，例如 ARM Cortex-M、RISC-V 32 位芯片。在本章中，我们将学习 LiteOS-M 内核的相关知识。

4.1.1　LiteOS-M 内核架构

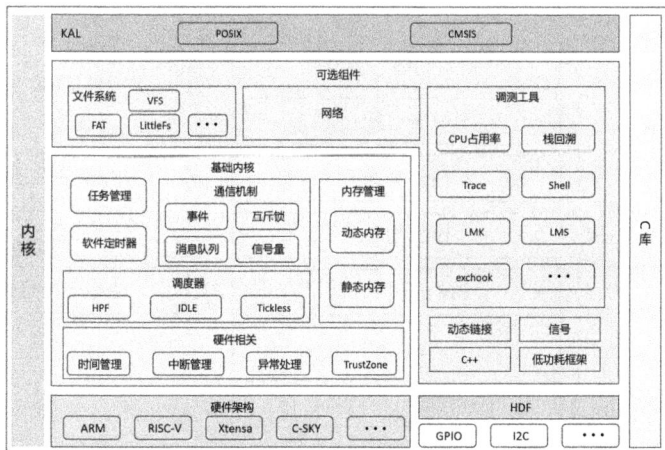

LiteOS-M 内核架构如图 4-1 所示。

LiteOS-M 内核架构

图 4-1　LiteOS-M 内核架构

　　LiteOS-M 内核架构包含了硬件相关层以及硬件无关层。其中硬件相关层包括硬件架构和 HDF 两个区域,其他区域都属于硬件无关层。硬件相关层按不同编译工具链、芯片架构分类,提供统一的 HAL(Hardware-Abstraction Layer,硬件抽象层)接口;其他模块属于硬件无关层,其中基础内核模块提供基础能力,扩展模块(可选组件)提供网络、文件系统等组件能力,KAL 模块提供统一的标准接口。

　　从图 4-1 中还可以看到 LiteOS-M 支持驱动框架 HDF,统一驱动标准,为设备厂商提供统一的接入方式。

　　LiteOS-M 内核架构各部分的内容如下:

　　(1) 底层:LiteOS-M 内核架构底层是硬件架构,支持 ARM、RISC-V、Xtensa、C-SKY 等内核,在此基础上抽象出统一的硬件架构。

　　(2) 中间层:底层往上一层是基础内核模块,提供基础能力,包含任务管理、内存管理、中断管理、通信机制、调度器、硬件相关管理等。

　　(3) 顶层:KAL,提供统一的标准接口,包括 POSIX 和 CMSIS 标准库接口。

　　(4) 可选组件:提供文件系统、网络、调测工具、动态链接、低功耗框架等可选组件。

4.1.2　LiteOS-M 内核运行机制

LiteOS-M 内核
启动流程

　　在学习 LiteOS-M 内核运行机制之前,先了解操作系统的启动过程。

　　操作系统启动的第一步是设备上电,然后,各种外设进行初始化,初始化完毕接着进行系统时钟配置,最后进行内核初始化,内核初始化完成之后操作系统开始启动直到启动完成。操作系统启动流程如图 4-2 所示。

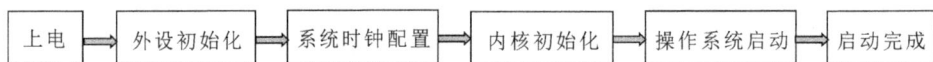

图 4-2　操作系统启动流程

　　LitOS-M 内核初始化是根据系统的不同配置进行指定模块的初始化。下面介绍 LiteOS-M 内核初始化包含的各个模块,如图 4-3 所示。

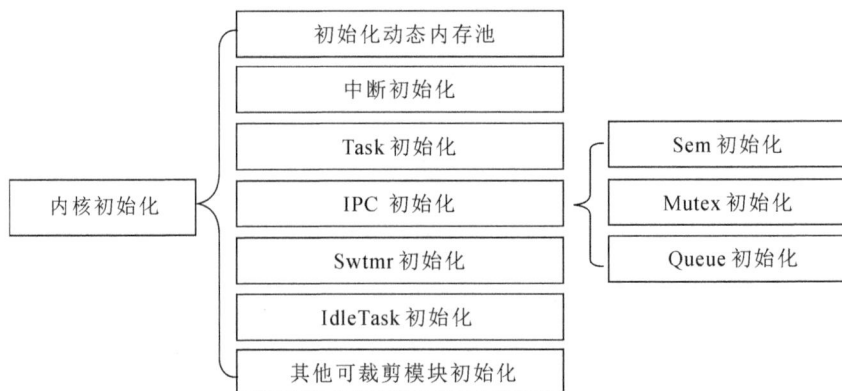

图 4-3　内核初始化

(1) 初始化动态内存池：假如内存池是一间仓库，那么静态内存池就是仓库内固定的几个位置，而动态内存池是临时分配的，没有固定位置。初始化动态内存池，是为了进行动态内存管理。

(2) 中断初始化：在程序运行过程中，当出现需要由 CPU 立即处理的事务时，CPU 暂时中止当前程序的执行转而处理这个事务，这个过程叫作中断。在为某个中断源编写中断服务程序前，首先在主程序中对中断系统进行初始化操作。

(3) Task 初始化：即任务初始化，检测内核的任务模块是否正常运行。

(4) IPC 初始化：IPC(Interprocess Communication，进程间通信)是指内核进程间的通信，在不同进程之间传播或交换信息。对内核通信进行初始化，以检测内核通信是否正常。

IPC 初始化包含如下内容：

① Sem 初始化：Sem(semaphore)即信号量，信号量初始化是为配置的 N 个信号量申请内存(N 值可以由用户自行配置)，并把所有信号量初始化成未使用，加入未使用链表中供系统使用。

② Mutex 初始化：Mutex 即互斥锁，每个线程在对资源操作前都尝试先持有互斥锁(加锁)，只有成功加锁才能操作，操作结束就释放互斥锁(解锁)；Mutex 初始化适用于多线程访问共享资源。互斥锁初始化可检测互斥锁是否正常运行。

③ Queue 初始化：Queue 即消息队列，是一种常用于任务间通信的数据结构；消息队列初始化是为任务间传递的消息建立一个队列空间来存放来自任务或中断的消息。

(5) Swtmr 初始化：Swtmr(software timer)即软件定时器，是基于系统 Tick 时钟中断且由软件来模拟的定时器，当系统超过设定的 Tick 时钟计数值后会触发用户定义的回调函数；软件定时器初始化即系统配置软件定时器和启动软件定时器并对每个定时器结构体的成员赋初值的过程。

(6) IdleTask 初始化：即空闲任务初始化，操作系统会自动创建一个空闲任务，该任务是必须存在的。

(7) 其他可裁剪模块初始化：用户根据需要对可裁剪模块进行裁剪，系统启动时，这些模块进行初始化。

4.2

LiteOS-M 中断管理

LiteOS-M 中断管理

LiteOS-M 内核的基础内核模块提供了多种基础能力，中断管理是其中之一，本节我们来学习中断管理的内容。

4.2.1　中断管理的基本概念

1. 中断的概念

中断是计算机术语，是指计算机运行过程中，出现某些意外情况需要干预时，CPU 能暂时停止当前运行的程序而去处理意外情况，处理完毕后继续返回暂停的程序继续运行的机制。中断过程示意图如图 4-4 所示。实现这一功能的系统称为中断系统，向 CPU 发出中断请求的来源称为中断源。中断是一种异常，异常是指导致处理器脱离正常运行转向执行特殊代码的任何事件，如果不及时进行处理，轻则系统出错，重则导致系统毁灭性瘫痪。

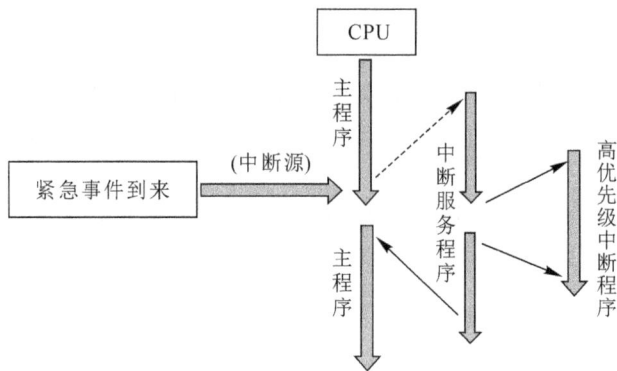

图 4-4 中断过程示意图

中断管理就是对系统产生的中断进行处理的过程。

通过中断机制，当外设不需要 CPU 介入时，CPU 可以执行其他任务；当外设需要 CPU 介入时，CPU 会中断当前执行的任务来响应中断请求。这样可以使 CPU 避免把大量时间耗费在等待、查询外设状态的操作上，有效提高系统实时性及执行效率。

下面介绍与中断管理有关的专用词语。

(1) 中断号：中断请求信号特定的标志。计算机能够根据中断号判断是哪个设备发出的中断请求。

(2) 中断请求："紧急事件"向 CPU 提出申请，即发送一个电脉冲信号请求中断，需要 CPU 暂停当前执行的任务，转而处理该"紧急事件"，这一过程称为中断请求。

(3) 中断优先级：为了能够及时响应并处理所有中断，系统根据中断事件的重要性和紧迫程度，将中断源分为若干个级别，称作中断优先级。

(4) 中断处理程序：当外设发出中断请求后，CPU 暂停当前执行的任务，转而响应中断请求，即执行中断处理程序。产生中断的每个设备都有相应的中断处理程序。

(5) 中断触发：中断源向中断控制器发送中断信号，中断控制器对中断进行仲裁，确定优先级，并将中断信号发送给 CPU。中断源产生中断信号的时候，会将中断触发器置"1"，表明该中断源产生了中断，要求 CPU 响应该中断。

(6) 中断向量：中断服务程序的入口地址。

(7) 中断向量表：存储中断向量的存储区。中断向量与中断号对应，中断向量在中断向量表中按照中断号顺序存储。

2. 中断系统硬件及中断源

1) 系统硬件

前面我们学习了中断的概念，下面介绍与中断有关的硬件。

与中断相关的硬件可划分为三类: 设备、中断控制器、CPU。

(1) 设备。设备是发出中断请求的来源, 当设备需要向 CPU 发出中断请求时, 它就产生一个中断信号, 并将该信号发送给中断控制器。

(2) 中断控制器。中断控制器是 CPU 众多外设中的一个, 是管理外设的外设。外设要使用 CPU 需先经过中断控制器仲裁, 中断控制器一方面接收来自其他外设中断引脚的输入信号, 另一方面它会发送中断信号给 CPU。可以通过对中断控制器编程来打开和关闭中断源、设置中断源的优先级和触发方式。

常用的中断控制器有 VIC(Vector Interrupt Controller, 向量中断控制器)和 GIC(General Interrupt Controller, 通用中断控制器)。在 ARM Cortex-M 系列中使用的中断控制器是 NVIC(Nested Vector Interrupt Controller, 嵌套向量中断控制器)。

(3) CPU。中断控制器分发中断源的请求给各个 CPU, CPU 收到请求便中断当前正在执行的任务, 转而执行中断处理程序。

2) 中断源

中断源是引发中断的事件和原因, 或发出中断请求的来源, 可分为外部中断源和内部中断源两大类。

(1) 外部中断源是指引发中断的 CPU 的外部事件, 主要包括:

① 一般中、慢速外设, 如键盘、打印机、鼠标等。

② 数据通道, 如磁盘、数据采集装置、网络等。

③ 实时时钟, 如定时器定时已到, 发出中断请求。

④ 故障源, 如电源掉电、外设故障、存储器读取出错以及越限报警等事件。

(2) 内部中断源是指引发中断的 CPU 的内部事件(异常), 主要包括:

① CPU 执行中断指令 INT n 引发中断。

② CPU 的某些运算错误引发中断, 如除数为 0 或商数超过了寄存器所能表达的范围、溢出等。

③ 为调试程序设置中断, 如单步中断、断点中断。

④ 由特殊操作引起异常, 如存储器越限、缺页等。

⑤ 核间中断, 比如 CPU A 让 CPU B 停止工作, 产生调度等。

4.2.2 中断管理接口及应用

LiteOS-M 内核的中断模块提供了多个 API 接口给开发者使用, 具体接口如下。

1. 中断管理接口

OpenHarmony LiteOS-M 内核的中断模块提供了创建、删除、打开、关闭中断等几种功能接口, 各接口名称及功能如表 4-1 所示。

表 4-1　中断管理接口及功能

功能分类	接口名称	功 能 描 述
创建中断	LOS_HwiCreate	创建中断，注册中断号、中断触发模式、中断优先级、中断处理程序； 触发中断时，会调用该中断处理程序
删除中断	LOS_HwiDelete	根据指定的中断号，删除中断
打开中断	LOS_IntUnLock	开中断，使能当前处理器所有中断响应
关闭中断	LOS_IntLock	关中断，关闭当前处理器所有中断响应
恢复中断	LOS_IntRestore	恢复到使用 LOS_IntLock、LOS_IntUnLock 操作之前的中断状态
触发中断	LOS_HwiTrigger	通过写中断控制器的相关寄存器模拟外部中断
使能中断	LOS_HwiEnable	通过设置寄存器，允许 CPU 响应中断
禁用中断	LOS_HwiDisable	通过设置寄存器，禁止 CPU 响应中断
清除中断寄存器状态	LOS_HwiClear	手动清除中断，清除中断号对应的中断寄存器的状态位，此接口依赖中断控制器版本，非必需
设置中断优先级	LOS_HwiSetPriority	设置中断的优先级
获取中断号	LOS_HwiCurIrqNum	获取当前中断号

2. 中断管理的应用

1) 中断管理的开发流程

中断管理的一般开发流程如下：

(1) 调用接口 LOS_HwiCreate 创建中断。

(2) 调用 LOS_HwiTrigger 接口触发指定中断，或通过外设触发中断。

(3) 调用 LOS_HwiDelete 接口删除指定中断，此接口根据实际情况使用，开发者判断是否需要删除中断。

2) 进行中断管理操作时的注意事项

(1) 在进行中断管理时，要根据具体的硬件来配置支持的最大中断数和可设置的中断优先级个数。

(2) 中断处理程序耗时不能过长，否则会影响 CPU 对中断的及时响应。

(3) 中断响应过程中不能直接或间接执行引起调度的 LOS_Schedule 等函数。

(4) 恢复中断 LOS_IntRestore()的入参必须是与之对应的 LOS_IntLock()的返回值。

Cortex-M 系列处理器中 0～15 中断为内部使用，因此不建议用户申请和创建中断。

下面通过编程示例来说明中断管理的应用。本示例要实现的功能包括创建中断、触发中断、删除中断。

具体代码如下：

```c
#include <stdio.h>
#include "hi_io.h"
#include "los_hwi.h"
#include "hi_gpio.h"
#include "los_task.h"
#include "ohos_init.h"
#include "ohos_types.h"
/* *
 * @brief 中断响应函数
 * @param void
 * @retval void
*/
void Ohos_Interrupt_TestIRQHandler(void)
{
    printf("\r\n!!!This is the Ohos_Test_IRQHandler!!!\r\n");
}


/* *
 * @brief 按键中断函数
 * @param void
 * @retval void
*/
void Ohos_Interrupt_Gpioinit(void)
{
    /* GPIO 初始化*/
    hi_gpio_init();

    /*设置引脚 11 的复用功能为 GPIO*/
    hi_io_set_func(HI_GPIO_IDX_11, HI_IO_FUNC_GPIO_11_GPIO);
    /*设置引脚 11 为上拉状态*/
    hi_io_set_pull(HI_GPIO_IDX_11,HI_IO_PULL_UP);
    /*设置 GPIO11 的方向为输入*/
    hi_gpio_set_dir(HI_GPIO_IDX_11, HI_GPIO_DIR_IN);
    /*使能 GPIO11 的斯密特触发器*/
    hi_io_set_schmitt(HI_GPIO_IDX_11, 1);
    /*设置 GPIO11 的中断功能*/
    hi_gpio_register_isr_function(HI_GPIO_IDX_11,HI_INT_TYPE_EDGE,
        HI_GPIO_EDGE_FALL_LEVEL_LOW, Ohos_Interrupt_TestIRQHandler, NULL);
```

```
        printf("\r\n!!!This is the hi_gpio_init!!!\r\n");
}

/* *
    * @brief 任务创建函数
    * @param void
    * @retval void
*/
void Interrupt_hi(void)
{
    unsigned int task_ohos;    //ohos 任务 ID
    unsigned int ret;
    /*创建中断*/
    LOS_HwiCreate(HI_GPIO_IDX_11,NULL,NULL,Ohos_Interrupt_TestIRQHandler, NULL);
    if(ret == LOS_OK)
    {
        printf("Hwi LOS_HwiCreate success!\r\n");
    }
    else
    {
        printf("Hwi LOS_HwiCreate failed!\r\n");
        return LOS_NOK;
    }
    LOS_IntUnLock();                                        //开启中断

    TSK_INIT_PARAM_S taskoh;                                //定义ohos任务结构体
    taskoh.pfnTaskEntry = (TSK_ENTRY_FUNC)Ohos_Interrupt_Gpioinit;    //任务函数
    taskoh.uwStackSize = 1028;                              //任务堆栈
    taskoh.pcName = "Ohos_Interrupt_Gpioinit";             //任务名称
    taskoh.usTaskPrio = 12;                                 //任务优先级
    /*创建任务*/
    if(LOS_TaskCreate(&task_ohos,&taskoh) != LOS_OK)
    {
        printf("Ohos_Interrupt_Gpioinit create Failed!\r\n");
    }
}
/*运行函数*/
SYS_RUN(Interrupt_hi);
```

对以上代码编译后的运行结果如图 4-5 所示。

```
hievent will init.
hievent init success.
Hwi LOS_HwiCreate success!



!!!This is the hi_gpio_init!!!

hiview init success.
No crash dump found!



!!!This is the Ohos_Test_IRQHandler!!!
```

图 4-5　中断管理程序运行结果

4.3

LiteOS-M 任务管理

LiteOS-M 任务管理

在 LiteOS-M 内核中，任务是竞争系统资源的最小运行单元，当系统内部的任务运行不受控制时，会导致系统运行异常，因此就需要对任务进行管理，保障系统正常运行。

4.3.1　任务管理的基本概念

在 LiteOS-M 内核中，是按照一定规则进行任务管理的，任务有多种运行状态，这些状态之间可以相互转换，下面介绍任务管理的详细内容。

1. 任务管理的概念

LiteOS 是一个支持多任务的操作系统。在 LiteOS 中，一个任务表示一个线程，当有多个任务存在时，就需要对这些任务进行管理，实现多个任务同时运行的目的。

OpenHarmony LiteOS-M 的任务模块可以给用户提供多个任务，实现任务间的切换和通信，帮助用户管理业务程序流程，这样用户可以将更多的精力投入到业务功能的实现中。

LiteOS-M 的任务模块具有以下特点：

(1) LiteOS 中的任务是抢占式调度机制，同时相同优先级任务支持时间片轮转调度方式。

(2) 高优先级的任务可打断低优先级任务，低优先级任务必须在高优先级任务阻塞或结束后才能得到调度。

(3) LiteOS 的任务一共有 32 个优先级(0～31)，最高优先级为 0，最低优先级为 31。

2. 任务管理相关术语

与任务管理相关的术语有以下内容：

1) 任务状态

任务有多种运行状态。系统初始化完成后，创建的任务就可以在系统中竞争一定的资源，由内核进行调度。

任务状态通常分为以下 4 种：

(1) 就绪(ready)态：任务在就绪队列中，只等待 CPU。

(2) 运行(running)态：任务正在执行。

(3) 阻塞(blocked)态：任务不在就绪队列中，包含任务挂起(suspend 状态)、任务延时(delay 状态)、任务正在等待信号量、读/写队列或者等待事件等。

(4) 退出(dead)态：任务运行结束，等待系统回收资源。

2) 任务状态迁移

任务状态迁移示意图如图 4-6 所示。

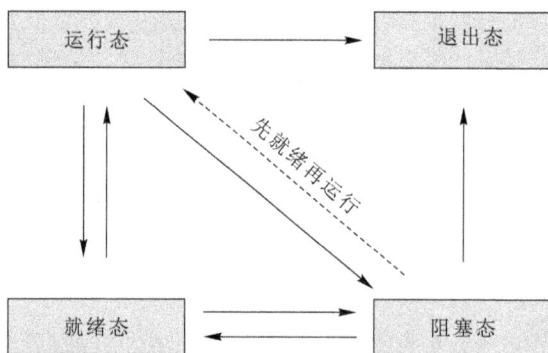

图 4-6　任务状态迁移示意图

4 种任务状态之间的具体迁移过程如下：

(1) 就绪态→运行态：任务创建后进入就绪态，就绪态的任务加入就绪队列。发生任务切换时，就绪队列中最高优先级的任务被执行，从而进入运行态，同时该任务从就绪队列中移出。

(2) 运行态→退出态：任务运行结束，任务状态由运行态变为退出态。退出态包含任务运行结束的正常退出状态以及 Invalid(无效)状态。例如，任务运行结束但是没有自删除，对外呈现的就是 Invalid 状态，即退出态。

(3) 就绪态→阻塞态：任务有可能在就绪态时被阻塞(挂起)，此时任务状态由就绪态变为阻塞态，该任务从就绪队列中移出，不会参与任务调度，直到该任务被恢复。

(4) 阻塞态→退出态：阻塞的任务调用删除接口，任务状态由阻塞态变为退出态。

(5) 运行态→阻塞态：正在运行的任务阻塞(挂起、延时、读信号量等)时，将该任务插入对应的阻塞队列中，任务状态由运行态变成阻塞态，然后发生任务切换，运行就绪队列中最高优先级任务。

(6) 阻塞态→就绪态：(阻塞态→运行态的前置条件)阻塞的任务恢复后(任务恢复、超出延时时间、读信号量超时或读到信号量等)，该任务会加入就绪队列，从而由阻塞态变成就绪态；此时如果被恢复任务的优先级高于正在运行任务的优先级，则会发生任务切换，该任务由就绪态变成运行态。

(7) 运行态→就绪态：更高优先级任务创建或者恢复后，会发生任务调度，此刻就绪队列中最高优先级任务变为运行态，而原先运行的任务由运行态变为就绪态，依然在就绪队列中。

3) 任务 ID

任务 ID 是在创建任务时通过参数返回给用户的。系统中任务 ID 是唯一的，是任务的重要标识。用户可以通过任务 ID 对指定任务进行任务挂起、任务恢复、查询任务名等操作。

4) 任务优先级

任务优先级表示执行任务的优先顺序。任务的优先级决定了在发生任务切换时即将要执行的任务，就绪队列中最高优先级的任务将得到执行。

5) 任务入口函数

任务入口函数是新任务得到调度后将执行的函数。该函数由用户实现，在创建任务时，通过任务创建结构体设置。

6) 任务栈

每个任务都拥有一个独立的栈空间，我们称为任务栈。栈空间里保存的信息包含局部变量、寄存器、函数参数、函数返回地址等。

7) 任务上下文

在任务运行过程中使用的一些资源，如寄存器等，称为任务上下文。当一个任务挂起时，其他任务继续运行，这可能会修改寄存器等资源中的值。如果任务切换时没有保存任务上下文，则可能导致任务恢复后出现未知错误。因此在任务切换时会将切出任务的任务上下文信息保存在其自身的任务栈中，以便任务恢复后，从栈空间中恢复任务挂起时的上下文信息，从而继续执行挂起时被打断的代码。

8) 任务控制块(TCB)

每个任务都含有一个任务控制块(Task Control Block，TCB)。TCB 包含了任务上下文栈指针(stack pointer)、任务状态、任务优先级、任务 ID、任务名、任务栈大小等信息。TCB 可以反映出每个任务运行情况。

9) 任务切换

任务切换包含获取就绪队列中最高优先级任务、切出任务上下文保存、切入任务上下文恢复等操作。

3. 任务运行机制

HuaweiLiteOS 任务管理模块提供任务创建、任务删除、任务延时、任务挂起和任务恢复、更改任务优先级、锁任务调度和解锁任务调度、根据任务控制块查询任务 ID、根据 ID 查询任务控制块信息等功能。

在任务模块初始化时，系统会先申请任务控制块需要的内存空间，如果系统可用的内存空间小于其所需要的内存空间，那么任务模块初始化失败。如果任务模块初始化成功，则系统对任务控制块内容进行初始化。

用户创建任务时，系统会初始化任务栈，预置上下文。此外，系统还会将"任务入口函数"地址放在相应位置。这样在任务第一次启动进入运行态时，将会执行"任务入口函数"。

4.3.2　任务管理接口及应用

类似于中断管理，LiteOS-M 也提供了多个任务管理接口给开发者使用。

1. 任务管理接口

OpenHarmony LiteOS-M 内核的任务管理模块提供了创建和删除任务、控制任务状态、获取任务信息等几种功能接口，各接口名称及功能如表 4-2 所示。

表 4-2　任务管理接口及功能

功能分类	接口名称	功　能　描　述
创建和删除任务	LOS_TaskCreateOnly	创建任务，并使该任务进入 suspend 状态
	LOS_TaskCreate	创建任务，并使该任务进入 ready 状态，如果就绪队列中没有更高优先级的任务，则运行该任务
	LOS_TaskDelete	删除指定的任务
控制任务状态	LOS_TaskResume	恢复挂起的任务，使该任务进入 ready 状态
	LOS_TaskSuspend	挂起指定的任务，然后切换任务
	LOS_TaskJoin	挂起当前任务，等待指定的任务运行结束并回收其任务控制块资源
	LOS_TaskDelay	任务延时等待，释放 CPU，等待时间到期后该任务会重新进入 ready 状态。传入参数为 Tick 数目
	LOS_Msleep	任务延时等待，释放 CPU，等待时间到期后该任务会重新进入 ready 状态。传入参数为毫秒数
	LOS_TaskYield	设置当前任务时间片为 0，释放 CPU，触发调度运行就绪任务队列中优先级最高的任务
控制任务调度	LOS_TaskLock	锁任务调度，但任务仍可被中断打断
	LOS_TaskUnlock	解锁任务调度
	LOS_Schedule	触发任务调度
控制任务优先级	LOS_CurTaskPriSet	设置当前任务的优先级
	LOS_TaskPriSet	设置指定任务的优先级
	LOS_TaskPriGet	获取指定任务的优先级

续表

功能分类	接口名称	功 能 描 述
获取任务信息	LOS_CurTaskIDGet	获取当前任务 ID
	LOS_NextTaskIDGet	获取任务就绪队列中优先级最高的任务 ID
	LOS_NewTaskIDGet	获取任务就绪队列中优先级最高的任务 ID
	LOS_CurTaskNameGet	获取当前任务的名称
	LOS_TaskNameGet	获取指定任务的名称
	LOS_TaskStatusGet	获取指定任务的状态
	LOS_TaskInfoGet	获取指定任务的信息，包括任务状态、优先级、任务栈大小、栈顶指针 SP、任务入口函数、已使用的任务栈大小等
	LOS_TaskIsRunning	获取任务模块是否已经开始调度运行
任务信息维测	LOS_TaskSwitchInfoGet	获取任务切换信息，需要开启编译控制宏：LOSCFG_BASE_CORE_EXC_TSK_SWITCH。

2. 任务管理的应用

1) 任务管理的开发流程

任务管理的一般开发流程如下：

(1) 调用 LOS_TaskLock 接口锁任务调度，防止高优先级任务调度。

(2) 调用 LOS_TaskCreate 接口创建任务。

(3) 调用 LOS_TaskUnlock 接口解锁任务调度，将任务按照优先级进行调度。

(4) 调用 LOS_TaskDelay 接口延时任务，任务延时等待。

(5) 调用 LOS_TaskSuspend 接口挂起指定的任务，任务挂起等待恢复操作。

(6) 调用 LOS_TaskResume 接口恢复挂起的任务。

2) 进行任务管理时的注意事项

(1) 执行 Idle 任务时，会对待回收链表中的任务控制块和任务栈进行回收。

(2) 任务名是指针，并没有分配空间，在设置任务名时，禁止将局部变量的地址赋值给任务名指针。

(3) 任务栈的大小按 8 字节大小对齐。确定任务栈大小的原则是够用就行，多了则浪费，少了则任务栈溢出。

(4) 挂起当前任务时，如果已经锁任务调度，则无法挂起。

(5) 不能挂起或者删除 Idle 任务及软件定时器任务。

(6) 在中断处理函数中或者在锁任务的情况下，执行 LOS_TaskDelay 会失败。

(7) 锁任务调度并不关中断，因此任务仍可被中断打断。

(8) 锁任务调度必须和解锁任务调度配合使用。

(9) 设置任务优先级时可能会发生任务调度。

(10) 可配置的系统最大任务数是指整个系统的任务总数，而非用户能使用的任务数。如果系统软件定时器多占用一个任务资源，那么用户能使用的任务资源就会减少一个。

(11) 不能在中断中使用 LOS_CurTaskPriSet 和 LOS_TaskPriSet 接口，也不能将其用于修改软件定时器任务的优先级。

(12) 若由 LOS_TaskPriGet 接口传入的 Task ID 对应的任务未创建或者超过最大任务数，则统一返回 −1。

(13) 在删除任务时要保证已释放任务申请的资源(如互斥锁、信号量等)。

下面通过编程示例来说明任务管理的应用。

本示例介绍基本的任务操作方法，包含 2 个不同优先级任务的任务创建、任务延时、任务锁与解锁调度、任务挂起和恢复等操作。

具体代码如下:

```c
#include <stdio.h>
#include "los_task.h"
#include "ohos_init.h"
#include "ohos_types.h"

/* *
 * @brief 每隔 1 秒输出"hello hi3861"函数
 * @param void
 * @retval void
 */
void Task_hello_hi3861(void)
{
    while(1)
    {
        printf("Hello hi3861!!!\r\n");
        LOS_Msleep(1000);
    }
}

/* *
 * @brief 每隔 2 秒输出"hello ohos"函数
 * @param void
 * @retval void
 */
void Task_hello_ohos(void)
{
    while(1)
```

```
    {
        printf("Hello ohos!!!\r\n");
        LOS_Msleep(2000);
    }
}

/* *
 * @brief 任务创建函数
 * @param void
 * @retval void
*/
void Task_hi(void)
{
    unsigned int task_ohos;          //ohos 任务 ID
    unsigned int task_hi3861;        //hi3861 任务 ID

    TSK_INIT_PARAM_S taskoh;                              //定义 ohos 任务结构体
    TSK_INIT_PARAM_S taskhi;                              //定义 hi3861 任务结构体

    taskoh.pfnTaskEntry = (TSK_ENTRY_FUNC)Task_hello_ohos;   //任务函数
    taskoh.uwStackSize = 1028;                              //任务堆栈
    taskoh.pcName = "Task_hello_ohos";                      //任务名称
    taskoh.usTaskPrio = 12;                                //任务优先级
    /*创建任务*/
    if(LOS_TaskCreate(&task_ohos,&taskoh) != LOS_OK)
    {
        printf("Task_hello_ohos create Failed!\r\n");
    }

    taskhi.pfnTaskEntry = (TSK_ENTRY_FUNC)Task_hello_hi3861;  //任务函数
    taskhi.uwStackSize = 1028;                              //任务堆栈
    taskhi.pcName = "Task_hello_hi3861";                    //任务名称
    taskhi.usTaskPrio = 13;                                //任务优先级
    /*创建任务*/
    if(LOS_TaskCreate(&task_hi3861,&taskhi) != LOS_OK)
    {
        printf("Task_hello_hi3861 create Failed!\r\n");
    }
```

```
}
/*运行函数*/
SYS_RUN(Task_hi);
```

对以上代码编译后的运行结果如图 4-7 所示。

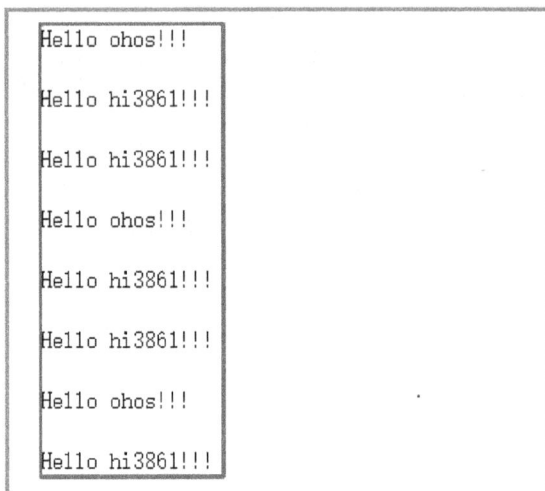

```
Hello ohos!!!

Hello hi3861!!!

Hello hi3861!!!

Hello ohos!!!

Hello hi3861!!!

Hello hi3861!!!

Hello ohos!!!

Hello hi3861!!!
```

图 4-7　任务管理程序运行结果

4.4

LiteOS-M 内存管理

LiteOS-M 的内存管理模块管理系统的内存资源，它是操作系统的核心模块之一。在系统运行过程中，内存管理模块对内存的使用进行管理，使内存的利用率和使用效率达到最优。

LiteOS-M 内存管理

4.4.1　内存管理的基本概念

LiteOS-M 内核的内存管理分为静态内存管理和动态内存管理，提供内存初始化、分配、释放等功能。

1. 内存管理概述

内存管理是指软件运行时对计算机内存资源的分配和使用的技术。其最主要的目的是高效、快速地分配内存资源，并且在适当的时候释放和回收内存资源。

计算机内存虽然速度快，但其容量是有限的，不能一次性将所有的用户进程和系统进程全部装入内存，因此操作系统必须对内存空间进行合理的划分和有效的动态分配。

将内存分配给计算机程序的两种方式是静态内存分配和动态内存分配。

静态内存是指在静态内存池中分配用户初始化时预设大小的静态内存块。它的优点是分配和释放效率高，静态内存池中无碎片；缺点是只能申请到初始化时预设大小的内存块，不能按需申请。

静态内存一旦分配给程序，就将保留在整个程序中，即从程序被编译的那一刻到程序执行完成的那一刻。

动态内存是指在动态内存池中分配用户指定大小的动态内存块。它的优点是按需分配，缺点是内存池中可能出现碎片。

对动态分配的内存可以在程序执行期间随时释放，甚至可以调整分配的内存大小，即可以增加或减少内存大小。

鉴于静态内存和动态内存的不同，因此需要对内存进行管理。

内存管理主要有以下功能：

(1) 地址转换：将程序中的逻辑地址转换成内存中的物理地址。

(2) 存储保护：保证各个任务在自己的内存空间内运行，互不干扰。

(3) 内存的分配与回收：当进程创建后，系统会为它们分配内存空间；当进程结束后内存空间也会被回收。

(4) 内存空间的扩充：利用虚拟存储技术或自动覆盖技术，从逻辑上扩充内存。

在系统运行过程中，内存管理模块通过对内存的申请和释放操作，来管理用户和操作系统对内存的使用，使内存的利用率和使用效率达到最优，同时最大限度地解决系统的内存碎片问题。

2. 静态内存管理

静态内存管理是指在静态内存池中分配用户初始化时预设大小的静态内存块。在创建静态内存池时，先向系统申请一大块内存，然后将其分成大小相等的多个小内存块，通过链表将小内存块连接起来，如图 4-8 所示。

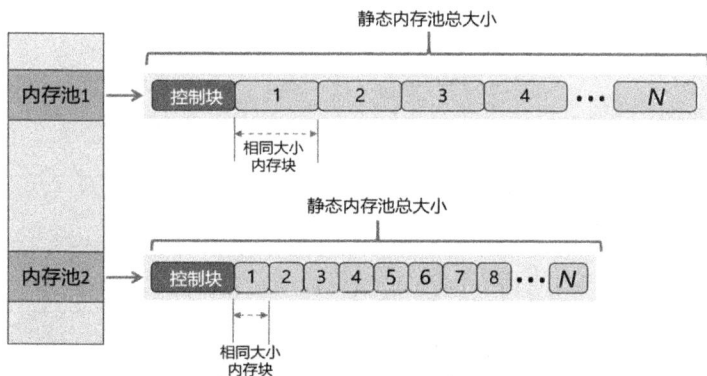

图 4-8　静态内存示意图

每次分配内存块的时候，从空闲内存链表中取出表头上第一个内存块，提供给申请者。物理内存中允许存在多个大小不同的内存池，每一个内存池又由多个大小相同的空闲内存块组成。当一个内存池对象被创建时，内存池对象就分配给了一个内存池控制块。

LiteOS-M 的静态内存池由一个控制块 LOS_MEMBOX_INFO 和若干大小相同的静态内存块 LOS_MEMBOX_NODE 构成，如图 4-9 所示。

LOS_MEMBOX_INFO 控制块位于静态内存池头部，用于静态内存块管理，包含内存块大小 uwBlkSize，内存块数量 uwBlkNum，已分配使用的内存块数量 uwBlkCnt 和空闲内存块链表 stFreeList。内存块的申请和释放以内存块大小为粒度，每个内存块包含指向下一个内存块的指针 pstNext。

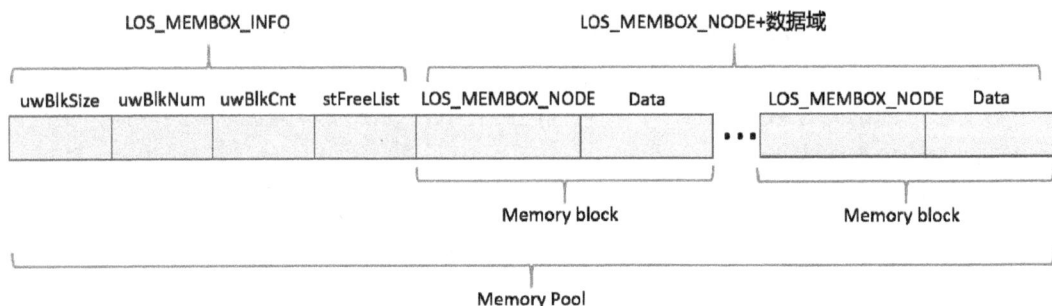

图 4-9　LiteOS-M 静态内存池示意图

3. 动态内存管理

动态内存管理是在内存资源充足的情况下，根据用户需求，从系统配置的内存池中分配相应大小的内存块。当用户不需要该内存块时，它被释放回系统供下一次使用。

LiteOS 系统中动态内存管理系统通过分组来管理内存。系统将所有内存分成 223 个分组，每个分组负责管理特定大小的空闲内存。在动态内存池初始化时，会将所有剩余内存转换成一个很大的空闲内存块，而这个空闲内存块就像一个大蛋糕一样，一点点被分割出去。对分割后的空闲内存块会按大小重新分组，释放时也会将回收的内存块按大小进行分组。

通过内存池管理信息和内存块管理信息来共同管理一个动态内存池，内存池的管理信息和内存块管理信息分布如图 4-10 所示。内存池管理信息在动态内存池的头部，内存块信息则在每个空闲或已分配内存块的头部。

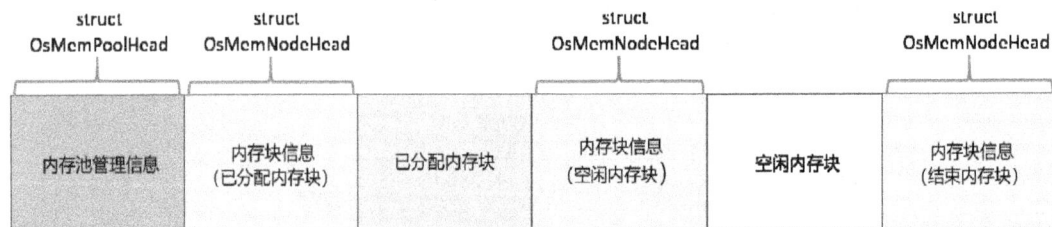

图 4-10　动态内存池管理

(1) 内存池管理信息(OsMemPoolHead)：包含动态内存池信息(OsMemPoolInfo)、空闲内存链表位图数组(freeListBitmap[])和空闲链表数组(freeList[])。

① 内存池信息(OsMemPoolInfo)：包含动态内存池起始地址及堆区域总大小、内存池属性等。

② 空闲内存链表位图数组(freeListBitmap[]): 标记所对应的空闲内存块是否存在。

③ 空闲链表数组(freeList[]): 包含 223 个空闲内存头节点信息，每个空闲内存头节点信息维护内存点头节和空闲链表中的前驱、后继空闲内存节点。

(2) 内存块管理信息(OsMemNodeHead): 用于管理空闲内存，每个数组成员对应一个内存分组。

空闲内存块分组的管理是通过内存池管理信息的空闲内存链表位图数组和空闲链表数组来完成的。

4.4.2　静态内存管理接口及应用

LiteOS-M 内核的内存管理模块提供了静态内存管理接口，开发者通过这些接口可以对静态内存进行相关管理。

1. 静态内存管理接口

OpenHarmony LiteOS-M 内核的静态内存管理模块提供了初始化静态内存池、清除静态内存块内容、申请和释放静态内存、获取和打印静态内存池信息等几种功能接口，各接口名称及功能如表 4-3 所示。

表 4-3　静态内存管理接口及功能

功能分类	接口名称	功能描述
初始化静态内存池	LOS_MemboxInit	初始化一个静态内存池，根据入参设定其起始地址、总大小及每个静态内存块大小
清除静态内存块内容	LOS_MemboxClr	清除从静态内存池中申请的静态内存块的内容
申请、释放静态内存	LOS_MemboxAlloc	从指定的静态内存池中申请一块静态内存块
	LOS_MemboxFree	释放从静态内存池中申请的一块静态内存块
获取、打印静态内存池信息	LOS_Membox StatisticsGet	获取指定静态内存池的信息，包括静态内存池中内存块总数量、已经分配出去的内存块数量、每个内存块的大小
	LOS_ShowBox	打印指定静态内存池所有节点信息，包括静态内存池起始地址、内存块大小、内存块总数量、每个空闲内存块的起始地址、所有内存块的起始地址，打印等级是 LOG_INFO_LEVEL(当前打印等级配置是 PRINT_LEVEL)

2. 静态内存管理的应用

当用户需要使用固定长度的内存时，可以通过静态内存分配的方式获取内存，使用完毕，可以通过静态内存释放函数归还所占用内存，使之能够重复使用。

静态内存管理的一般开发流程如下:

(1) 规划一片内存区域作为静态内存池。

(2) 调用 LOS_MemboxInit 接口初始化静态内存池。初始化会将入参指定的内存区域分割为 N 块(N 值取决于静态内存总大小和块大小)，将所有静态内存块挂到空闲链表，在静态内存起始处放置控制头。

(3) 调用 LOS_MemboxAlloc 接口分配静态内存。系统将会从空闲链表中获取第一个空闲块，并返回该内存块的起始地址。

(4) 调用 LOS_MemboxClr 接口将入参地址对应的内存块清零。

(5) 调用 LOS_MemboxFree 接口将该内存块加入空闲链表。

4.4.3 动态内存管理接口及应用

除了静态内存管理接口，LiteOS-M 内核的内存管理模块还提供了动态内存管理接口。

1. 动态内存管理接口

OpenHarmony LiteOS-M 内核的动态内存管理模块提供了初始化动态内存池、申请/释放动态内存、获取动态内存池信息、获取动态内存块信息等几种功能接口，各接口名称及功能如表 4-4 所示。

表 4-4 动态内存管理接口及功能

功能分类	接口名称	功能描述
初始化和删除动态内存池	LOS_MemInit	初始化一块指定的动态内存池，大小为 size
	LOS_MemDeInit	删除指定的动态内存池，仅打开编译控制开关 LOSCFG_MEM_MUL_POOL 时有效
申请/释放动态内存	LOS_MemAlloc	从指定的动态内存池中申请大小为 size 的内存
	LOS_MemFree	释放从指定动态内存中申请的内存
	LOS_MemRealloc	按 size 大小重新分配动态内存块，并将原内存块内容拷贝到新内存块。如果申请新内存块成功，则释放原内存块
获取动态内存池信息	LOS_MemPoolSizeGet	获取指定动态内存池的总大小
	LOS_MemTotalUsedGet	获取指定动态内存池的总使用量大小
	LOS_MemInfoGet	获取指定动态内存池的内存结构信息，包括空闲内存大小、已使用内存大小、空闲内存块数量、已使用内存块数量、最大的空闲内存块大小
	LOS_MemPoolList	打印系统中已初始化的所有动态内存池，包括动态内存池的起始地址、内存池大小、空闲内存总大小、已使用内存总大小、最大的空闲内存块大小、空闲内存块数量、已使用的内存块数量。仅打开编译控制开关 LOSCFG_MEM_MUL_POOL 时有效
获取动态内存块信息	LOS_MemFreeNodeShow	打印指定动态内存池的空闲内存块的大小及数量
	LOS_MemUsedNodeShow	打印指定动态内存池的已使用内存块的大小及数量
检查指定动态内存池的完整性	LOS_MemIntegrityCheck	对指定的动态内存池进行完整性检查，仅打开 LOSCFG_BASE_MEM_NODE_INTEGRITY_CHECK 时有效
增加非连续性内存区域	LOS_MemRegionsAdd	支持多段非连续性内存区域，把非连续性内存区域逻辑上整合为一个统一的内存池。仅打开 LOSCFG_MEM_MUL_REGIONS 时有效

2. 动态内存管理的应用

动态内存管理主要是动态分配并管理用户申请到的内存空间。

动态内存管理主要用于用户需要使用大小不等的内存块的场景。当用户需要使用内存时，可以通过操作系统的动态内存申请函数索取指定大小的内存块，一旦使用完毕，通过动态内存释放函数归还所占用内存，使之可以重复使用。

动态内存管理的一般开发流程如下：

(1) 调用 LOS_MemInit 接口初始化动态内存池。初始化一个动态内存池后生成一个内存池控制头、尾节点 EndNode，剩余的内存被标记为 FreeNode 内存节点。EndNode 作为动态内存池末尾的节点，size 为 0。

(2) 调用 LOS_MemAlloc 接口申请任意大小的动态内存。判断动态内存池中是否存在大于申请量的空闲内存块空间，若存在，则划出一块动态内存块，以指针形式返回，若不存在，则返回 NULL。如果空闲内存块空间大于申请量，则需要对内存块进行分割，剩余的部分作为空闲内存块挂载到空闲内存链表上。

(3) 调用 LOS_MemFree 接口释放动态内存，回收动态内存块，供下一次使用。当调用 LOS_MemFree 接口释放动态内存块时，则会回收内存块，并且将其标记为 FreeNode。在回收内存块时，相邻的 FreeNode 会自动合并。

下面通过编程示例来展示动态内存管理的应用。

本示例执行以下步骤：

(1) 初始化一个动态内存池。

(2) 从动态内存池中申请一个动态内存块。

(3) 在动态内存块中存放一个数据。

(4) 打印出动态内存块中的数据。

(5) 释放该内存块。

具体的代码如下：

```
#include <stdio.h>
#include "los_memory.h"
#include "ohos_init.h"
#include "ohos_types.h"

/* *
 * @brief 内存管理函数
 * @param void
 * @retval void
 */
```

```
void Memory_hi(void)
{
    UINT32 *mem = NULL;
    UINT32 POOL_SIZE = 1024;                    //内存池大小
    UINT32 oryMem[POOL_SIZE];                   //内存池地址
    UINT8 test_ohos[10] = {"hi ohos"};          //测试数组

    /*初始化内存池*/
    if (LOS_MemInit(oryMem, POOL_SIZE) != LOS_OK)
    {
        printf("Mem init failed!\r\n");
        return;
    }

    /*申请内存块*/
    mem = (UINT32 *)LOS_MemAlloc(oryMem, 10);
    if (mem == NULL)
    {
        printf("Mem alloc failed!\r\n");
        return;
    }
    /*内存地址读/写验证*/
    *mem = test_ohos;   //内存块存入数组
    printf("\r\n*mem = %s\r\n", *mem);

    /*释放内存*/
    if (LOS_MemFree(oryMem, mem) != LOS_OK)
    {
        printf("Mem free failed!\r\n");
    }
}
/*运行函数*/
SYS_RUN(Memory_hi);
```

对以上代码编译后的运行结果如图 4-11 所示。

```
wifi init success!
hilog will init.
hievent will init.
hievent init success.


*mem = hi ohos


hiview init success.
No crash dump found!
```

图 4-11　动态内存管理程序运行结果

4.5

LiteOS-M 内核通信

　　LiteOS-M 内核通信主要包括事件、互斥锁、消息队列和信号量的通信,下面进行详细介绍。

4.5.1　事件

1. 事件的概念

　　事件(event)是一种任务间的通信机制,可用于任务间的同步操作。操作系统中是有多个任务在运行的,其中某一个或某几个任务开始运行之前,需要等待一个事件信号,当事件信号到来时,相应的任务会即刻开始运行。

　　任务间的事件同步可以实现一对多或者多对多。一对多表示一个任务可以等待多个事件信号,多对多表示多个任务可以等待多个事件信号。

　　事件有如下特点:

　　(1) 事件只进行任务间的同步,不传输具体数据。

　　(2) 事件不与任务相关联,事件相互独立。

　　(3) 允许多个任务对同一事件进行读/写操作。

　　(4) 事件无排他性,即多次向任务设置同一事件,等效于只设置一次。

　　(5) 允许多个任务对同一事件进行读/写操作。

　　(6) 允许事件等待超时机制。

2. 事件运行原理

事件

　　LiteOS-M 内核提供了事件初始化、事件读/写、事件处理、事件销毁等接口,事件运行

原理示意图如图 4-12 所示。

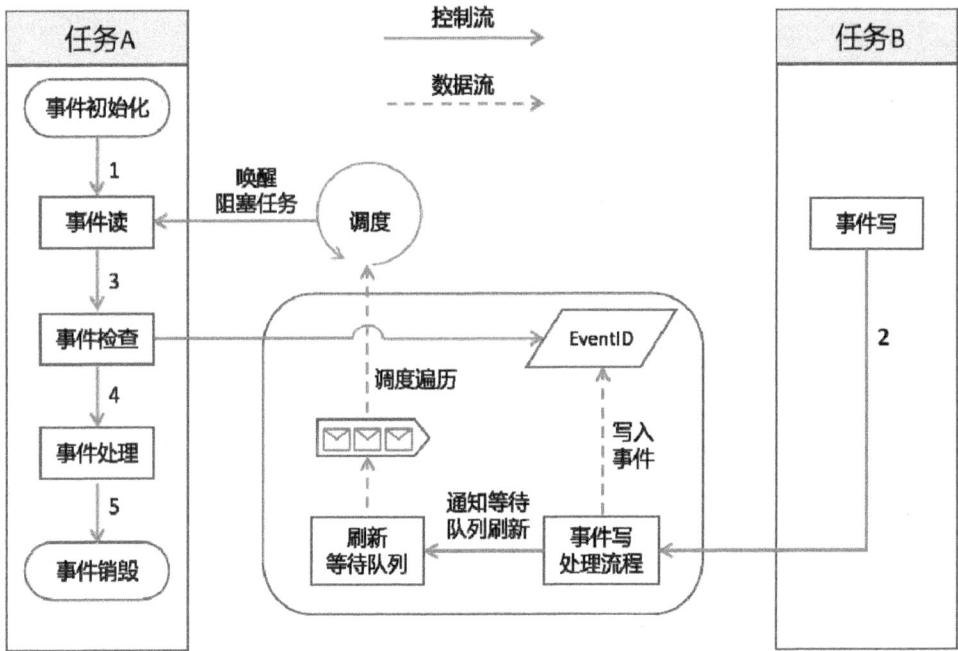

图 4-12　事件运行原理示意图

事件运行原理中各部分内容的说明如下：

(1) 事件初始化：创建一个事件控制块，该控制块维护一个已处理的事件集合，以及等待特定事件的任务链表。

(2) 事件写：向事件控制块写入指定的事件，事件控制块更新事件集合，并遍历任务链表，根据任务等待具体条件满足情况决定是否唤醒相关任务。

(3) 事件读：如果读取的事件已存在，则直接同步返回。其他情况会根据超时时间以及事件触发情况来决定返回时机：如果等待的事件在超时时间耗尽之前到达，则阻塞的任务会被直接唤醒，否则超时时间耗尽该任务才会被唤醒。

(4) 事件清零：根据指定掩码，对事件控制块的事件集合进行清零操作。当掩码为 0 时，表示将事件集合全部清零。当掩码为 0xffff 时，表示不清除任何事件，保持事件集合原状。

(5) 事件销毁：销毁指定的事件控制块。

3. 事件接口及应用

1) 事件接口

OpenHarmony LiteOS-M 内核提供了事件检测、事件初始化、事件读/写、事件清零、事件销毁等功能接口，各接口名称及功能如表 4-5 所示。

表 4-5　事件接口及功能

功能分类	接口名称	功　能　描　述
事件检测	LOS_EventPoll	根据 eventID、eventMask(事件掩码)、mode(事件读取模式)，检查用户期待的事件是否发生。 注意：当 mode 含 LOS_WAITMODE_CLR，且用户期待的事件发生时，eventID 中满足要求的事件会被清零，这种情况下 eventID 既是入参也是出参。其他情况 eventID 只作为入参
事件初始化	LOS_EventInit	事件控制块初始化
事件读	LOS_EventRead	读事件(等待事件)，任务会根据 timeOut(单位：Tick)进行阻塞等待； 未读取到事件时，返回值为 0； 正常读取到事件时，返回正值(事件发生的集合)； 其他情况返回特定错误码
事件写	LOS_EventWrite	写一个特定的事件到事件控制块
事件清零	LOS_EventClear	根据 events 掩码，清除事件控制块中的事件
事件销毁	LOS_EventDestroy	销毁事件控制块

2) 事件的应用

事件的典型开发流程如下：

(1) 初始化事件控制块。

(2) 阻塞读事件控制块。

(3) 写入相关事件。

(4) 阻塞的任务被唤醒，读取事件并检查是否满足要求。

(5) 处理事件控制块。

(6) 销毁事件控制块。

下面通过编程示例来展示事件的应用。

针对以上示例的要求，具体代码如下：

```
#include <stdio.h>
#include "los_event.h"
#include "los_task.h"
#include "ohos_init.h"
#include "ohos_types.h"

/*事件控制结构体*/
EVENT_CB_S ohos_exampleEvent;

/*等待的事件类型*/
#define OHOS_EVENT_WAIT 6
```

```c
/* *
 * @brief 等待事件响应任务
 * @param void
 * @retval void
*/
void Ohos_Event_Task(void)
{
    UINT32 event;
    UINT32 ohos_event_timeout = 100;    // 等待超时时间

    /*超时等待方式读事件,超时时间为100 Tick,若100 Tick后未读取到指定事件,则读事件超时,
        任务直接唤醒*/
    printf("Ohos_Event_Task wait event: %d \n", OHOS_EVENT_WAIT);
    event = LOS_EventRead(&ohos_exampleEvent, OHOS_EVENT_WAIT, LOS_WAITMODE_AND,
            ohos_event_timeout);
    if (event == OHOS_EVENT_WAIT)
    {
        printf("Ohos_Event_Task, read event: %d\n", event);
    } else
    {
        printf("Ohos_Event_Task, read event timeout\n");
    }
}


/* *
 * @brief 事件管理函数
 * @param void
 * @retval void
*/
void Event_hi(void)
{
    UINT32 task_ohos;
    TSK_INIT_PARAM_S taskoh;

    /*事件初始化*/
    if (LOS_EventInit(&ohos_exampleEvent) != LOS_OK)
    {
```

```
            printf("init event failed .\n");
            return;
        }

        /*创建任务*/
        taskoh.pfnTaskEntry = (TSK_ENTRY_FUNC)Ohos_Event_Task;
        taskoh.pcName = "Ohos_Event_Task";
        taskoh.uwStackSize = 1028;
        taskoh.usTaskPrio = 3;
        if (LOS_TaskCreate(&task_ohos, &taskoh) != LOS_OK)
        {
            printf("task create failed.\n");
            return;
        }

        /*写事件*/
        printf("\r\nEvent_hi write event.\r\n");
        if (LOS_EventWrite(&ohos_exampleEvent, OHOS_EVENT_WAIT) != LOS_OK)
        {
            printf("event write failed.\n");
            return;
        }

        LOS_Msleep(1000);      //等待任务函数读事件

        /*清标志位*/
        printf("EventMask:%d\n", ohos_exampleEvent.uwEventID);
        LOS_EventClear(&ohos_exampleEvent, ~ohos_exampleEvent.uwEventID);
        printf("EventMask:%d\n", ohos_exampleEvent.uwEventID);

        /*删除事件*/
        if (LOS_EventDestroy(&ohos_exampleEvent) != LOS_OK)
        {
            printf("destory event failed .\n");
            return;
        }
        return;
}
/*运行函数*/
SYS_RUN(Event_hi);
```

对以上代码编译后的运行结果如图 4-13 所示。

```
Event_hi write event.

Ohos_Event_Task wait event: 6

Ohos_Event_Task, read event: 6


EventMask:6

EventMask:0

hiview init success.
No crash dump found!
```

图 4-13　事件的程序运行结果

4.5.2　互斥锁

互斥锁不同于我们认知里的实物锁，互斥锁是操作系统中用于多线程编程的同步机制。在多线程环境中，当多个线程同时访问共享资源时，可能会导致数据的竞争和不一致问题，通过使用互斥锁，可以避免出现这些问题。

互斥锁

1. 互斥锁的概念

互斥锁是用来保护对共享资源的操作的，它使得任务可以完整执行对共享资源的操作代码，而不会在访问的中途被其他任务介入对共享资源访问。互斥锁保证了同一时刻只有一个任务在操作共享数据。

互斥锁的状态有且只有两种，即开锁或闭锁。

开锁状态：没有任务访问共享资源，互斥锁处于开锁状态。

闭锁状态：任务访问共享资源时，互斥锁处于闭锁状态，其他任务不能对互斥锁进行释放锁操作。

2. 互斥锁的使用

互斥锁运行原理示意图如图 4-14 所示。线程 1 和线程 2 同时访问公共资源，当线程 1 优先访问到公共资源时，互斥锁处于闭锁状态，线程 2 不能访问公共资源。只有当线程 1 释放互斥锁后，线程 2 才可以访问公共资源。

用互斥锁处理公共资源的同步访问时，如果有线程访问该资源，则互斥锁为闭锁状态。此时其他线程如果想访问这个资源则会被阻塞，直到互斥锁被持有该锁的线程释放后，其他线程才能重新访问该资源，此时互斥锁再次处于闭锁状态，如此确保同一时刻只有一个线程正在访问这个资源，从而保证了资源操作的完整性。

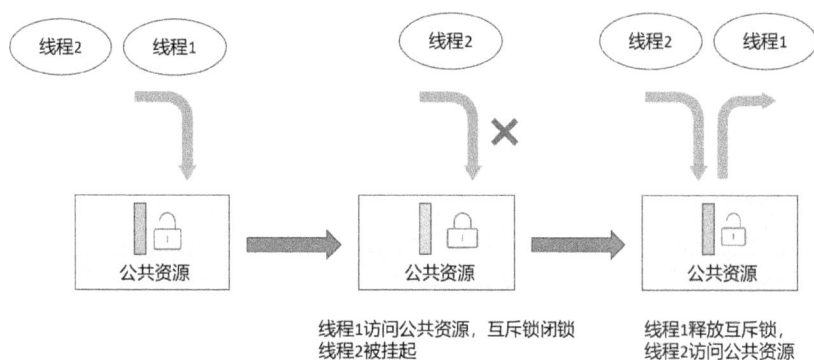

图 4-14　互斥锁运行原理示意图

3. 互斥锁接口及应用

1) 互斥锁接口

OpenHarmony LiteOS-M 内核提供了创建和删除互斥锁、申请和释放互斥锁等功能接口，各接口名称及功能如表 4-6 所示。

表 4-6　互斥锁接口及功能

功 能 分 类	接 口 名 称	功 能 描 述
创建和删除互斥锁	LOS_MuxCreate	创建互斥锁
	LOS_MuxDelete	删除指定的互斥锁
申请和释放互斥锁	LOS_MuxPend	申请指定的互斥锁
	LOS_MuxPost	释放指定的互斥锁

申请互斥锁有三种模式：无阻塞模式、永久阻塞模式、定时阻塞模式。

(1) 无阻塞模式：任务需要申请互斥锁，若当前没有任务持有该互斥锁，或者持有该互斥锁的任务和申请该互斥锁的任务为同一个任务，则申请成功。

(2) 永久阻塞模式：任务需要申请互斥锁，若该互斥锁当前没有被占用，则申请成功；否则，该任务进入阻塞态，系统切换到就绪任务中优先级高者继续执行。任务进入阻塞态后，直到有其他任务释放该互斥锁，阻塞的任务才会重新得以执行。

(3) 定时阻塞模式：任务需要申请互斥锁，若该互斥锁当前没有被占用，则申请成功。否则该任务进入阻塞态，系统切换到就绪任务中优先级高者继续执行。任务进入阻塞态后，超出指定时间前有其他任务释放该互斥锁，或者超出用户指定时间后，阻塞的任务才会重新得以执行。

2) 互斥锁的应用

在使用互斥锁的过程，需要注意以下几个方面：

(1) LiteOS-M 内核作为实时操作系统需要保证任务调度的实时性，尽量避免任务的长时间阻塞，因此在获得互斥锁之后，应该尽快释放互斥锁。

(2) 不能在中断服务程序中使用互斥锁。

(3) 持有互斥锁的过程中，不得再调用控制任务优先级 LOS_TaskPriSet 等接口更改持有互斥锁任务的优先级。

互斥锁典型场景的一般开发流程如下：

(1) 调用 LOS_MuxCreate 接口创建互斥锁。

(2) 调用 LOS_MuxPend 接口申请互斥锁。

(3) 调用 LOS_MuxPost 接口释放互斥锁。

(4) 调用 LOS_MuxDelete 接口删除互斥锁。

下面通过编程示例来展示互斥锁的应用。

针对以上示例的要求，具体代码如下：

```c
#include <stdio.h>
#include "los_task.h"
#include "los_mux.h"
#include "ohos_init.h"
#include "ohos_types.h"


/*互斥锁 ID*/
UINT32 ohos_testMux;

/* *
 * @brief 互斥锁检测任务
 * @param void
 * @retval void
*/
void Mux_task_ohos(void)
{
    UINT32 ret;

    printf("taskoh try to get   mutex, wait 10 ticks.\n");
    /*申请互斥锁等待 10 Tick*/
    ret = LOS_MuxPend(ohos_testMux, 10);
    if (ret == LOS_OK)    //获得互斥锁
    {
        printf("taskoh get mutex ohos_testMux.\n");
        /*释放互斥锁，此分支作为验证进不来*/
        LOS_MuxPost(ohos_testMux);
        LOS_MuxDelete(ohos_testMux);
        return;
    }
```

```
        if (ret == LOS_ERRNO_MUX_TIMEOUT )    //等待超时
        {
            printf("taskoh timeout and try to get mutex, wait forever.\n");
            /*一直等待申请互斥锁*/
            ret = LOS_MuxPend(ohos_testMux, LOS_WAIT_FOREVER);
            if (ret == LOS_OK)                     //获得互斥锁
            {
                printf("\r\n!!!taskoh wait forever, get mutex ohos_testMux!!!\r\n");
                /*释放互斥锁*/
                LOS_MuxPost(ohos_testMux);
                /*删除互斥锁*/
                LOS_MuxDelete(ohos_testMux);
                printf("taskoh post and delete mutex ohos_testMux.\n");
                return;
            }
        }
        return;
}


/* *
  * @brief 任务持有互斥锁
  * @param void
  * @retval void
*/
void Mux_task_hi3861(void)
{
    UINT32 ret;
    printf("\r\ntaskhi try to get    mutex, wait forever.\r\n");
    /*申请互斥锁*/
    ret = LOS_MuxPend(ohos_testMux, LOS_WAIT_FOREVER);
    if (ret == LOS_OK)                     //获得互斥锁
    {
        printf("\r\n!!!taskhi gct mutex ohos_testMux and suspend 500 ticks!!!\r\n");
    }

    /*任务休眠 500 Tick*/
    LOS_TaskDelay(500);
```

```
        printf("taskhi resumed and post the ohos_testMux\n");
        /*释放互斥锁*/
        LOS_MuxPost(ohos_testMux);
        return;
    }


    /* *
      * @brief  互斥锁函数
      * @param void
      * @retval void
    */
    void Mux_hi(void)
    {
        TSK_INIT_PARAM_S taskoh;
        TSK_INIT_PARAM_S taskhi;
        UINT32 task_ohID;
        UINT32 task_hiID;

        /*创建互斥锁*/
        LOS_MuxCreate(&ohos_testMux);

        /*锁任务调度*/
        LOS_TaskLock();

        /*创建任务 1*/
        taskoh.pfnTaskEntry = (TSK_ENTRY_FUNC)Mux_task_ohos;
        taskoh.pcName = "mux_task_ohos";
        taskoh.uwStackSize = 1024;
        taskoh.usTaskPrio = 8;
        if (LOS_TaskCreate(&task_ohID, &taskoh) != LOS_OK)
        {
            printf("taskoh create failed.\n");
            return;
        }

        /*创建任务 2*/
        taskhi.pfnTaskEntry = (TSK_ENTRY_FUNC)Mux_task_hi3861;
        taskhi.pcName = "mux_task_hi3861";
```

```
        taskhi.uwStackSize = 1024;
        taskhi.usTaskPrio = 5;
        if (LOS_TaskCreate(&task_hiID, &taskhi) != LOS_OK)
        {
            printf("taskhi create failed.\n");
            return;
        }


        /*解锁任务调度*/
        LOS_TaskUnlock();
        return;
    }
    /*运行函数*/
    SYS_RUN(Mux_hi);
```

对以上代码编译后的运行结果如图 4-15 所示。

图 4-15　互斥锁的程序运行结果

4.5.3　消息队列

消息队列又称队列，是任务间通信的机制。下面介绍消息队列的具
体内容。

1. 消息队列的概念

消息队列是在传输消息的过程中保存消息的"容器"，用于临时保存消息，等待任务读

取或者写入消息。队列接收来自任务或中断的不固定长度消息，并根据不同的接口来确定传递的消息是否存放在队列空间中。

任务能够从队列里面读取消息，当队列中的消息为空时，挂起读取任务；当队列中有新消息时，挂起的读取任务被唤醒并处理新消息。

任务也能够往队列里写入消息，当队列已经写满消息时，挂起写入任务；当队列中有空闲消息节点时，挂起的写入任务被唤醒并写入消息。

消息队列提供了异步处理机制，允许将一个消息放入队列，但不立即处理。同时队列还有缓冲消息的作用，可以使用队列实现任务异步通信。

消息队列具有如下特性：

(1) 消息以先进先出的方式排队，支持异步读/写。

(2) 读队列和写队列都支持超时机制。

(3) 每读取一条消息，就会将该消息节点设置为空闲。

(4) 发送消息类型由通信双方约定，可以允许不同长度的消息，但是不能超过队列的消息节点大小。

(5) 一个任务能够从任意一个消息队列接收和发送消息。

(6) 多个任务能够从同一个消息队列接收和发送消息。

(7) 创建队列时所需的队列空间由接口内系统自行动态申请内存。

2. 消息队列接口及应用

1) 消息队列接口

OpenHarmony LiteOS-M 内核提供了创建和删除消息队列、读/写队列、获取队列信息等功能接口，各接口名称及功能如表 4-7 所示。

表 4-7　消息队列接口及功能

功能分类	接口名称	功能描述
创建和删除消息队列	LOS_QueueCreate	创建一个消息队列，由系统动态申请队列空间
	LOS_QueueDelete	根据队列 ID 删除一个指定队列
读/写队列(不带复制)	LOS_QueueRead	读取指定队列头节点中的数据(队列节点中的数据实际上是一个地址)
	LOS_QueueWrite	向指定队列尾节点中写入入参 bufferAddr 的值(即 buffer 的地址)
	LOS_QueueWriteHead	向指定队列头节点中写入入参 bufferAddr 的值(即 buffer 的地址)
读/写队列(带复制)	LOS_QueueReadCopy	读取指定队列头节点中的数据
	LOS_QueueWriteCopy	向指定队列尾节点中写入入参 bufferAddr 中保存的数据
	LOS_QueueWriteHeadCopy	向指定队列头节点中写入入参 bufferAddr 中保存的数据
获取队列信息	LOS_QueueInfoGet	获取指定队列的信息，包括队列 ID、队列长度、消息节点大小、头节点、尾节点、可读节点数量、可写节点数量、等待读操作的任务、等待写操作的任务

2) 消息队列的应用

消息队列的一般开发流程如下：

(1) 调用 LOS_QueueCreate 接口创建队列，创建队列成功后，可以得到队列 ID。

(2) 调用 LOS_QueueWrite 接口或者 LOS_QueueWriteCopy 接口写队列。

(3) 调用 LOS_QueueRead 接口或者 LOS_QueueReadCopy 接口读队列。

(4) 调用 LOS_QueueInfoGet 接口获取队列信息。

(5) 调用 LOS_QueueDelete 接口删除队列。

下面通过一个编程示例来展示消息队列接口的使用。

编程示例要求如下：

创建一个队列，两个任务。任务 Queue_task_ohos 调用写队列接口发送消息，任务 Queue_task_hi3861 通过读队列接口接收消息。

(1) 通过 Queue_hi 创建任务 Queue_task_ohos 和任务 Queue_task_hi3861。

(2) 通过 LOS_QueueCreate 接口创建一个消息队列。

(3) 在任务 Queue_task_ohos 中发送消息。

(4) 在任务 Queue_task_hi3861 中接收消息。

(5) 通过 LOS_QueueDelete 接口删除队列。

针对以上示例的要求，具体代码如下：

```
#include <stdio.h>
#include "los_task.h"
#include "los_queue.h"
#include "ohos_init.h"
#include "ohos_types.h"

/*消息队列 ID*/
STATIC UINT32 ohos_testqueue;

/* *
 * @brief 写消息队列任务
 * @param void
 * @retval void
*/
void Queue_task_ohos(void)
{
    UINT32 ret = 0;
    CHAR data[] = "hello ohos";

    /*消息写入消息队列*/
    ret = LOS_QueueWriteCopy(ohos_testqueue, data, sizeof(data), 0);
```

```
    if (ret != LOS_OK)
    {
        printf("send message failure.\n");
    }
    printf("send message successsful.\n");
}

/* *
  * @brief  读消息队列任务
  * @param void
  * @retval void
*/
void Queue_task_hi3861(void)
{
    UINT32 ret = 0;
    UINT32 readLen = 100;
    CHAR readBuf[100] = {0};

    /*休眠1 s, 等待消息写入*/
    LOS_TaskDelay(100);
    /*从消息队列读取消息*/
    ret = LOS_QueueReadCopy(ohos_testqueue, readBuf, &readLen, 0);
    if (ret != LOS_OK)
    {
        printf("recv message failure!\n");
    }
    printf("\r\n!!!recv message: %s!!!\r\n", readBuf);

    /*释放消息队列*/
    ret = LOS_QueueDelete(ohos_testqueue);
    if (ret != LOS_OK)
    {
        printf("delete the queue failure\n");
    }
    printf("delete the queue success.\n");
}

/* *
```

```
   * @brief 消息队列函数
   * @param void
   * @retval void
*/
void Queue_hi(void)
{
    TSK_INIT_PARAM_S taskoh;
    TSK_INIT_PARAM_S taskhi;
    UINT32 task_ohID;
    UINT32 task_hiID;

    /*创建消息队列*/
    if(LOS_QueueCreate("ohos_queue", 10, &ohos_testqueue, 0, 100) != LOS_OK)
    {
        printf("create queue failure\n");
    }
    printf("create the queue success.\n");

    /*锁任务调度*/
    LOS_TaskLock();

    /*创建任务 1*/
    taskoh.pfnTaskEntry = (TSK_ENTRY_FUNC)Queue_task_ohos;
    taskoh.pcName = "Queue_task_ohos";
    taskoh.uwStackSize = 1024;
    taskoh.usTaskPrio = 8;
    if (LOS_TaskCreate(&task_ohID, &taskoh) != LOS_OK)
    {
        printf("taskoh create failed.\n");
        return;
    }

    /*创建仼务 2*/
    taskhi.pfnTaskEntry = (TSK_ENTRY_FUNC)Queue_task_hi3861;
    taskhi.pcName = "Queue_task_hi3861";
    taskhi.uwStackSize = 1024;
    taskhi.usTaskPrio = 5;
    if (LOS_TaskCreate(&task_hiID, &taskhi) != LOS_OK)
```

```
    {
        printf("taskhi create failed.\n");
        return;
    }


    /*解锁任务调度*/
    LOS_TaskUnlock();
    return;
}
/*运行函数*/
SYS_RUN(Queue_hi);
```

对以上代码编译后的运行结果如图 4-16 所示。

```
wifi init success!
hilog will init.
hievent will init.
hievent init success.
create the queue success.
send message successsful.

hiview init success.


!!!recv message: hello ohos!!!

delete the queue success.
No crash dump found!
```

图 4-16　消息队列的程序运行结果

4.5.4　信号量

在多任务操作系统中，不同的任务之间需要同步运行，信号量可以为用户提供这方面的支持。

1. 信号量的概念

信号量(semaphore)是一种实现任务间通信的机制，可以实现任务间同步或共享资源的互斥访问。

信号量可以被任务获取或申请，可通过信号量索引号来唯一确定不同的信号量，每个信号量都有一个计数值和任务队列。

通常一个信号量的计数值用于对应有效的资源数，表示剩下的可使用的共享资源数，其值的含义分两种情况："0"表示当前不可获取该信号量，因此可能存在正在等待该信号

量的任务；正值表示获取该信号量当前可。

当任务申请信号量时，如果申请成功，则信号量的计数值递减，若申请失败，则任务被挂起在该信号量的等待任务队列上，一旦有任务释放该信号量，则等待任务队列中的任务被唤醒并开始执行。

信号量可分为二值信号量、计数信号量、互斥信号量和递归信号量。

(1) 二值信号量。二值信号量是只有一个消息的队列，队列有两种状态：空或者满。

(2) 计数信号量。计数信号量可以看作长度大于 1 的消息队列，用于计数，信号量的计数值表示还有多少个事件未处理。当某个事件 A 发生时，任务或者中断释放一个信号量(信号量计数值加 1)；当某个事件 B 发生时，任务或者中断取走一个信号量(信号量计数值减 1)。

(3) 互斥信号量。互斥信号量是一种特殊的二值信号量，用于保护临界资源，其创建之后信号个数是满的，即为 1；在任务需要时先获取互斥信号量，使其为空，即为 0，这样其他任务要获取该信号量时，由于信号量为空，因此任务会处于阻塞状态，从而保证共享资源的安全。

(4) 递归信号量。递归信号量是可以重复获取调用的信号量，已经获取递归互斥信号量的任务可以重复获取递归互斥信号量，获取几次，就需要释放几次。

2. 信号量运行原理

初始化信号量时，为配置的 N 个信号量申请内存(N 值可以由用户自行配置)，并把所有信号量初始化成未使用，加入未使用链表中供系统使用。

(1) 创建信号量：从未使用的信号量链表中获取一个信号量，并设定初值。

(2) 申请信号量：若信号量的计数值大于 0，则直接减 1 返回成功；否则任务阻塞，等待其他任务释放该信号量，超时时间可设定。当任务被一个信号量阻塞时，将该任务挂到信号量等待任务队列的队尾。

(3) 释放信号量：若没有任务等待该信号量，则直接将计数器加 1 返回；否则唤醒该信号量等待任务队列上的第一个任务。

(4) 删除信号量：将正在使用的信号量置为未使用信号量，并挂回未使用链表。

如图 4-17 所示，当多个任务访问公共资源时，若信号量接收任务数量达到最大任务数量，则其他任务需要等待，直到有任务释放信号量。

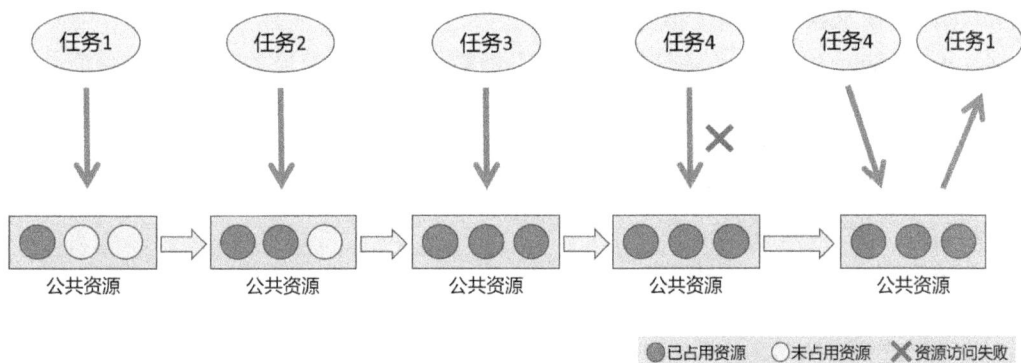

图 4-17 信号量运行示意图

3. 信号量接口及应用

1) 信号量接口

OpenHarmony LiteOS-M 内核提供了创建和删除信号量、申请信号量、释放信号量等功能接口，各接口名称及功能如表 4-8 所示。

表 4-8　信号量接口及功能

功能分类	接口名称	功能描述
创建和删除信号量	LOS_SemCreate	创建信号量，返回信号量 ID
	LOS_BinarySemCreate	创建二值信号量，其计数值最大为 1
	LOS_SemDelete	删除指定的信号量
申请/释放信号量	LOS_SemPend	申请指定的信号量，并设置超时时间
	LOS_SemPost	释放指定的信号量

2) 信号量的应用

信号量的一般开发流程如下：

(1) 调用 LOS_SemCreate 接口创建信号量，若要创建二值信号量则调用 LOS_Binary SemCreate 接口。

(2) 调用 LOS_SemPend 接口申请信号量。

(3) 调用 LOS_SemPost 接口释放信号量。

(4) 调用 LOS_SemDelete 接口删除信号量。

下面通过一个示例来展示信号量接口的使用。

本示例需要完成以下功能：

(1) 测试任务 Sem_hi 创建一个信号量，锁任务调度，创建两个任务 Sem_task_ohos、Sem_task_hi3861，Sem_task_hi3861 优先级高于 Sem_task_ohos，两个任务申请同一信号量，解锁任务调度后两个任务阻塞，测试任务 Sem_hi 释放信号量。

(2) 任务 Sem_task_hi3861 得到信号量，被调度，然后任务休眠 200 Tick，Sem_task_hi3861 延迟，任务 Sem_task_ohos 被唤醒。

(3) 任务 Sem_task_ohos 定时阻塞模式申请信号量，等待时间为 20 Tick，因信号量仍被 Sem_task_hi3861 持有，故 Sem_task_ohos 挂起，20 Tick 后仍未得到信号量，任务 Sem_task_ohos 被唤醒，试图以永久阻塞模式申请信号量，Sem_task_ohos 挂起。

(4) 200 Tick 后 Sem_task_hi3861 被唤醒，释放信号量后，Sem_task_ohos 得到信号量被调度运行，最后释放信号量。

(5) 实现功能的具体代码如下：

```
#include <stdio.h>
#include "los_task.h"
#include "los_sem.h"
```

```
#include "ohos_init.h"
#include "ohos_types.h"

/*信号量 ID*/
STATIC UINT32 ohos_testsem;

/* *
 * @brief 测试信号量任务
 * @param void
 * @retval void
*/
void Sem_task_ohos(void)
{
    UINT32 ret;

    printf("taskoh try get sem ohos_testsem, timeout 20 ticks.\n");
    /*申请信号量，等待 20 Tick*/
    ret = LOS_SemPend(ohos_testsem, 20);
    /*申请到信号量*/
    if (ret == LOS_OK)
    {
        /*释放信号量*/
        LOS_SemPost(ohos_testsem);
        return;
    }
    /*超时未申请到信号量*/
    if (ret == LOS_ERRNO_SEM_TIMEOUT)
    {
        printf("taskoh timeout and try get sem ohos_testsem wait forever.\n");
        /*永久阻塞模式申请信号量*/
        if (LOS_SemPend(ohos_testsem, LOS_WAIT_FOREVER) == LOS_OK)
        {
            printf("taskoh wait_forever and get sem ohos_testsem.\n");
            /*释放信号量*/
            LOS_SemPost(ohos_testsem);
            return;
        }
    }
}
```

```
}

/* *
  * @brief 信号量阻塞任务
  * @param void
  * @retval void
*/
void Sem_task_hi3861(void)
{
    printf("taskhi try get sem ohos_testsem wait forever.\n");
    /*永久阻塞模式申请信号量*/
    if (LOS_SemPend(ohos_testsem, LOS_WAIT_FOREVER) = = LOS_OK)
    {
        printf("taskhi get sem ohos_testsem and then delay 200 ticks.\n");
    }

    /*任务休眠 200 Tick*/
    LOS_TaskDelay(200);

    /*释放信号量*/
    if (LOS_SemPost(ohos_testsem) = = LOS_OK)
    {
        printf("taskhi post sem ohos_testsem.\n");
    }
    return;
}

/* *
  * @brief 消息队列函数
  * @param void
  * @retval void
*/
void Sem_hi(void)
{
    TSK_INIT_PARAM_S taskoh;
    TSK_INIT_PARAM_S taskhi;
    UINT32 task_ohID;
    UINT32 task_hiID;
```

```
/*创建信号量*/
LOS_SemCreate(0, &ohos_testsem);

/*锁任务调度*/
LOS_TaskLock();

/*创建任务 1*/
taskoh.pfnTaskEntry = (TSK_ENTRY_FUNC)Sem_task_ohos;
taskoh.pcName = "Sem_task_ohos";
taskoh.uwStackSize = 1024;
taskoh.usTaskPrio = 8;
if (LOS_TaskCreate(&task_ohID, &taskoh) != LOS_OK)
{
    printf("taskoh create failed.\n");
    return;
}

/*创建任务 2*/
taskhi.pfnTaskEntry = (TSK_ENTRY_FUNC)Sem_task_hi3861;
taskhi.pcName = "Sem_task_hi3861";
taskhi.uwStackSize = 1024;
taskhi.usTaskPrio = 5;
if (LOS_TaskCreate(&task_hiID, &taskhi) != LOS_OK)
{
    printf("taskhi create failed.\n");
    return;
}

/*解锁任务调度*/
LOS_TaskUnlock();

/*释放信号量*/
LOS_SemPost(ohos_testsem);

/*任务休眠 400 Tick*/
LOS_TaskDelay(400);
```

```
    /*删除信号量*/
    LOS_SemDelete(ohos_testsem);
    return;
}
/*运行函数*/
SYS_RUN(Sem_hi);
```

对以上代码编译后的运行结果如图 4-18 所示。

```
hilog will init.
hievent will init.
hievent init success.
taskhi try get sem ohos_testsem wait forever.
taskhi get sem ohos_testsem and then delay 200 ticks.
taskoh try get sem ohos_testsem, timeout 20 ticks.

taskoh timeout and try get sem ohos_testsem wait forever.
No crash dump found!

taskhi post sem ohos_testsem.
taskoh wait_forever and get sem ohos_testsem.
hiview init success.
```

图 4-18　信号量功能的程序运行结果

4.6

LiteOS-M 时间管理

时间管理是操作系统中一个非常重要的功能，操作系统通过对时间的管理，确保各个进程的协调运行，保证系统的正常运转。

4.6.1　时间管理的基本概念

在操作系统中，时钟是用来度量时间的装置，它可以是硬件装置，也可以通过软件来实现。

通过软件来实现的系统时钟是由定时器/计数器产生的输出脉冲触发中断生成的，一般将其定义为整数或长整数。输出脉冲的周期叫作一个"时钟滴答"，也称为一个 Tick。

LiteOS-M 内核的时间管理以系统时钟为基础，给应用程序提供所有和时间有关的服务。不同于用户的计时方式是以 s、ms 为单位，操作系统是以 Tick 为单位计时的。当用户需要对系统进行操作时，例如任务挂起、延时等，需要通过时间管理模块对 Tick 和 s/ms 进行时间转换。

操作系统最小的计时单位是 Cycle，Cycle 的时长由系统主时钟频率决定，系统主时钟频率就是每秒钟的 Cycle 数。

Tick 是操作系统的基本时间单位，由用户配置的每秒 Tick 数决定。假如用户配置每秒 Tick 数为 1000，则 1 个 Tick 等于 1 ms 的时长。

在 LiteOS-M 内核中提供的系统时钟的 Tick 数是 10 ms。

4.6.2 时间管理接口及应用

时间管理

1) 时间管理接口

OpenHarmony LiteOS-M 内核的时间管理提供了时间转换、时间统计、时间注册、延时管理等功能接口，各接口名称及功能如表 4-9 所示。

表 4-9 时间管理接口及功能

功能分类	接 口 名 称	功 能 描 述
时间转换	LOS_MS2Tick	毫秒转换成 Tick
	LOS_Tick2MS	Tick 转换为毫秒
	OsCpuTick2MS	Cycle 数转换为毫秒，使用 2 个 UINT32 类型的数值分别表示结果数值的高、低 32 位
	OsCpuTick2US	Cycle 数转换为微秒，使用 2 个 UINT32 类型的数值分别表示结果数值的高、低 32 位
时间统计	LOS_SysClockGet	获取系统时钟
	LOS_TickCountGet	获取自系统启动以来的 Tick 数
	LOS_CyclePerTickGet	获取每个 Tick 多少 Cycle 数
	LOS_CurrNanosec	获取自系统启动以来的纳秒数
时间注册	LOS_TickTimerRegister	重新注册系统时钟的定时器和对应的中断处理函数
延时管理	LOS_UDelay	以 μs 为单位的忙等，但可以被优先级更高的任务抢占
	LOS_MDelay	以 ms 为单位的忙等，但可以被优先级更高的任务抢占

2) 时间管理的应用

时间管理的一般开发流程如下：

(1) 确认配置项 LOSCFG_BASE_CORE_TICK_HW_TIME 为 YES 开启状态。

(2) 在 los_config.h 中配置每秒的 Tick 数 LOSCFG_BASE_CORE_TICK_PER_SECOND。

(3) 调用时钟转换接口获取系统 Tick 数。

(4) 调用时间统计接口 LOS_TickCountGet 获取全局 g_ullTickCount。

下面通过一个示例来展示时间管理接口的使用。

在本示例中主要的时间管理的基本方法包括:

(1) 时间转换:将毫秒数转换为 Tick 数。

(2) 时间统计:每 Tick 的 Cycle 数、自系统启动以来的 Tick 数和延迟后的 Tick 数。

示例具体的代码如下:

```c
#include <stdio.h>
#include "los_sys.h"
#include "ohos_init.h"
#include "ohos_types.h"

/* *
  * @brief Tick 与 ms 互相转换函数
  * @param void
  * @retval void
*/
void Ohos_Tick_Ms(void)
{
    UINT32 ms_ohos;
    UINT32 tick_ohos;
    /*1 s=100 Tick=1000 ms*/
    /*1000 ms 转换为 100 Tick*/
    tick_ohos = LOS_MS2Tick(1000);
    printf("tick = %d \n", tick_ohos);

    /*100 Tick 转换为 1000 ms*/
    ms_ohos = LOS_Tick2MS(100);
    printf("ms = %d \n", ms_ohos);

}

/* *
  * @brief 延时 Tick 函数
  * @param void
  * @retval void
```

```
*/
void Ohos_Tick_Time(void)
{
    UINT32 tick_ohos;
    UINT64 tick_before;
    UINT64 tick_after;

    /*1 s 的周期数，根据设备变动*/
    tick_ohos   = LOS_CyclePerTickGet();
    printf("LOS_CyclePerTickGet = %d \n", tick_ohos);

    /*延时 1 s 的 Tick 数*/
    tick_before = LOS_TickCountGet();            //延时 1 s 前 Tick 数
    printf("LOS_TickCountGet before delay rising = %d \n", (UINT32)tick_before);
    LOS_TaskDelay(100);
    tick_after = LOS_TickCountGet();             //延时 1 s 后 Tick 数
    printf("LOS_TickCountGet after delay rising = %d \n", (UINT32)tick_after);
    printf("LOS_TickCountGet after delay rising = %d \n", (UINT32)(tick_after - tick_before));
}

/* *
 * @brief 主函数
 * @param void
 * @retval void
*/
void Tick_hi(void)
{
    Ohos_Tick_Ms();
    Ohos_Tick_Time();
    return;
}
/*运行函数*/
SYS_RUN(Tick_hi);
```

对以上代码编译后的运行结果如图 4-19 所示。

```
FileSystem mount ok.
wifi init success!
hilog will init.
hievent will init.
hievent init success.
tick = 100
ms = 1000
LOS_CyclePerTickGet = 1600000
LOS_TickCountGet before delay rising = 2

LOS_TickCountGet after delay rising = 102
LOS_TickCountGet after delay rising = 100
No crash dump found!
```

图 4-19   时间管理的程序运行结果

习   题

1. 填空题

(1) LiteOS-M 内核架构的底层支持_____等内核。

(2) 基础内核提供基础能力，包括_____、_____、_____、_____。

(3) 计算机运行过程中，出现某些意外情况需要干预时，CPU 能暂时停止当前运行的程序而去处理意外情况，处理完毕后继续返回暂停的程序继续运行，这种情况叫_____。

(4) 创建中断的接口是_____，关闭中断的接口是_____。

(5) LiteOS-M 的内核通信主要包括_____、_____、_____、_____。

2. 判断题

(1) 在 ARM Cortex-M 芯片中的中断控制器是 NVIC。(   )

(2) LiteOS 的任务一共有 32 个优先级，从 1 到 32。(   )

(3) 信号量可分为二值信号量、计数信号量和递归信号量。(   )

(4) 互斥锁的状态有且只有两种，开锁或闭锁。(   )

(5) Openharmony 中信号量的创建函数是 LOS_SemPend。(   )

3. 简答题

简要描述任务管理的开发流程及对应的函数。

第5章 LiteOS-A 内核

上一章我们学习了 LiteOS-M 内核的相关知识，本章我们来学习小型系统所使用的 LtieOS-A 内核。

5.1

LiteOS-A 内核简介

LiteOS-A 适用于小型系统，使用应用处理器例如 ARM Cortex-A 系列，支持的芯片如 Hi3516、STM32MP157A。

OpenHarmony LiteOS-A 内核是基于 Huawei LiteOS 内核演进发展的新一代内核，Huawei LiteOS 是面向 IoT 领域构建的轻量级物联网操作系统。

在物联网产业高速发展的潮流中，OpenHarmony LiteOS-A 内核能够带给用户小体积、低功耗、高性能的体验以及统一开放的生态系统能力，新增了丰富的内核机制、更加全面的 POSIX 标准接口以及统一驱动框架 HDF 等，为设备厂商提供了更统一的接入方式，为 OpenHarmony 的应用开发者提供了更友好的开发体验。

LiteOS-A 要求设备具备一定的处理能力，对比 LiteOS-M，LiteOS-A 支持以下特性：

(1) MMU (Memory Management Unit，存储管理部件)支持，通过 MMU 支持内核态和用户态分离，支持虚拟单元。

(2) 支持独立进程，调度对象分别为进程、线程。

(3) 支持文件系统，包括虚拟文件和块设备等。

(4) 支持更复杂的 IPC，包括 LiteIPC(轻量级进程间通信)等。

(5) 支持多核调度，支持双核 MCU，支持双核调度。

(6) 支持 POSIX3 接口，为 APP 开发提供更多帮助。

LiteOS-A 内核特性都是建立在 CPU 硬件的基础上的，而中断控制器在支持 LiteOS-A 内核的 CPU 中发挥着巨大的作用，它管理和控制可屏蔽中断并对可屏蔽中断进行优先权判定，减少 CPU 的负载，使得 CPU 更加专注于计算。

LiteOS-A 的源码目录如下：

```
/kernel/liteos_a
├── apps                    #用户态的 init 和 shell 应用程序
├── arch                    #体系架构的目录，如 arm 等
│   └── arm                 #arm 架构代码
├── bsd                     #freebsd 相关的驱动和适配层模块代码引入，例如 USB 等
├── compat                  #内核接口兼容性目录
│   └── posix               #posix 相关接口
├── drivers                 #内核驱动
│   └── char                #字符设备
│       ├── mem             #访问物理 IO 设备驱动
│       ├── quickstart      #系统快速启动接口目录
│       ├── random          #随机数设备驱动
│       └── video           #framebuffer 驱动框架
├── figures                 #内核架构图
├── fs                      #文件系统模块，主要来源于 NuttX 开源项目
│   ├── fat                 #fat 文件系统
│   ├── jffs2               #jffs2 文件系统
│   ├── include             #对外暴露头文件存放目录
│   ├── nfs                 #nfs 文件系统
│   ├── proc                #proc 文件系统
│   ├── ramfs               #ramfs 文件系统
│   └── vfs                 #vfs 层
├── kernel                  #进程、内存、IPC 等模块
│   ├── base                #基础内核，包括调度、内存等模块
│   ├── common              #内核通用组件
│   ├── extended            #扩展内核，包括动态加载、vdso、liteipc 等模块
│   ├── include             #对外暴露头文件存放目录
│   └── user                #加载 init 进程
├── lib                     #内核的 lib 库
├── net                     #网络模块，主要来源于 lwip 开源项目
├── platform                #支持不同的芯片平台代码，如 Hi3516DV300 等
│   ├── hw                  #时钟与中断相关逻辑代码
│   ├── include             #对外暴露头文件存放目录
│   └── uart                #串口相关逻辑代码
├── security                #安全特性相关的代码，包括进程权限管理和虚拟 id 映射管理
├── shell                   #接收用户输入的命令，内核去执行
├── syscall                 #系统调用
```

```
├── testsuilts          #测试套件
└── tools               #构建工具及相关配置和代码
```

5.1.1　LiteOS-A 内核架构

LiteOS-A 内核架构分为内核空间和用户空间，如图 5-1 所示。

LiteOS-A 内核

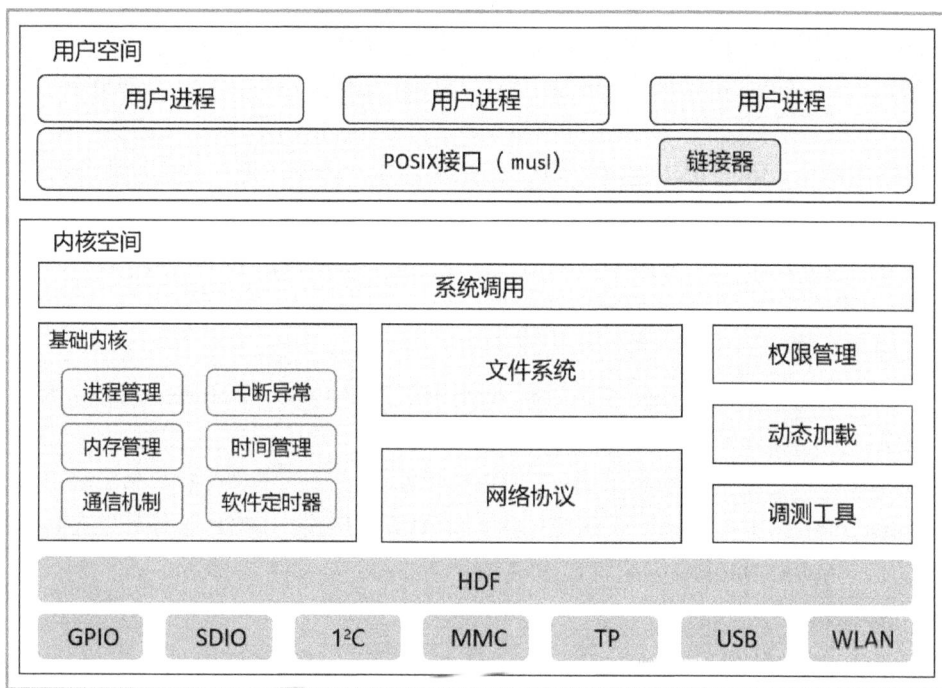

图 5-1　LiteOS-A 内核架构

1. 内核空间

内核空间主要由基础内核、扩展组件、HDF 驱动框架等组成。

1) 基础内核

基础内核主要包括内核的基础机制，如进程管理、内存管理、中断异常、时间管理、通信机制等。

(1) 进程管理：支持进程和线程，采用了高优先级优先、同优先级时间片轮转的抢占式调度机制。

(2) 内存管理：对物理内存和虚拟内存分别进行管理。

(3) 中断异常：对中断进行管理及处理异常事件。

(4) 时间管理：对操作系统时间进行管理，提供给应用程序所有和时间有关的服务。

(5) 通信机制：包括事件、信号量、互斥锁、消息队列、信号等。

2) 扩展组件

扩展组件主要包括文件系统、网络协议、权限管理、动态加载、调测工具等。

(1) 文件系统：轻量级内核支持 FAT、JFFS2、NFS、ramfs、procfs 等众多文件系统，并对外提供完整的 POSIX 标准的操作接口；内部使用 VFS(Virtual File Systems，虚拟文件系统)层作为统一的适配层框架，方便移植新的文件系统，各个文件系统也能自动利用 VFS 层提供的丰富的功能。

(2) 网络协议：网络协议基于开源 LWIP(Light Weight IP)协议构建，对 LWIP 的 RAM 占用进行优化，同时提高 LWIP 的传输性能。

LiteOS-A 内核支持的协议有：

IP 协议，包括 IPv4 和 IPv6，支持 IP 分片与重装，支持多网络接口下数据包转发；ICMP 协议，用于网络调试维护；ND(Neighbor Discovery)协议，IPv6 邻居发现协议；MLD 协议，组播侦听发现协议，用于 IPv6 组播中组成员管理；UDP 协议，用户数据包协议；TCP，支持 TCP 拥塞控制、RTT 估计、快速恢复和快速重传等；IGMP，用于网络组管理，可以实现多播数据的接收；ARP 协议，地址解析协议；PPP 协议，包括 PPPoS(串口点对点通信协议)、PPPoE(基于以太网的点对点通信协议)。

LiteOS-A 内核支持的 API 接口为 socket API。

LiteOS-A 内核所具有的扩展特性包括多网络接口 IP 转发、TCP 拥塞控制、RTT 估计和快速恢复、快速重传。

LiteOS-A 内核适用的应用程序有：HTTP(S)服务、SNTP 客户端、SMTP(S)客户端、ping 工具、NetBIOS 名称服务、mDNS 响应程序、MQTT 客户端、TFTP 服务、DHCP 客户端、DNS 客户端、AutoIP/APIPA(零配置)、SNMP 代理。

3) HDF 框架

HDF 框架是外设驱动统一标准框架，提供了 GPIO、SDIO、I^2C、USB、WLAN 等各种外设接口方式。

HDF 框架所具有的特性如下：

(1) 支持多内核平台。

(2) 支持用户态驱动。

(3) 可配置组件化驱动模型。

(4) 基于消息的驱动接口模型。

(5) 基于对象的驱动、设备管理。

(6) HDI(Hardware Driver Interface)统一硬件接口。

(7) 支持电源管理、PnP(Plug-and-Play，即插即用)。

2. 用户空间

LiteOS-A 内核架构的顶部是用户空间，用户空间主要由用户进程和 POSIX 接口组成。

OpenHarmony 内核使用 musl libc 库，支持标准 POSIX 接口，开发者可基于 POSIX 标准接口开发内核之上的组件及应用。

5.1.2　LiteOS-A 内核态启动流程

LiteOS-A 内核态启动流程包含汇编启动阶段和 C 语言启动阶段两部分，如图 5-2 所示。

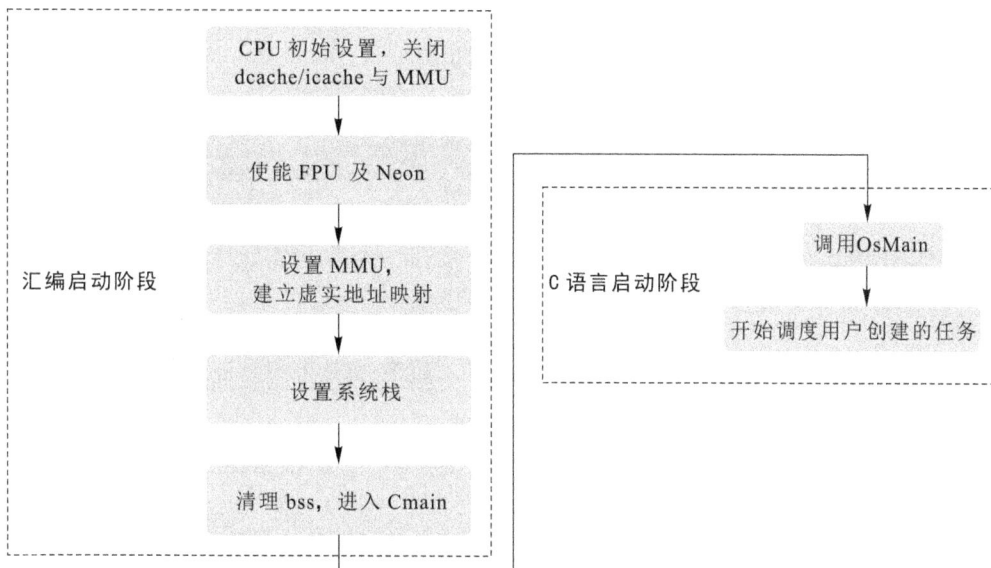

图 5-2　LiteOS-A 内核态启动流程

在汇编启动阶段完成 CPU 初始设置，关闭 dcache/icache(数据高速缓存/指令高速缓存)与 MMU，使能 FPU(Floating Point Unit，浮点处理单元)及 Neon(扩展指令集)，设置 MMU并建立虚实地址映射，设置系统栈，清理 bss 段(用来存放程序中未初始化的全局变量的内存区域)，调用 C 语言 main 函数等。

C 语言启动阶段包含调用 OsMain 函数及开始调度用户创建的任务等。

OsMain 函数用于内核基础初始化和架构、板级初始化等，其整体由内核启动框架主导初始化流程，如图 5-3 所示。

OsMain 函数中各层级说明如下：

① LOS_INIT_LEVEL_EARLIEST：最早期初始化。该函数不依赖架构，单板以及后续模块会对其有依赖的纯软件模块初始化，例如内核 Trace 模块初始化。

② LOS_INIT_LEVEL_ARCH_EARLY：架构早期初始化。该函数与架构相关，后续模块会对其有依赖的模块初始化，如对于启动过程中非必需的功能建议放到⑥LOS_INIT_LEVEL_ARCH 层。

③ LOS_INIT_LEVEL_PLATFORM_EARLY：平台早期初始化。该函数与单板平台、驱动相关，后续模块会对其有依赖的模块初始化，如启动过程中必需的功能，建议放到⑦LOS_INIT_LEVEL_PLATFORM 层。

④ LOS_INIT_LEVEL_KMOD_PREVM：内存初始化前的内核模块初始化。该函数在内存初始化之前需要使能模块初始化。

⑤ LOS_INIT_LEVEL_VM_COMPLETE：基础内存就绪后的初始化。此时内存初始化

完毕，内核需要进行使能且不依赖进程间通信机制与系统进程的模块初始化。

⑥ LOS_INIT_LEVEL_ARCH：架构后期初始化。该函数与架构拓展功能相关，后续模块会对其有依赖的模块初始化。

⑦ LOS_INIT_LEVEL_PLATFORM：平台后期初始化。该函数与单板平台、驱动相关，后续模块会对其有依赖的模块初始化，例如驱动内核抽象层初始化(mmc、mtd)。

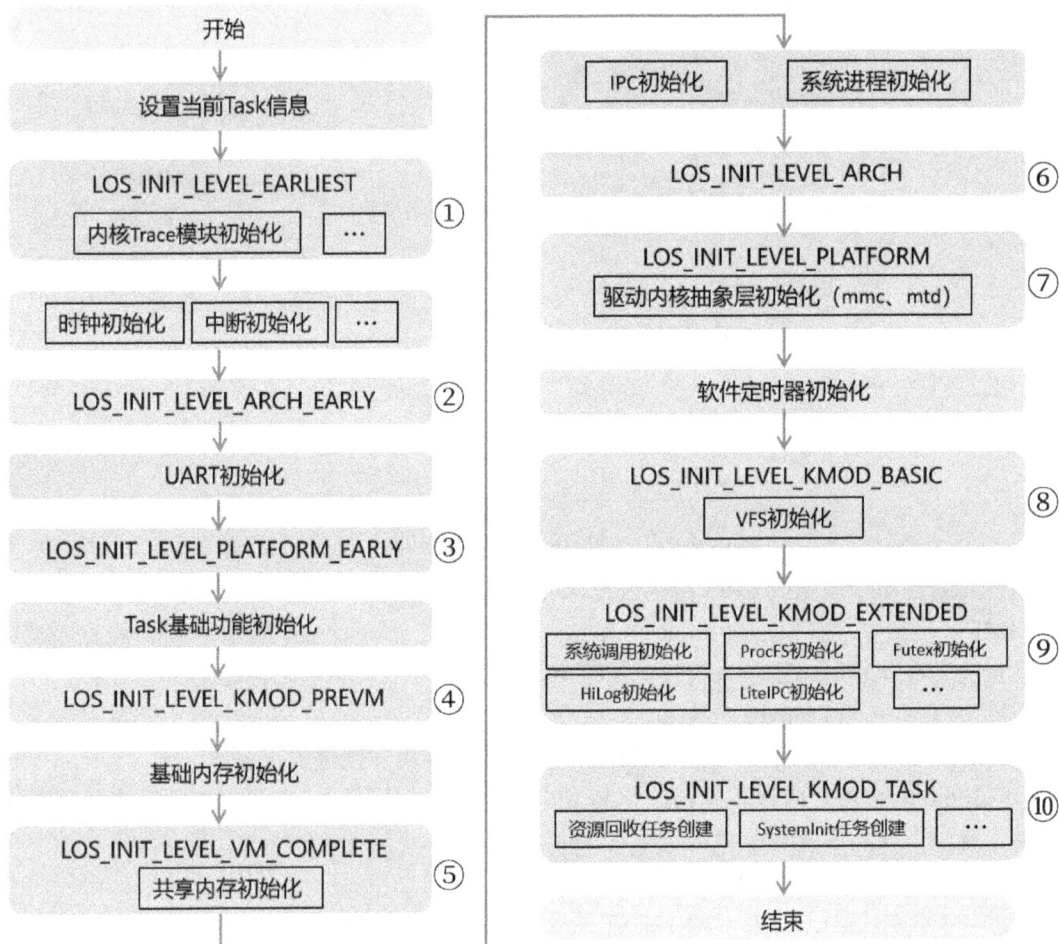

图 5-3 OsMain 函数

⑧ LOS_INIT_LEVEL_KMOD_BASIC：内核基础模块初始化。该函数用于内核可拆卸的基础模块初始化，例如 VFS 初始化。

⑨ LOS_INIT_LEVEL_KMOD_EXTENDED：内核扩展模块初始化。该函数用于内核可拆卸的扩展模块初始化，例如系统调用初始化、ProcFS 初始化、Futex 初始化、HiLog 初始化、LiteIPC 初始化。

⑩ LOS_INIT_LEVEL_KMOD_TASK：内核任务创建。该函数用于进行任务(包括内核任务和软件定时器任务)的创建，例如资源回收系统常驻任务的创建、SystemInit 任务创建、CPU 占用率统计任务创建等。

5.1.3　LiteOS-A 用户态启动流程

LiteOS-A 用户态启动是从根进程开始的。根进程是系统的第一个用户态进程，进程 ID 为 1。用户态启动进程树示意图如图 5-4 所示。

LiteOS-A 内核态启动

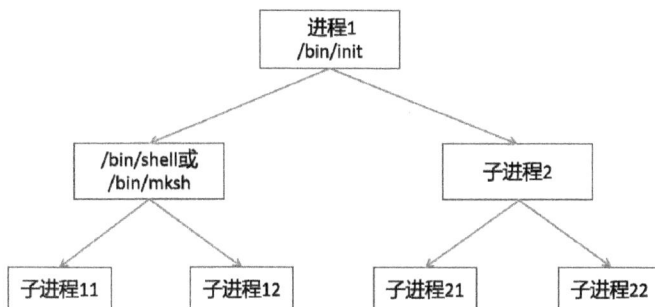

进程 1 接下来会创建和启动其他的用户态进程，例如/bin/shell。

图 5-4　用户态启动进程树示意图

鸿蒙系统中的 init 进程作用类似于 Linux 中的 init 进程，主要作用是在完成系统启动后而用户可以操作前的一些初始化操作，例如孵化一些用户的服务、创建一些必要的文件目录结构等。

init 进程是由 SystemInit()函数来启动的，SystemInit()函数代码如下所示：

```
SystemInit()
    ProcFsInit();
    mem_dev_register();
    imx6ull_driver_init();
    imx6ull_mount_rootfs();
    DeviceManagerStart();                //HDF，加载驱动，使外设可以正常工作。
    uart_dev_init();
    ...
    OsUserInitProcess();
```

在 SystemInit() 函数中，通过 OsUserInitProcess()启动 init 进程，具体是通过 OsUserInitProcessStart()函数来实现的。OsUserInitProcessStart()函数的代码如下：

```
STATIC UINT32 OsUserInitProcessStart(UINT32 processID, TSK_INIT_PARAM_S *param)
{
    UINT32 intSave;
    INT32 taskID;
    INT32 ret;
```

```
taskID = OsCreateUserTask(processID, param);
if (taskID < 0)
{
    return LOS_NOK;
}

ret = LOS_SetTaskScheduler(taskID, LOS_SCHED_RR,OS_TASK_PRIORITY_LOWEST);
if (ret < 0)
{
    PRINT_ERR("User init process set scheduler failed! ERROR:%d \n", ret);
    SCHEDULER_LOCK(intSave);
    (VOID)OsTaskDeleteUnsafe(OS_TCB_FROM_TID(taskID), OS_PRO_EXIT_OK, intSave);
    return -ret;
}

return LOS_OK;
}
```

5.2

中断与异常处理

5.2.1 中断与异常处理的概念和机制

中断与异常处理的概念和机制

通过中断机制,可以使 CPU 避免把大量时间耗费在等待、查询外设状态的操作上,从而大大提高系统实时性以及执行效率。

异常处理是操作系统对运行期间发生的异常情况(芯片硬件异常)进行处理的一系列动作,例如虚拟内存缺页异常、打印异常发生时函数的调用栈信息、CPU 现场信息、任务的堆栈情况等。

下面介绍 LiteOS-A 的中断与异常处理流程。

外设可以在没有 CPU 介入的情况下完成一定的工作,但某些情况下也需要 CPU 为其执行一定的操作。当外设需要 CPU 时,将产生一个中断信号,并将该信号发送至中断控制器。中断控制器一方面接收来自其他外设中断引脚的输入信号,另一方面它会发送中断信号给 CPU。可以通过对中断控制器编程来打开和关闭中断源、设置中断源的优先级和触发方式。

常用的中断控制器有 VIC 和 GIC。

LiteOS-A 内核支持 ARM 公司的 Cortex-A/R 系列芯片，GIC 是 Cortex-A/R 系列芯片的一个中断控制器，类似 Cortex-M 中的 NVIC。

GIC 有 4 个版本 v1～v4，v2 版本是给 ARMv7-A 架构使用的，比如 Cortex-A5、Cortex-A7、Cortex-A9、Cortex-A15 等。

GIC 接收到外部中断信号后汇报给 ARM 内核，ARM 内核提供了 4 个信号给 GIC 来汇报中断情况：VFIQ、VIRQ、FIQ 和 IRQ，如图 5-5 所示。其中，FIQ(Fast Interrupt Request) 为快速中断请求，IRQ(Interrupt Request) 为中断请求，VFIQ 为虚拟 FIQ，VIRQ 为虚拟外部 IRQ。

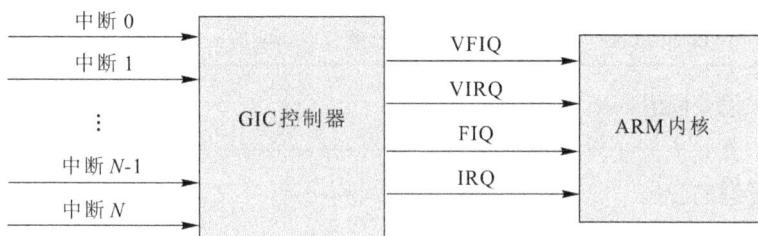

图 5-5　GIC 汇报中断情况示意图

GIC 接收众多的外部中断信号，并对其进行处理，最终通过 4 个信号汇报给 ARM 内核。

LiteOS-A 当前支持 ARMv7-A 指令集架构，以 ARMv7-A 架构为例，中断与异常处理的入口为中断向量表，中断向量表包含各个中断与异常处理的入口函数，如表 5-1 所示。

表 5-1　中断向量表

入　口　函　数	异常中断名称
reset vector	复位
osExceptUndefInstrHdl	未定义的指令
osExceptSwiHdl	软件中断
osExceptPrefetchAbortHdl	预取指令中止
osExceptDataAbortHdl	数据访问中止
osExceptAddrAbortHdl	地址异常中止
osIrqHandler	外部中断请求
osExceptFiqHdl	快速中断请求

5.2.2　中断管理接口及应用

在 LiteOS-A 内核中异常处理为内部机制，不对外提供接口，对外只提供中断接口。

1. 中断管理接口

OpenHarmony LiteOS-A 内核的中断模块提供的接口跟 LiteOS-M 基本相同，包括创建中断、删除中断、打开和关闭中断等功能接口，各接口名称及功能如表 5-2 所示。

表 5-2   中断处理接口及功能

功能分类	接口名称	功 能 描 述
创建中断	LOS_HwiCreate	创建中断，注册中断号、中断触发模式、中断优先级、中断处理程序。触发中断时，会调用该中断处理程序
删除中断	LOS_HwiDelete	根据指定的中断号删除中断
打开中断	LOS_IntUnLock	打开当前处理器所有中断响应
关闭中断	LOS_IntLock	关闭当前处理器所有中断响应
恢复中断	LOS_IntRestore	与 LOS_IntLock 配套使用，恢复到使用 LOS_IntLock 关闭所有中断之前的状态

2. 中断管理的应用

中断管理的一般开发流程如下：

(1) 调用 LOS_HwiCreate 接口创建中断。

(2) 调用 LOS_HwiDelete 接口删除指定的中断，此接口根据实际情况使用，判断是否需要删除中断。

5.3

LiteOS-A 进程管理

LiteOS-A 进程管理

LiteOS-A 内核提供了进程管理模块，主要包括进程管理、任务管理和调度器等功能。进程管理模块支持线程和进程，主要为用户提供多个进程，实现进程之间的切换和通信，帮助用户管理业务程序流程。

5.3.1   进程管理

1. 进程的概念

进程是系统资源管理的基本单元。OpenHarmony LiteOS-A 内核提供的进程模块主要用于实现用户态进程的隔离，不涉及内核态进程。

进程模块主要为用户提供多个进程，实现进程之间的切换和通信，帮助用户管理业务程序流程。

进程采用抢占式调度机制，采用高优先级优先、同优先级时间片轮转的调度算法。

进程一共有 32 个优先级(0～31)，用户进程可配置的优先级有 22 个(10～31)，最高优先级为 10，最低优先级为 31。

高优先级进程可抢占低优先级进程，低优先级进程必须在高优先级进程阻塞或结束后才能得到调度。

每一个用户态进程均拥有自己独立的进程空间，相互之间不可见，实现了进程间隔离。用户态根进程 init 由内核态创建，其他用户态子进程均由 init 进程创建。

2. 进程的状态

进程类似任务，有多种状态，各状态之间的关系如图 5-6 所示。

初始化(init)：正在创建进程。

就绪(ready)态：进程在就绪列表中，等待 CPU 调度。

运行(running)态：进程正在运行。

阻塞(pending)态：进程被阻塞挂起。本进程内所有的线程均被阻塞时，进程被阻塞挂起。

僵尸(zombies)态：进程运行结束，等待父进程回收其控制块资源。

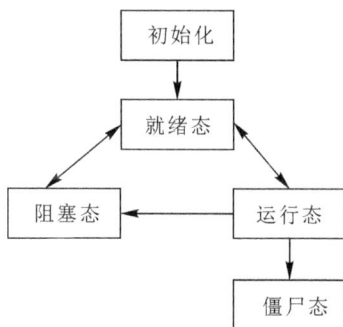

图 5-6　进程状态迁移示意图

进程各状态之间发生的迁移过程如下：

(1) 初始化→就绪态：进程创建或 fork(复刻)时，获得对应进程控制块后进入 init 状态，即进程初始化阶段，当该阶段完成后进程插入调度队列，此时进程进入就绪态。

(2) 就绪态→运行态：进程创建后进入就绪态，发生进程切换时，就绪列表中优先级最高且获得时间片的进程被执行，从而进入运行态。若此时该进程中已无其他线程处于就绪态，则该进程从被就绪列表删除，只处于运行态；若此时该进程中还有其他线程处于就绪态，则该进程依旧在就绪队列，此时进程的就绪态和运行态共存，但对外呈现的进程状态为运行态。

(3) 运行态→阻塞态：进程在最后一个线程转为阻塞态时，进程内所有的线程均处于阻塞态，此时进程同步进入阻塞态，然后发生进程切换。

(4) 阻塞态→就绪态：阻塞进程内的任意线程恢复就绪态时，进程加入就绪队列，同步转为就绪态。

(5) 就绪态→阻塞态：进程内的最后一个就绪态线程转为阻塞态时，进程被从就绪列表中删除，进程由就绪态转为阻塞态。

(6) 运行态→就绪态：

① 创建或者恢复更高优先级的进程后，会发生进程调度，此刻就绪列表中最高优先级进程变为运行态，原先运行的进程由运行态变为就绪态。

② 若进程的调度策略为 LOS_SCHED_RR(时间片轮转)，且存在同一优先级的另一个进程处于就绪态，则该进程的时间片消耗光之后，该进程由运行态转为就绪态，另一个同优先级的进程由就绪态转为运行态。

(7) 运行态→僵尸态：当进程的主线程或所有线程运行结束后，进程由运行态转为僵尸态，等待父进程回收资源。

3. 进程运行机制

进程管理主要是合理分配各个进程使用 CPU 的时间。

OpenHarmony 提供的进程模块主要用于实现用户态进程的隔离，支持用户态进程的创建、退出、资源回收，设置/获取调度参数，获取进程 ID，设置/获取进程组 ID 等。

用户态进程由 init 进程分解而来，如图 5-7 所示。fork(复刻)进程时会将父进程的进程虚拟内存空间克隆到子进程，子进程实际运行时通过写时复制机制将父进程的内容按需复制到子进程的虚拟内存空间。

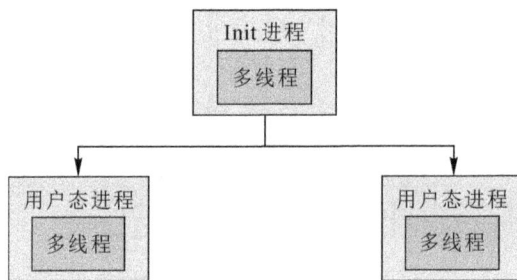

图 5-7　进程管理示意图

4. 进程管理接口

OpenHarmony LiteOS-A 内核的进程管理模块提供了进程组、用户组、创建进程等功能接口，各接口名称及功能如表 5-3 至表 5-7 所示。

表 5-3　进程及进程组接口及功能

功能分类	接 口 名 称	功 能 描 述
获取进程 ID	LOS_GetCurrProcessID	获取当前进程的进程 ID
进程组	LOS_GetProcessGroupID	获取指定进程的进程组 ID
	LOS_GetCurrProcessGroupID	获取当前进程的进程组 ID

表 5-4　用户及用户组接口及功能

功能分类	接 口 名 称	功 能 描 述
用户及用户组	LOS_GetUserID	获取当前进程的用户 ID
	LOS_GetGroupID	获取当前进程的用户组 ID
	LOS_CheckInGroups	检查指定用户组 ID 是否在当前进程的用户组内

表 5-5　进程调度控制接口及功能

功能分类	接 口 名 称	功 能 描 述
进度调度 参数控制	LOS_GetProcessScheduler	获取指定进程的调度策略
	LOS_SetProcessScheduler	设置指定进程的调度参数，包括优先级和调度策略
	LOS_SetProcessPriority	设置进程优先级
	LOS_GetProcessPriority	获取进程优先级

表 5-6　获取系统进程信息接口及功能

功能分类	接 口 名 称	功 能 描 述
获取系统 进程信息	LOS_GetSystemProcessMaximum	获取系统支持的最大进程数目
	LOS_GetUsedPIDList	获取已使用的进程 ID 列表

表 5-7　进程创建与结束接口及功能

功能分类	接 口 名 称	功 能 描 述
创建进程	LOS_Fork	创建子进程
等待进程	LOS_Wait	等待子进程结束并回收子进程
	LOS_Waitid	等待相应 ID 的进程结束
退出进程	LOS_Exit	退出进程

5.3.2　任务管理

从系统的角度看，任务(task)是竞争系统资源的最小运行单元。一个任务可以使用或等待 CPU、使用内存空间等系统资源，并独立于其他任务运行。当有多个任务时，就需要对任务进行管理。

1. 任务管理的概念

在第 4 章我们学习了任务管理的基本概念，知道一个任务表示一个线程，任务采用抢占式调度机制，同时支持时间片轮转调度和 FIFO(First Input First Output，先入先出)调度方式。

内核的任务一共有 32 个优先级(0~31)，最高优先级为 0，最低优先级为 31。当前进程内，高优先级任务可抢占低优先级任务，低优先级任务必须在高优先级任务阻塞或结束后才能得到调度。

2. 任务的状态

任务的各状态如图 5-8 所示。

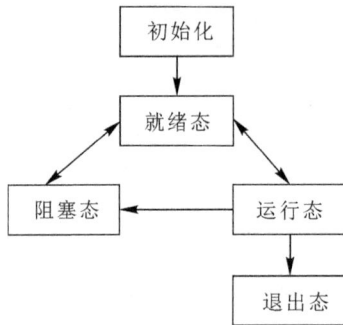

图 5-8　任务状态迁移示意图

初始化(init)：正在创建任务。

就绪(ready)态：任务在就绪队列中，等待 CPU 调度。

运行(running)态：任务正在运行。

阻塞(blocked)态：任务被阻塞挂起。blocked 状态包括 pending(因为锁、事件、信号量等阻塞)、suspended(主动挂起)、delay(延时阻塞)、pendtime(因为锁、事件、信号量时间等超时等待)。

退出(exit)态：任务运行结束，等待父任务回收其控制块资源。

任务各状态之间发生的迁移过程如下：

(1) 初始化→就绪态：任务创建时获得控制块后进入初始化阶段(init 状态)，当任务初始化完成后，任务插入调度队列，此时任务进入就绪状态。

(2) 就绪态→运行态：任务创建后进入就绪态，发生任务切换时，就绪队列中最高优先级的任务被执行，从而进入运行态，此刻该任务被从就绪队列中删除。

(3) 运行态→阻塞态：正在运行的任务被阻塞(挂起、延时、读信号量等)时，任务状态由运行态变成阻塞态，然后发生任务切换，运行就绪队列中剩余最高优先级任务。

(4) 阻塞态→就绪态：阻塞的任务恢复后(任务恢复、超出延时时间、读信号量超时或读到信号量等)，该任务会加入就绪队列，从而由阻塞态变成就绪态。

(5) 就绪态→阻塞态：任务也有可能在就绪态时被阻塞(挂起)，此时任务状态会由就绪态转变为阻塞态，该任务被从就绪队列中删除，不会参与任务调度，直到该任务恢复。

(6) 运行态→就绪态：创建或者恢复更高优先级的任务后，会发生任务调度，此刻就绪队列中最高优先级的任务变为运行态，而原先运行的任务由运行态变为就绪态，并加入就绪队列中。

(7) 运行态→退出态：运行中的任务运行结束，任务状态由运行态变为退出态。

3. 任务管理接口及应用

1) 任务管理接口

OpenHarmony LiteOS-A 内核的任务管理模块提供了创建任务、删除任务、控制任务状态、获取任务信息等几种功能接口，各接口名称及功能如表 5-8 所示。

表 5-8　任务管理接口及功能

功能分类	接口名称	功能描述
创建和删除任务	LOS_TaskCreate	创建任务, 若所创建的任务优先级比当前运行的任务优先级高且任务调度没有被锁定, 则该任务将被调度进入运行态
	LOS_TaskCreateOnly	创建并阻塞任务, 任务恢复前不会加入就绪队列中
	LOS_TaskDelete	删除指定的任务, 回收其任务控制块和任务栈所消耗的资源
控制任务状态	LOS_TaskResume	恢复挂起的任务
	LOS_TaskSuspend	挂起指定的任务, 将该任务从就绪任务队列中移除
	LOS_TaskJoin	阻塞当前任务, 等待指定的任务运行结束并回收其资源
	LOS_TaskDetach	修改任务的 joinable 属性为 detach 属性, detach 属性的任务运行结束会自动回收任务控制块资源
	LOS_TaskDelay	延迟当前执行的任务, 任务在延迟指定的时间(Tick 数)后可以被调度
	LOS_TaskYield	将当前任务从具有相同优先级的任务队列中移动到就绪任务队列的末尾
任务调度	LOS_TaskLock	锁定任务调度, 阻止任务切换
	LOS_TaskUnlock	解锁任务调度。通过该接口可以使任务锁数量减 1, 若任务多次被锁定, 那么任务调度在任务锁数量减为 0 时才会完全解锁
	LOS_GetTaskScheduler	获取指定任务的调度策略
	LOS_SetTaskScheduler	设置指定任务的调度参数, 包括优先级和调度策略
	LOS_Scheduler	触发主动的任务调度
获取任务信息	LOS_CurTaskIDGet	获取当前任务的 ID
	LOS_TaskInfoGet	获取指定任务的信息
	LOS_GetSystemTaskMaximum	获取系统支持的最大任务数
任务优先级	LOS_CurTaskPriSet	设置当前正在运行的任务的优先级
	LOS_TaskPriSet	设置指定任务的优先级
	LOS_TaskPriGet	获取指定任务的优先级
任务绑核操作	LOS_TaskCpuAffiSet	绑定指定的任务到指定的 CPU 上运行, 仅在多核下使用
	LOS_TaskCpuAffiGet	获取指定任务的绑核信息, 仅在多核下使用

2) 任务管理的应用

任务管理的一般开发流程如下:

(1) 通过 LOS_TaskCreate 接口创建一个任务。

① 指定任务的执行入口函数。

② 指定任务名。

③ 指定任务栈大小。

④ 指定任务的优先级。

(2) 使任务参与调度运行,执行用户指定的业务代码。

(3) 任务执行结束。

5.3.3 调度器

在操作系统中,调度器可以临时分配一个任务在 CPU 上执行(单位是时间片)。调度器使得同时执行多个程序成为可能,因此可以与具有各种需求的用户共享 CPU。

1. 调度器的概念

调度器(scheduler)是一个操作系统的核心部分,是 CPU 时间的管理员,负责选择最适合的就绪进程来执行。

调度器示意图如图 5-9 所示。

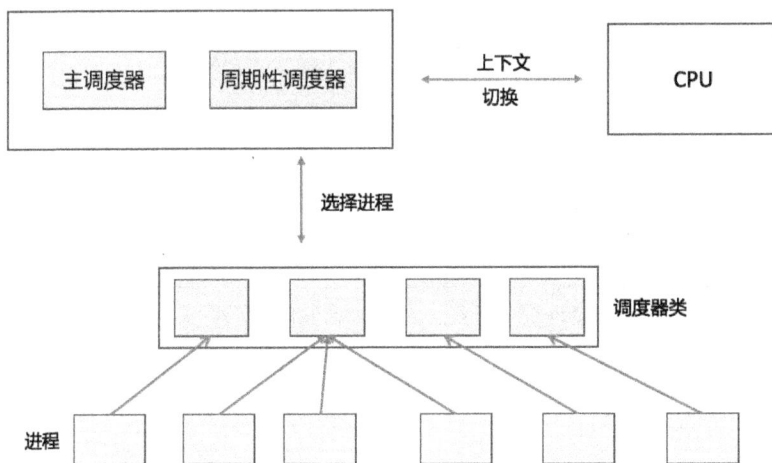

图 5-9 调度器示意图

调度器主要完成两件事:

(1) 选择某些就绪进程来执行。

(2) 打断某些执行的进程让它们变为就绪态。

操作系统还负责上下文切换,即保存切换前的寄存器内容等进程的状态,以便稍后恢复。

如果调度器支持就绪态切换到执行态,同时支持执行态切换为就绪态,则称该调度器为抢占式调度器。

主调度器通过调用 scheduler()函数来完成进程的选择和切换。周期性调度器根据频率自动调用 scheduler_tick 函数，根据进程运行时间触发调度。

上下文切换主要完成切换地址空间和切换寄存器与栈空间。

每个调度器类都有一个优先级，调度器会按照优先级顺序遍历调度器类，最后拥有一个可执行进程的最高优先级的调度器类胜出，去选择下面要执行的进程。

2. 调度器运行机制

调度器的运行机制如图 5-10 所示。

OpenHarmony 在系统启动、内核初始化之后开始调度，它将运行过程中创建的进程或线程加入调度队列，系统根据进程和线程的优先级及线程的时间片消耗情况选择最优的线程进行调度运行，一旦调度到线程，就会将其从调度队列上删除。线程在运行过程中被阻塞，会加入对应的阻塞队列中并触发一次调度，调度其他线程运行。如果调度队列上没有可以调度的线程，则系统就会选择 KIdle 进程(0 号进程)的线程进行调度运行。

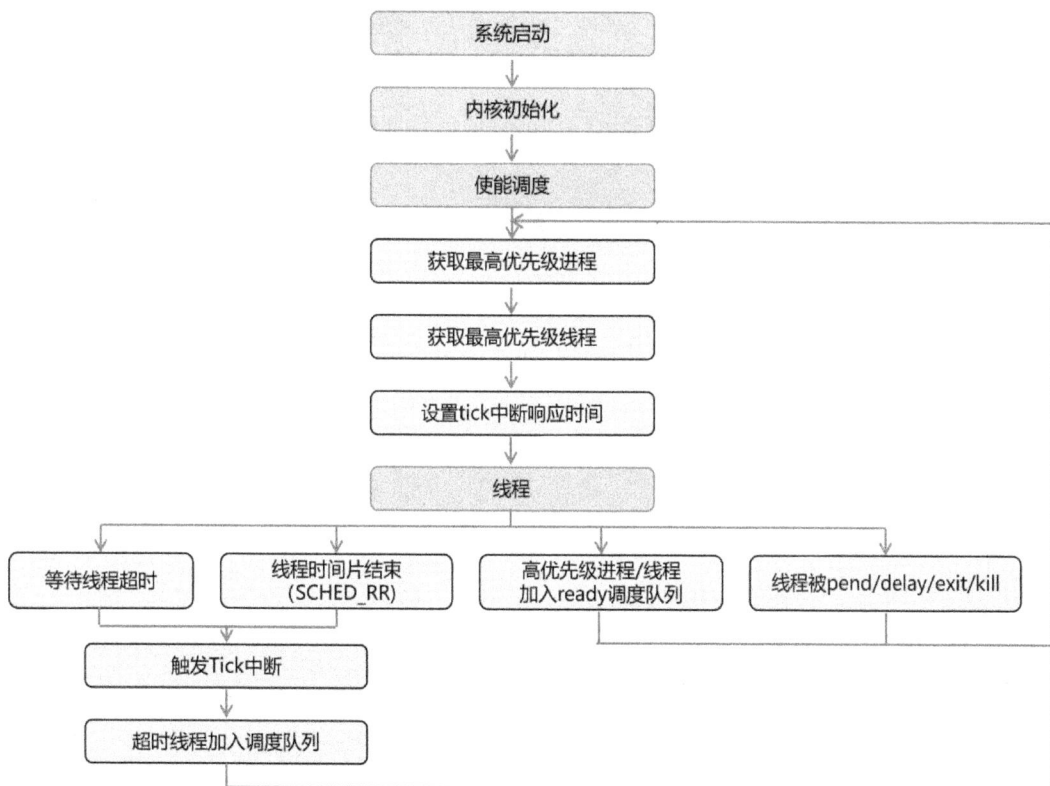

图 5-10　调度器运行机制

3. 调度器接口及应用

1) 调度器接口

OpenHarmony LiteOS-A 内核的调度器模块提供了调度相关的接口，各接口名称及功能如表 5-9 所示。

表 5-9　调度器接口及功能

功能分类	接口名称	功能描述
触发系统调度	LOS_Scheduler	触发系统调度
	LOS_GetTaskScheduler	获取指定任务的调度策略
	LOS_SetTaskScheduler	设置指定任务的调度策略
	LOS_GetProcessScheduler	获取指定进程的调度策略
	LOS_SetProcessScheduler	设置指定进程的调度参数，包括优先级和调度策略

2) 调度器的应用

下面通过编程示例来展示调度器的应用，具体代码如下：

```c
#include <stdio.h>
#include "osal_thread.h"

/* *
 * @brief 输出"hello ohos"函数
 * @param void
 * @retval void
 */
void Task_hello_ohos(void)
{
    while(1)
    {
        printf("Hello ohos!!!\r\n");
    }
}

/* *
 * @brief 任务创建函数
 * @param void
 * @retval void
 */
int main(int argc, char **argv)
{
    struct OsalThread task_ohos;                //ohos 任务 ID
    struct OsalThreadParam taskoh;              //定义 ohos 任务结构体

    taskoh.stackSize = 1028;                    //任务堆栈
    taskoh.name = "Task_hello_ohos";            //任务名称
```

```
taskoh.priority = OSAL_THREAD_PRI_LOW;              //任务优先级
/*创建任务*/
if(OsalThreadCreate(&task_ohos,Task_hello_ohos,NULL) != HDF_SUCCESS)
{
    printf("task_ohos create Failed!\r\n");
}
printf("task_ohos create successful!\r\n");
if(OsalThreadStart(&task_ohos,&taskoh) != HDF_SUCCESS)
{
    printf("task_ohos start Failed!\r\n");
}
printf("task_ohos start successful!\r\n");
}
```

对以上代码编译后的运行结果如图 5-11 所示。

图 5-11　调度器的程序运行结果

5.4

LiteOS-A 内存管理

LiteOS-A 的内存管理主要包括了堆内存管理、物理内存管理、虚拟内存管理、虚拟映射等内容。

5.4.1　堆内存管理

堆内存管理主要是动态分配并管理用户申请到的内存区间,用于用户需要使用大小不等的内存块的场景。

1. 堆内存的概念

堆内存是指在计算机系统中,当多个程序同时运行时,为了使这些进程能够共享数据、交换信息而把它们的数据存放在一个连续的区域。在操作系统中,"堆"被定义为由一块连续的内存空间组成的存储区域。

当应用程序需要从磁盘读取数据时(如打开文件),就会先到该区域中寻找合适的块来存放所读内容;如果找不到合适的内存块,则会在下一个可用的空闲块中去查找;如果还是没有找到合适的内存块,则继续向下查找,这样依次查找直至找到可以使用的空余内存为止。

堆内存管理和 LiteOS-M 的动态内存管理是一样的,即在计算机内存资源充足的情况下,根据用户需求,从系统配置的一块比较大的连续内存(内存池,也是堆内存)中分配任意大小的内存块。当用户不需要该内存块时,又可以将其释放回系统供下一次使用。

2. 堆内存管理接口及应用

1) 堆内存管理接口

OpenHarmony LiteOS-A 的堆内存管理提供了初始化和删除内存池、申请和释放动态内存、获取内存池信息等功能接口,各接口名称及功能如表 5-10 所示。

表 5-10 堆内存管理接口及功能

功能分类	接口名称	功能描述
初始化和删除内存池	LOS_MemInit	初始化一块指定的动态内存池,大小为 size
	LOS_MemDeInit	删除指定的内存池。仅打开编译控制开关 LOSCFG_MEM_MUL_POOL 时有效
申请、释放动态内存	LOS_MemAlloc	从指定的动态内存池中申请长度为 size 的内存
	LOS_MemFree	释放从指定的动态内存中申请的内存
	LOS_MemRealloc	按 size 重新分配内存块,并将原内存块内容拷贝到新内存块。如果新内存块申请成功,则释放原内存块
	LOS_MemAllocAlign	从指定的动态内存池中申请长度为 size 且地址按 boundary 字节对齐的内存
获取内存池信息	LOS_MemPoolSizeGet	获取指定动态内存池的总大小
	LOS_MemTotalUsedGet	获取指定动态内存池的总使用量大小
	LOS_MemInfoGet	获取指定内存池的内存结构信息,包括空闲内存大小、已使用内存大小、空闲内存块数量、已使用内存块数量、最大空闲内存块大小
	LOS_MemPoolList	打印系统中已初始化的所有内存池,包括内存池的起始地址、内存池大小、空闲内存总大小、已使用内存总大小、最大空闲内存块大小、空闲内存块数量、已使用内存块数量。仅打开编译控制开关 LOSCFG_MEM_MUL_POOL 时有效
获取内存块信息	LOS_MemFreeNodeShow	打印指定内存池的空闲内存块大小及数量
检查指定内存池的完整性	LOS_MemIntegrityCheck	对指定的内存池进行完整性检查。仅打开 LOSCFG_BASE_MEM_NODE_INTEGRITY_CHECK 时有效

2) 堆内存管理应用

堆内存管理的一般开发流程与动态内存的开发流程基本相同。

(1) 调用 LOS_MemInit 接口初始化动态内存池。

(2) 调用 LOS_MemAlloc 接口申请任意大小的动态内存。

(3) 调用 LOS_MemFree 接口释放动态内存，回收内存块，供下一次使用。

物理内存管理

5.4.2　物理内存管理

物理内存是计算机上最重要的资源之一，它是由实际的内存设备提供的、可以通过 CPU 总线直接进行寻址的内存空间，其主要作用是为计算机操作系统及程序提供临时存储空间。

1. 物理内存的概念

物理内存是真实存在的计算机中实际安装的内存条的容量。它是计算机用于存储数据和程序的硬件组件，包括随机存储器(RAM)和图形处理器(GPU)等。

物理内存是计算机操作系统和应用程序所使用的主要内存，物理内存越多，计算机性能越好，运行速度越快。

物理内存的分配方式有连续内存分配和非连续内存分配。

(1) 连续内存分配：给进程分配一块不小于指定大小的连续的物理内存区域。

如图 5-12 所示，一开始先给 3 个进程分别分配了连续的物理内存，其中进程 P1 占地址空间 0~2，进程 P2 占地址空间 3~8，进程 P3 占地址空间 9~14。然后释放掉进程 P2，此时若需要分配一个内存大小为 10 的进程，则释放掉的进程 P2 的内存空间无法分给新进程，从而形成了内存碎片。所谓的内存碎片其实是相对而言的。

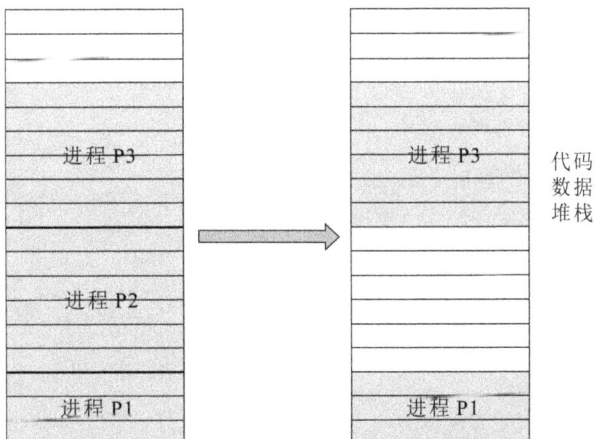

图 5-12　连续内存分配示意图

为了更好地提高内存利用率，对连续的内存空间采用动态内存分配，即根据进程指定一个大小可变的分区，根据实际情况为进程找一块大小合适的内存块，给要求内存大一点的进程分配大的内存块，给要求内存小的进程分配小的内存块。

(2) 非连续内存分配：允许一个程序使用非连续的物理地址空间。非连续内存分配包括基本分页存储管理、基本分段存储管理、段页式存储管理。

① 基本分页存储管理：如图 5-13 所示，把一个进程按照固定大小分割为多个部分，这些部分叫作页面或页；同时把内存也按照固定大小分割为多个部分，这些部分叫作页框或页帧，并把进程对应地放到内存中(不要求连续存放)。

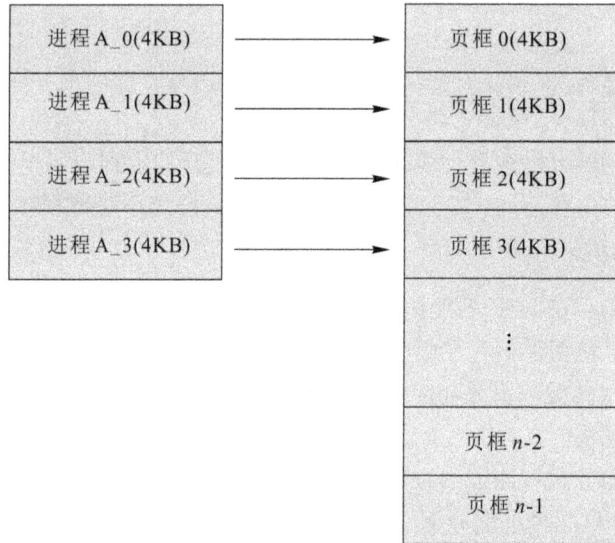

图 5-13　基本分页存储管理示意图

② 基本分段存储管理：如图 5-14 所示，将程序分为多个逻辑功能段，每个段都有自己的段名，并且都是从 0 开始编址的。在分配的时候以段为单位进行分配，在内存中，段内所占空间是连续的，但是各个段之间可以不相邻。

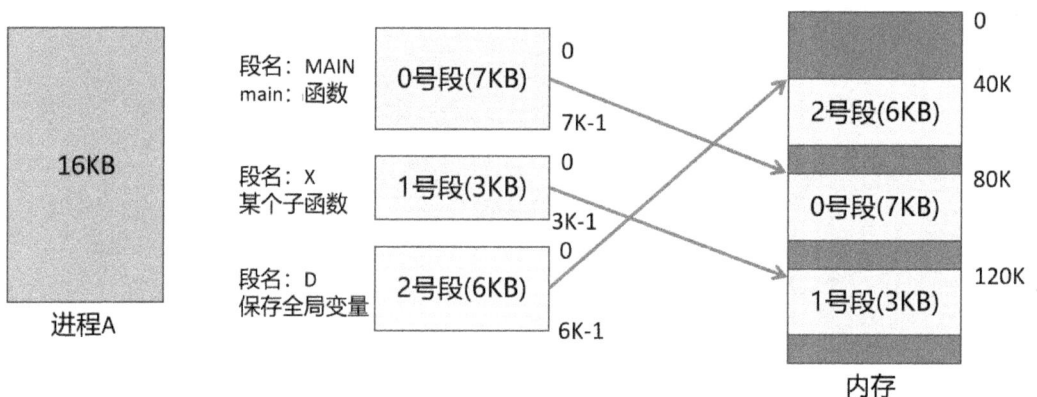

图 5-14　基本分段存储管理示意图

③ 段页式存储管理：如图 5-15 所示，它是基本分页存储管理和基本分段存储管理的结合。段页式存储管理首先将进程按照逻辑模块划分为多个段，针对每个段再划分为多个页；同时也把内存划分为多个页框。分配内存的时候，一个页面就对应了一个页框。

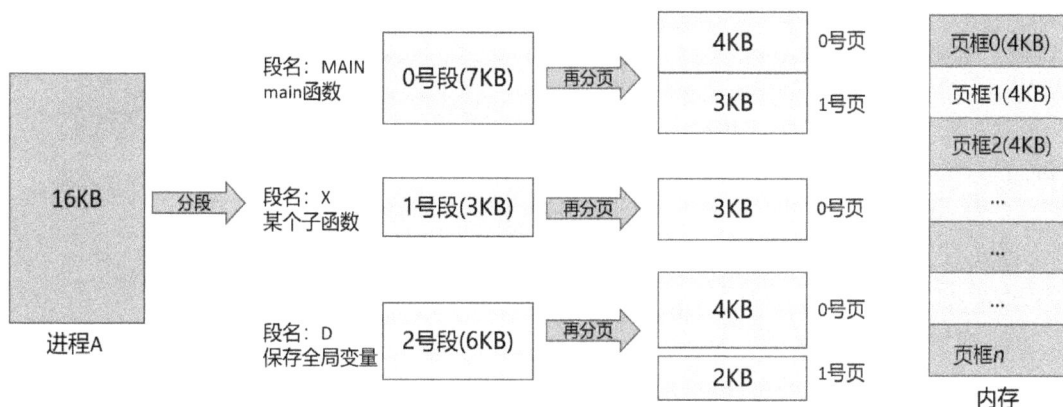

图 5-15　段页式存储管理示意图

LiteOS-A 内核管理物理内存是通过分页实现的，除了内核堆占用的一部分内存，其余可用内存均以 4 KB 为单位划分成页帧，内存分配和内存回收便是以页帧为单位进行操作的。

LiteOS-A 内核的物理内存主要由内核镜像、堆内存及物理页组成，其使用分布图如图 5-16 所示。

图 5-16　物理内存使用分布图

2. 物理内存管理接口

LiteOS-A 内核提供了物理内存管理接口，各接口名称及功能如表 5-11 所示。

表 5-11　物理内存管理接口及功能

功能分类	接 口 名 称	功 能 描 述
申请物理内存	LOS_PhysPageAlloc	申请一个物理页
	LOS_PhysPagesAlloc	申请物理页并挂在对应的链表上
	LOS_PhysPagesAllocContiguous	申请多页地址连续的物理内存
释放物理内存	LOS_PhysPageFree	释放一个物理页
	LOS_PhysPagesFree	释放挂在链表上的物理页
	LOS_PhysPagesFreeContiguous	释放多页地址连续的物理内存
查询地址	LOS_VmPageGet	根据物理地址获取其对应的物理页结构体指针
	LOS_PaddrToKVaddr	根据物理地址获取其对应的内核虚拟地址

5.4.3 虚拟内存管理

虚拟内存管理

内存在计算机中的作用很大，计算机的所有运行程序都需要经过内存来执行，如果执行的程序很大或很多，就会导致内存被消耗殆尽。为了解决这个问题，操作系统使用虚拟内存技术，即拿出一部分硬盘空间来充当内存使用，当内存被占用完时，就会自动调用硬盘来充当内存，以缓解内存的紧张。

1. 虚拟内存的概念

虚拟内存是一种利用硬盘空间来扩展物理内存的技术。它允许计算机将暂时不需要的数据和程序从物理内存中转移到硬盘上，以释放出物理内存空间。当再次需要这些数据和程序时，可以将它们重新加载到物理内存中。这个过程是自动完成的，用户无需干预。

虚拟内存的实现是通过操作系统的内存管理机制来完成的。

虚拟内存的实现步骤如下：

(1) 操作系统将物理内存划分成大小相等的页(通常为 4 KB)，并将每个页映射到一个虚拟地址上。

(2) 当程序访问虚拟地址时，操作系统会检查该虚拟地址是否已经映射到物理内存中的某个页上。

(3) 如果该虚拟地址已经映射到物理内存中的某个页上，则操作系统直接从物理内存中读取数据或执行程序。

(4) 如果该虚拟地址没有映射到物理内存中的任何页上，则操作系统会将该虚拟地址所在的页从硬盘上读入物理内存中，并将该页映射到该虚拟地址上。

(5) 如果物理内存中的页不足以容纳所有需要加载的页，则操作系统会将暂时不需要的页换出到硬盘上，以腾出空间给新的页使用。

(6) 当程序不再需要某个页时，操作系统会将该页从物理内存中清除，并将其写回到硬盘上。

操作系统将虚拟内存分割为虚拟页内存块，其大小一般为 4 KB 或 64 KB，LiteOS-A 内核默认页的大小是 4 KB，根据需要可以对 MMU 进行配置。

虚拟内存管理操作的最小单位就是一个页，LiteOS-A 内核中一个虚拟地址区间包含地址连续的多个虚拟页，也可只有一个页。同样，操作系统也会按照页大小对物理内存进行分割，分割后的每个内存块称为页帧。

2. 虚拟内存管理运行机制

在虚拟内存管理中，虚拟地址空间是连续的，但是其映射的物理内存地址并不一定是连续的，如图 5-17 所示。

当可执行程序在物理内存中加载运行时，CPU 访问虚拟地址空间的代码或数据时存在两种情况：

(1) CPU 访问的虚拟地址所在页，如 V0，已经与具体的物理页 P0 建立映射，CPU 找到进程对应的页表项，根据页表项中的物理地址信息访问物理内存中的内容并返回。

(2) CPU 访问的虚拟地址所在页，如 V2，没有与具体的物理页建立映射，系统会触发缺页异常并申请一个物理页，把相应的信息拷贝到物理页中，并且把物理页的起始地址更新到页表项中。此时 CPU 重新执行访问虚拟内存的指令便能够访问到具体的代码或数据。

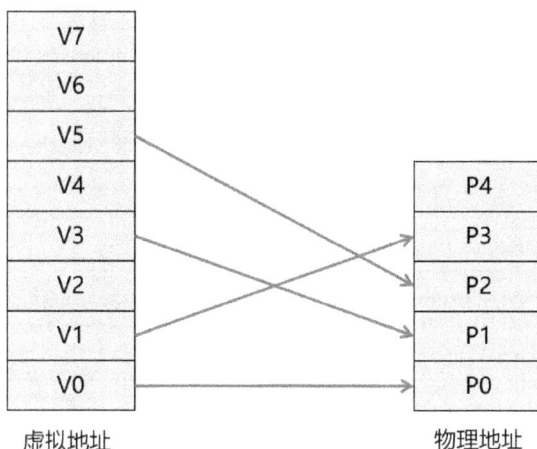

图 5-17　内存映射示意图

3. 虚拟内存管理接口及应用

1) 虚拟内存管理接口

OpenHarmony LiteOS-A 内核的虚拟内存管理接口名称及功能如表 5-12 所示。

表 5-12　虚拟内存管理接口及功能

功能分类	接口名称	功能描述
获取进程空间系列接口	LOS_CurrSpaceGet	获取当前进程空间结构体指针
	LOS_SpaceGet	获取虚拟地址对应的进程空间结构体指针
	LOS_GetKVmSpace	获取内核进程空间结构体指针
	LOS_GetVmallocSpace	获取 vmalloc 空间结构体指针
	LOS_GetVmSpaceList	获取进程空间链表指针
1 虚拟地址区间相关操作	LOS_RegionFind	在进程空间内查找并返回指定地址对应的虚拟地址区间
	LOS_RegionRangeFind	在进程空间内查找并返回指定地址范围内对应的虚拟地址区间
	LOS_IsRegionFileValid	判断虚拟地址区间 region 是否与文件关联映射
	LOS_RegionAlloc	申请空闲的虚拟地址区间
	LOS_RegionFree	释放进程空间内特定的 region
	LOS_RegionEndAddr	获取指定地址区间 region 的结束地址
	LOS_RegionSize	获取虚拟地址区间 region 的大小
	LOS_IsRegionTypeFile	判断是否存在文件内存映射
	LOS_IsRegionPermUserReadOnly	判断地址区间是否具有用户空间只读属性

续表

功能分类	接口名称	功能描述
虚拟地址区间相关操作	LOS_IsRegionFlagPrivateOnly	判断地址区间是否具有私有属性
	LOS_SetRegionTypeFile	设置文件内存映射属性
	LOS_IsRegionTypeDev	判断是否存在设备内存映射
	LOS_SetRegionTypeDev	设置设备内存映射属性
	LOS_IsRegionTypeAnon	判断是否存在匿名映射
	LOS_SetRegionTypeAnon	设置匿名映射属性
地址校验	LOS_IsUserAddress	判断地址是否在用户态空间
	LOS_IsUserAddressRange	判断地址区间是否在用户态空间
	LOS_IsKernelAddress	判断地址是否在内核空间
	LOS_IsKernelAddressRange	判断地址区间是否在内核空间
	LOS_IsRangeInSpace	判断地址区间是否在进程空间内
vmalloc 操作	LOS_VMalloc	vmalloc 申请内存
	LOS_VFree	vmalloc 释放内存
	LOS_IsVmallocAddress	判断地址是否通过 vmalloc 申请的
申请内存系列接口	LOS_KernelMalloc	当申请的内存小于 16 KB 时，系统从堆内存池分配内存；当申请的内存超过 16 KB 时，系统分配多个连续物理页用于内存分配
	LOS_KernelMallocAlign	申请具有对齐属性的内存，申请规则同 LOS_KernelMalloc 接口
	LOS_KernelFree	释放由 LOS_KernelMalloc 和 LOS_KernelMallocAlign 接口申请的内存
	LOS_KernelRealloc	重新分配由 LOS_KernelMalloc 和 LOS_KernelMallocAlign 接口申请的内存
其他接口	LOS_PaddrQuery	根据虚拟地址获取对应的物理地址
	LOS_VmSpaceFree	释放进程空间，包括虚拟内存区间、页表等信息
	LOS_VmSpaceReserve	在进程空间中预留一块内存空间
	LOS_VaddrToPaddrMmap	将指定长度的物理地址区间与虚拟地址区间建立映射，需提前申请物理地址区间

2) 虚拟内存管理的应用

虚拟内存管理的一般开发流程如下：

(1) 根据进程空间获取的系列接口可以得到进程空间结构体，进而可以读取结构体相应信息。

(2) 对虚拟地址区间进行相关操作：

① 调用 LOS_RegionAlloc 接口申请虚拟地址区间。

② 调用 LOS_RegionFind 接口、LOS_RegionRangeFind 接口可以查询是否存在相应的地址区间。

③ 调用 LOS_RegionFree 接口释放虚拟地址区间。

(3) 调用 vmalloc 接口及内存申请系列接口可以在内核中根据需要申请内存。

5.4.4　虚拟映射

映射是个术语，指两个元素的集之间元素相互"对应"的关系，这里的虚拟映射是指物理内存地址和虚拟地址之间的一个对应关系。

1. 虚拟映射的概念

CPU 在执行一个进程的时候，都会访问内存。但 CPU 并不是直接访问物理内存地址，而是通过虚拟地址空间来间接访问物理内存地址。

虚拟地址空间是操作系统为每一个执行的进程分配的逻辑地址，操作系统通过将虚拟地址空间和物理内存地址之间建立映射关系，让 CPU 间接访问物理内存地址。

在 32 位系统中，通常将虚拟地址空间以 4K 作为单位进行划分，每个单位称为一个页面，从 0 开始对每个页面进行编号。

同样地，将物理地址页按照同样的大小划分，一个单位称为框或块，从 0 开始依次编号。

操作系统创建一张表，这张表称为页表。在这张表中记录每一对页和框的映射关系，如图 5-18 所示。映射关系变化时，修改表的内容叫维护。

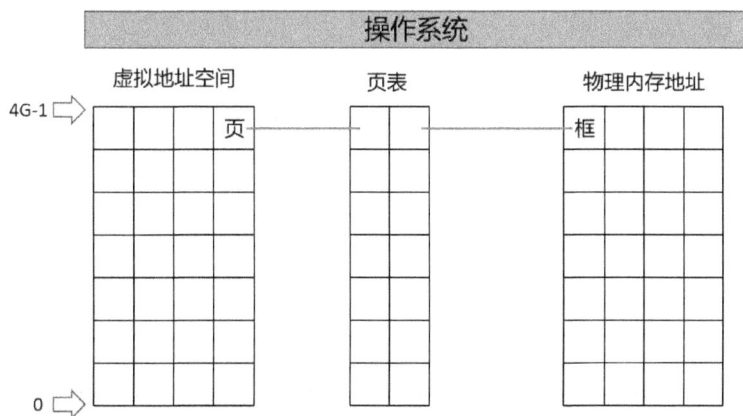

图 5-18　页表

页表的管理(创建、更新、删除等)是由操作系统负责的。地址转换时，页表的检索由硬件内存管理单元 MMU 完成。

在创建每个进程的时候都会创建一个页表，页表由一个个页表项(Page Table Entry，PTE)

构成，每个页表项描述虚拟地址区间与物理地址区间的映射关系。MMU 中有一块页表缓存，称为转换后援缓冲器(Translation Lookaside Buffer，TLB)，也称快表。在地址转换时，MMU 首先在 TLB 中查找，如果找到对应的页表项即可直接进行转换，提高了查询效率。

2. 虚拟映射运行机制

虚拟映射就是一个建立页表的过程。MMU 支持多级页表，LiteOS-A 内核采用二级页表描述进程空间。

每个一级页表项描述符占用 4 个字节，可表示 1 MB 的内存空间的映射关系，即 1 GB 用户空间(LiteOS-A 内核中用户空间占用 1 GB)的虚拟内存空间需要 1024 个字节。操作系统创建用户进程时，在内存中申请一块 4 KB 大小的内存块作为一级页表的存储区域，系统根据当前进程的需要会动态申请内存作为二级页表的存储区域。

用户程序加载启动时，会将代码段、数据段映射进虚拟内存空间，此时并没有物理页建立实际的映射；程序运行时，CPU 先访问虚拟地址，通过 MMU 查找是否有对应的物理内存，若该虚拟地址无对应的物理地址，则触发缺页异常，内核申请物理内存并将虚拟映射关系及对应的属性配置信息写进页表，再把页表项缓存至 TLB，接着 CPU 可直接通过转换关系访问实际的物理内存。CPU 访问内存的过程示意图如图 5-19 所示。

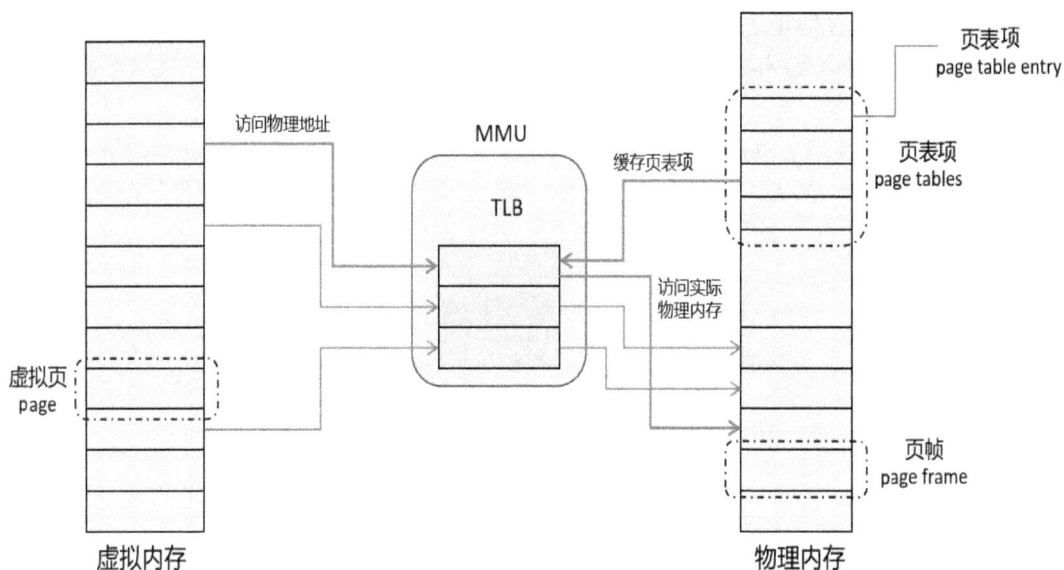

图 5-19 CPU 访问内存过程示意图

若 CPU 访问已缓存至 TLB 的页表项，则无需再访问保存在内存中的页表，可加快查找速度。

3. 虚拟映射接口及应用

1) 虚拟映射接口

LiteOS-A 内核提供了虚拟映射接口，各接口名称及功能如表 5-13 所示。

表 5-13 虚拟映射接口及功能

功能分类	接 口 名 称	功 能 描 述
MMU 相关操作	LOS_ArchMmuQuery	获取进程空间虚拟地址对应的物理地址以及映射属性
	LOS_ArchMmuMap	映射进程空间虚拟地址区间与物理地址区间
	LOS_ArchMmuUnmap	解除进程空间虚拟地址区间与物理地址区间的映射关系
	LOS_ArchMmuChangeProt	修改进程空间虚拟地址区间的映射属性
	LOS_ArchMmuMove	将进程空间一个虚拟地址区间的映射关系转移至另一个未使用的虚拟地址区间重新映射

2) 虚拟映射的应用

虚拟映射的一般开发流程如下:

(1) 调用 LOS_ArchMmuMap 接口映射一块物理内存。

(2) 对映射的地址区间做相关操作:

① 调用 LOS_ArchMmuQuery 接口可以获取相应虚拟地址区间映射的物理地址区间及映射属性。

② 调用 LOS_ArchMmuChangeProt 接口修改映射属性。

③ 调用 LOS_ArchMmuMove 接口建立虚拟地址区间的重映射。

④ 调用 LOS_ArchMmuUnmap 接口解除映射关系。

下面通过编程示例来展示内存管理的应用,具体代码如下:

```
#include <stdio.h>
#include <string.h>
#include "osal_mem.h"

/* *
 * @brief 内存管理函数
 * @param void
 * @retval void
*/
int main(int argc, char **argv)
{
    char *mem;
    unsigned char test_ohos[10] = {"hi ohos"};      //测试数组

    /*申请内存块*/
    mem = OsalMemAlloc(10);
    if (mem == NULL)
    {
```

```
        printf("Mem alloc failed!\r\n");
    }
    printf("\r\nMem alloc successful!\r\n");
    *mem = test_ohos;   //内存块存入数组
    printf("\r\n mem = %s \r\n", &mem);


    /*释放内存*/
    OsalMemFree(mem);
}
```

对以上代码编译后的运行结果如图 5-20 所示。

```
OHOS # cd bin
OHOS # ./my_app
OHOS #
Mem alloc successful!

mem = ▓
hi ohos
```

图 5-20　内存管理程序运行结果

5.5

LiteOS-A 内核通信

LiteOS-A 内核通信主要包括事件、信号量、互斥锁、消息队列、读/写锁、用户态快速互斥锁、信号等的通信,其中事件、信号量、互斥锁、消息队列等的通信在第 4 章已介绍过,本节主要介绍读/写锁、用户态快速互斥锁、信号等的通信。

5.5.1　读/写锁

读/写锁与互斥锁类似,可用来同步同一进程中的各个任务,但与互斥锁不同的是,其允许多个读操作并发重入而写操作互斥。

1. 读/写锁的概念

读/写锁,顾名思义就是一把锁分成两个部分:读锁和写锁。其中读锁允许多个线程同时获得,写锁是互斥锁,不允许多个线程同时获得写锁,并且写操作和读操作也是互斥的。

当有多个线程发出读请求时,可以同时执行这些线程,共享数据的值可以同时被多个发出读请求的线程获取；当有多个线程发出写请求时，只能一个一个地执行(同步执行)这些线程。

当正在执行发出读请求的线程时，必须等待执行完该线程后才能开始执行发出写请求的线程；当正在执行发出写请求的线程时，也必须等待执行完该线程后才能开始执行发出读请求的线程。

2. 读/写锁的状态及作用

相对于互斥锁的开锁或闭锁状态，读/写锁有三种状态：

读锁：读/写锁被发出读请求的线程占用。

写锁：读/写锁被发出写请求的线程占用。

无锁：不加锁状态。

读/写锁在多线程程序中具体的作用如表 5-14 所示。

表 5-14　读/写锁的作用

当前读写锁状态	线程发出读请求	线程发出写请求
读锁	允许占用	阻塞线程执行
写锁	阻塞线程执行	阻塞线程执行
无锁	允许占用	允许占用

不同状态下的读/写锁会以不同的方式处理发出读请求或写请求的线程：

(1) 当读/写锁未被任何线程占用时，发出读请求和写请求的线程都可以占用它。注意，由于不能同时执行发出读请求和写请求的线程，读/写锁默认优先分配给发出读请求的线程。

(2) 当读/写锁的状态为"读锁"时，表明当前执行的是发出读请求的线程(可能有多个)。此时如果又有线程发出读请求，该线程不会被阻塞，但如果有线程发出写请求，它就会被阻塞，直到读/写锁状态改为"无锁"。

(3) 当读/写锁状态为"写锁"时，表明当前执行的是发出写请求的线程(只能有 1 个)。此时无论其他线程发出的是读请求还是写请求，都必须等待读写锁状态改为"无锁"后才能执行其他线程。

总体来说，对于进程空间中的共享资源，读/写锁允许发出读请求的线程共享资源，发出写请求的线程必须独占资源，进而实现线程同步。

3. 读/写锁接口及应用

1) 读/写锁接口

OpenHarmony LiteOS-A 内核提供了读/写锁接口，各接口名称及功能如表 5-15 所示。

表 5-15　读/写锁接口及功能

功能分类	接口名称	功能描述
创建和删除读/写锁	LOS_RwlockInit	创建读/写锁
	LOS_RwlockDestroy	删除指定的读/写锁
申请读模式的锁	LOS_RwlockRdLock	申请指定的读模式的锁
	LOS_RwlockTryRdLock	尝试申请指定的读模式的锁
申请写模式的锁	LOS_RwlockWrLock	申请指定的写模式的锁
	LOS_RwlockTryWrLock	尝试申请指定的写模式的锁
释放读/写锁	LOS_RwlockUnLock	释放指定的读/写锁
判断读/写锁有效性	LOS_RwlockIsValid	判断读/写锁有效性

2) 读/写锁的应用

读/写锁的一般开发流程是这样的:

(1) 调用 LOS_RwlockInit 接口创建读/写锁。

(2) 调用 LOS_RwlockRdLock 接口申请读模式的锁或调用 LOS_RwlockWrLock 接口申请写模式的锁。

(3) 申请读模式的锁和写模式的锁,锁均有三种模式:无阻塞模式、永久阻塞模式、定时阻塞模式,区别在于挂起任务的时间。

(4) 调用 LOS_RwlockUnLock 接口释放读/写锁。

(5) 调用 LOS_RwlockDestroy 接口删除读/写锁。

5.5.2　用户态快速互斥锁

用户态快速互斥锁是内核提供的一种通信机制,下面简单介绍什么是用户态快速互斥锁。

1. 用户态快速互斥锁的概念

Futex(Fast userspace mutex,用户态快速互斥锁)简称快锁,是一种在 Linux 上实现锁定和构建高级抽象锁(比如信号量和 POSIX 互斥)的工作机制。它通常作为基础组件与用户态的相关锁逻辑结合组成用户态锁,是一种用户态与内核态共同作用的锁,其用户态部分负责锁逻辑,内核态部分负责锁调度。

当用户态线程请求加锁时,先在用户态进行锁状态的判断维护,若此时不产生锁的竞争,则直接在用户态进行加锁后返回;反之,则需要进行线程的挂起操作,通过 Futex 系统调用请求内核介入来挂起线程,并维护阻塞队列。

当用户态线程释放锁时,先在用户态进行锁状态的判断维护,若此时没有其他线程被

该锁阻塞，则直接在用户态进行解锁返回；反之，则需要进行阻塞线程的唤醒操作，通过
Futex 系统调用请求内核介入来唤醒阻塞队列中的线程。

当用户态产生锁的竞争或释放需要进行相关线程的调度操作时，会触发 Futex 系统调
用进入内核，此时会将用户态锁的地址传入内核，并在内核的 Futex 中以锁地址来区分用
户态的每一把锁。

2. 用户态快速互斥锁接口

OpenHarmony LiteOS-A 内核提供了用户态快速互斥锁接口，各接口的具体名称和功能
如表 5-16 所示。

表 5-16　Futex 接口及功能

功能分类	接口名称	功能描述
设置线程等待	OsFutexWait	向 Futex 表中插入代表被阻塞线程的 node
唤醒被阻塞线程	OsFutexWake	唤醒一个被指定锁阻塞的线程
调整锁地址	OsFutexRequeue	调整指定锁在 Futex 表中的位置

Futex 系统调用通常与用户态逻辑共同组成用户态锁，故推荐使用用户态 POSIX 接口
的锁。

5.5.3　信号

信号是一种常用的进程间异步通信机制，可用软件的方式模拟中断信号。当一个进程需
要传递信息给另一个进程时，会先发送一个信号给内核，再由内核将信号传送给指定的进程。

1. 信号的概念

信号即软中断信号，用于通知进程发生了异步事件，是进程间通信机制中唯一的异步
通信机制。不仅进程间可以通过调用信号发生函数发送信号，内核也可以自己发送信号给
进程，告知进程发生了某些事情。

信号的来源有两种：硬件来源和软件来源。

(1) 硬件来源：例如按下"Ctrl+C"键，进程会被终止。

(2) 软件来源：线程调用 kiss()、raise()、alarm()等信号发送函数。

进程收到信号后，一般有 3 种处理方法：

(1) 忽视该信号，个做任何处理。

(2) 跳转到用户编写的程序运行，类似"中断函数"处理过程。

(3) 使用系统默认的操作，一般就是终止进程。

2. 信号接口

OpenHarmony LiteOS-A 内核提供了信号用户态接口名称及功能如表 5-17 所示。

表 5-17 信号用户态接口及功能

功能分类	接口名称	功能描述
注册信号回调函数	signal	注册信号总入口及注册和注销某信号的回调函数
	sigaction	功能同 signal，但增加了与信号发送相关的配置选项，目前仅支持 SIGINFO 结构体中的部分参数
发送信号	kill	发送信号给某个进程或进程内发送消息给某线程，为某进程下的线程设置信号标志位
	pthread_kill	
	raise	
	alarm	
	abort	

习　题

1. 填空题

(1) ARM 内核提供了四个信号给中断控制器，分别是＿＿＿＿＿＿、＿＿＿＿＿＿、＿＿＿＿＿＿、＿＿＿＿＿＿。

(2) LiteOS-A 内核态的启动流程分为两个阶段：＿＿＿＿＿＿＿＿＿＿＿＿。

(3) 在 32 位系统中，一般将虚拟地址空间以＿＿＿＿＿作为单位进行划分，每个单位称为一个页面。

(4) LiteOS-A 内核通信中读/写锁的三种状态是＿＿＿＿、＿＿＿＿、＿＿＿＿。

(5) LiteOS-A 内核初始化一块指定的动态内存池使用的函数是＿＿＿＿。

2. 判断题

(1) LiteOS-A 内核跟 LiteOS-M 一样，面向的设备内存都在 M 级别。(　　)

(2) LiteOS-A 内核支持的中断控制器是 NVIC。(　　)

(3) 信号即软中断信号，用来通知进程发生了同步事件，是进程间通信机制中的同步通信机制。(　　)

(4) 申请读模式和写模式的锁，锁均有三种模式：无阻塞模式、永久阻塞模式、定时阻塞模式。(　　)

(5) 启动用户态是从根进程开始的。根进程是系统的第一个用户态进程。

3. 简答题

简要描述读/写锁的开发流程及对应的函数。

第6章　HDF驱动框架

在设备的开发过程中，当使用相同的硬件却使用不同的内核时，如何能够让设备驱动程序在不同的内核之间平滑迁移，以消除驱动代码移植适配和维护的负担呢？OpenHarmony通过HDF(Hardware Driver Foundation，硬件驱动框架完美地解决了这个问题。

6.1

HDF 驱动开发

HDF 驱动框架是 OpenHarmony 为了开发者有一个统一的开发环境而专门构建的，开发者通过它能屏蔽南向设备差异，以提供更好的硬件。

驱动开发类似盖房子，建筑公司先把房子的框架和基础设施建好，然后各家各户在这个基础之上按照自己的需求完成房子的装修。驱动程序的开发者就是在 OpenHarmony 提供的 HDF 驱动框架的基础之上，按照框架的要求，利用框架提供的一些基本功能，开发各种设备的驱动程序的。

HDF 驱动框架是 OpenHarmony 系统硬件生态开放的基础，它为开发者提供驱动框架能力，包括驱动加载、驱动服务管理和驱动消息机制。

HDF 驱动加载包括按需加载和按序加载。

(1) 按需加载：HDF 驱动框架支持驱动在系统启动的过程中默认加载，或者在系统启动之后动态加载。

(2) 按序加载：HDF 驱动框架支持驱动在系统启动的过程中按照驱动的优先级进行加载。

HDF 驱动框架对驱动提供的服务进行集中管理，应用程序可直接通过 HDF 驱动框架对外提供的能力接口获取与驱动相关的服务。

HDF 驱动框架提供统一的驱动消息机制，支持用户态应用程序向内核态驱动程序发送消息，也支持内核态驱动程序向用户态应用程序发送消息。

6.1.1 HDF 驱动框架简介

HDF 驱动框架是采用 C 语言面向对象编程模型构建的，它通过平台解耦、内核解耦来达到兼容不同内核、统一平台底座的目的，从而帮助开发者实现驱动一次开发、多系统部署的效果。

HDF 驱动框架提供了以下内容：

(1) 操作系统适配层(Operating System Abstraction Layer，OSAL)：对内核操作系统相关接口进行统一封装，屏蔽不同系统的操作接口。

(2) 平台驱动接口：提供 Board 部分驱动(例如 I^2C、SPI、UART 总线等平台资源)支持，同时对 Board 硬件操作进行统一的适配接口抽象，方便开发者只需要开发新硬件抽象接口，即可获得新增 Board 部分驱动支持。

HDF 驱动框架

(3) 驱动模型：面向器件驱动，提供常见的驱动抽象模型。

HDF 驱动框架如图 6-1 所示。

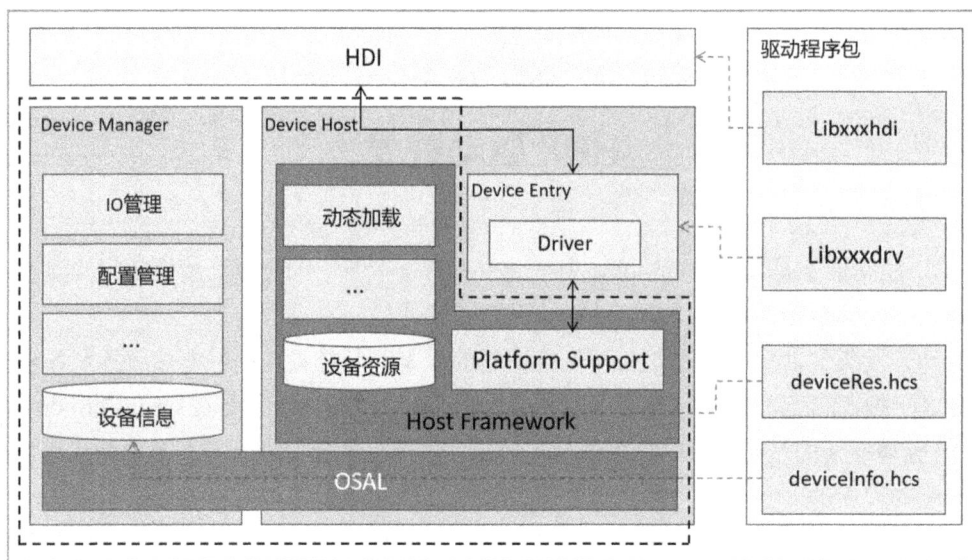

图 6-1 HDF 驱动框架

HDF 驱动框架主要由 HDF 驱动基础框架、驱动程序、驱动配置文件和驱动接口这四个部分组成。

(1) HDF 驱动基础框架：提供统一的硬件资源管理、驱动加载管理以及设备节点管理等功能。驱动框架采用的是主从模式设计，由 Device Manager 和 Device Host 组成。

Device Manager 提供了统一的驱动管理，Device Manager 启动时根据 Device Information 提供的驱动设备信息加载相应的驱动 Device Host，并控制 Device Host 完成驱动的加载。

Device Host 提供驱动运行的环境，同时预置 Host Framework 与 Device Manager 进行协同，完成驱动的加载和调用。

(2) 驱动程序：实现驱动具体的功能，每个驱动由一个或者多个驱动程序组成，每个驱动程序都对应着一个 Driver Entry。Driver Entry 主要完成驱动的初始化和驱动接口绑定。

(3) 驱动配置文件(.hcs)：主要由设备信息(Device Information)和设备资源(Device Resource)组成。Device Information 完成设备信息的配置，如配置接口发布策略、驱动加载的方式等；Device Resource 完成设备资源的配置，如 GPIO 引脚、寄存器等资源信息的配置。

(4) 驱动接口：HDI(Hardware Driver interface，硬件驱动接口)提供标准化的接口定义和实现，驱动框架提供 IO Service 和 IO Dispatcher 机制，使得不同部署形态下驱动接口趋于形式一致。

6.1.2　HDF 驱动模型

开发驱动程序之前，需要了解 HDF 定义的设备驱动模型。

HDF 驱动框架定义了一种组件化的驱动模型作为核心设计思路，为开发者提供更精细化的驱动管理，使驱动的开发和部署更加规范。HDF 驱动模型如图 6-2 所示。

在 HDF 定义的设备驱动模型中包括 Host(设备集合)、Device(设备)、Device Node(设备节点)、Driver(驱动程序)。

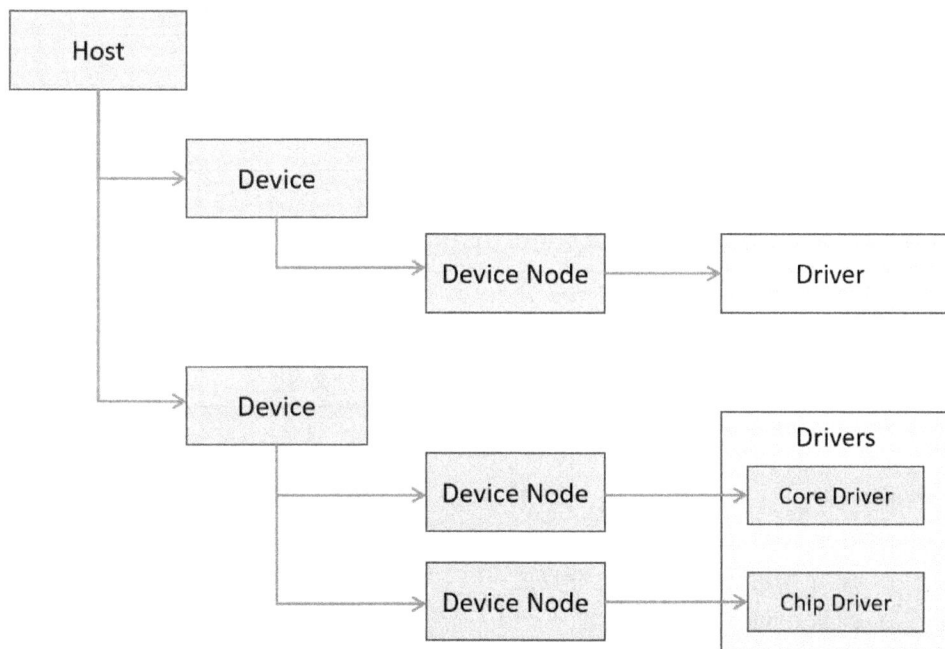

图 6-2　HDF 驱动模型

HDF 驱动框架一般将类型相同、功能相似或业务关联紧密的多种设备放到一个 Host(设备集合)里面，用于管理一组设备的启动加载等过程。

Host 本身有两种属性：hostName、priority，如表 6-1 所示。

表 6-1　Host 属性

属　性	取　值	描　述
hostName	字符串	设备集合的名称
Priority	整数，0~200	设备集合的优先级。数值越大，优先级越低；如果优先级相同，则不能保证加载顺序

在划分 Host 时，对于驱动程序是部署在一个 Host 中还是部署在不同的 Host 中，主要考虑驱动程序之间是否存在耦合性。如果两个驱动程序之间存在依赖，则可以考虑将这部分驱动程序部署在一个 Host 里面，否则部署到独立的 Host 中是更好的选择。

Device 对应一个真实的物理设备，其本身没有属性，每一种 Device(设备)下面可以有一个或多个 Device Node。

Device Node 是设备的一个部件，Device 至少有一个 Device Node。每个 Device Node 可以发布一个设备服务。每个 Device Node 唯一对应一个驱动，以实现和硬件的功能交互。

HDF 驱动框架给设备节点定义的属性如表 6-2 所示。

表 6-2　Device Node 属性

属　性	取　值	描　述
moduleName	字符串	每个设备节点所对应的驱动程序称为一个 module，每个 module 都有一个 moduleName
preload	整数	HDF 加载驱动的方式
priority	整数，0~200	驱动的优先级。数值越大，优先级越低；如果优先级相同，则不能保证加载顺序
serviceNamen	字符串	驱动对外发布服务的名称，必须唯一
policy	整数	驱动对外发布服务的策略
permission	整数	设备节点的读/写权限，一般采用以 0 为前缀的八进制整数，类似于 linux 的文件权限的概念
deviceMatchAttr	字符串	用于匹配设备节点的自定义属性

驱动的加载方式代码如下：

```
typedef enum {
    DEVICE_PRELOAD_ENABLE = 0,
    DEVICE_PRELOAD_ENABLE_STEP2,
    DEVICE_PRELOAD_DISABLE,
    DEVICE_PRELOAD_INVALID
} DevicePreload;
```

6.1.3　HDF 驱动开发步骤

HDF 驱动开发步骤包括：驱动实现、编写驱动编译脚本和驱动配置。

1. 驱动实现

驱动实现包含驱动业务代码实现和驱动入口注册。

(1) 驱动业务代码模板如下：

```
#include "hdf_device_desc.h"          //HDF 驱动框架对驱动开发相关能力接口的头文件
#include "hdf_log.h"                  //HDF 驱动框架提供的日志接口头文件
#define HDF_LOG_TAG test_driver       //打印日志所包含的标签，如果不定义，则用默认定义的
HDF_TAG 标签
//将驱动对外提供的服务能力接口绑定到 HDF 驱动框架
int32_t HdfTestDriverBind(struct HdfDeviceObject *deviceObject)
{
    HDF_LOGD("Test driver bind success");
    return HDF_SUCCESS;
}
//驱动自身业务初始化的接口
int32_t HdfTestDriverInit(struct HdfDeviceObject *deviceObject)
{
    HDF_LOGD("Test driver Init success");
    return HDF_SUCCESS;
}
//驱动资源释放的接口
void HdfTestDriverRelease(struct HdfDeviceObject *deviceObject)
{
    HDF_LOGD("Test driver release success");
    rcturn;
}
```

(2) 驱动入口注册到 HDF 驱动框架。

驱动注册就是实例化驱动入口，驱动入口必须为 HdfDriverEntry(在 hdf_device_desc.h 中定义)类型的全局变量，且 moduleName 要和 device_info.hcs 中的保持一致。HDF 驱动框架会将所有加载的驱动的 HdfDriverEntry 对象首地址汇总，形成一个类似数组的段地址空间，方便上层调用。具体代码如下：

```
struct HdfDriverEntry g_testDriverEntry =
{
    .moduleVersion = 1,
    .moduleName = "test_driver",
    .Bind = HdfTestDriverBind,
    .Init = HdfTestDriverInit,
    .Release = HdfTestDriverRelease,
```

```
};

/*调用 HDF_INIT 将驱动入口注册到 HDF 驱动框架中。在加载驱动时，HDF 驱动框架会先调用
Bind 函数，再调用 Init 函数加载该驱动；当 Init 调用异常时，HDF 驱动框架会调用 Release 释放驱动资
源并退出*/
HDF_INIT(g_testDriverEntry);
```

2. 编写驱动编译脚本

添加模块 BUILD.gn，参考代码如下：

```
import("//drivers/adapter/khdf/liteos/hdf.gni")
hdf_driver("hdf_led")
{
    sources = [
    "led.c",  #此处为点灯实验，根据实验进行修改
    ]
    include_dirs = [
        "//device/st/drivers/module_driver/Module_Common/inc/",
    ]
}
```

把新增模块的 BUILD.gn 所在的目录添加到上一级 BUILD.gn 文件中，参考代码如下：

```
group("drivers")
{
    deps = [
        "led",  #新增模块 BUILD.gn 的名称，根据实验进行修改
    ]
}
```

3. 驱动配置

HDF 使用 HCS(HDF Configuration Source)作为配置描述源码，HCS 的内容将在 6.4 小节详细介绍。

驱动配置包含两部分：HDF 驱动框架定义的驱动设备描述和驱动的私有配置信息。

(1) 驱动设备描述。

HDF 驱动框架加载驱动所需要的信息来源于 HDF 驱动框架定义的驱动设备描述，因此基于 HDF 驱动框架开发的驱动必须要在 HDF 驱动框架定义的 device_info.hcs 配置文件中添加对应的设备描述。驱动的设备描述的具体代码如下：

```
root {
    device_info
```

```
{
        match_attr = "hdf_manager";
        template host
        {
//host 模板，继承该模板的节点(如下 test_host)，如果使用模板中的默认值，则节点字段可以缺省
            hostName = "";
            priority = 100;
            template device
            {
                template deviceNode
                {
                    policy = 0;
                    priority = 100;
                    preload = 0;
                    permission = 0664;
                    moduleName = "";
                    serviceName = "";
                    deviceMatchAttr = "";
                }
            }
        }
        platform :: host
        {
            hostName = "platform_host";    //host 名称，host 节点是用来存放某一类驱动的容器
            priority = 50; //host 启动优先级(0~200)，值越大，优先级越低，建议默认为 100，优
                        先级相同则不保证 host 的加载顺序
            device_led :: device                //led 设备节点
            {
                device0 :: deviceNode                //led 驱动的 Device Node 节点
                {
                    policy = 2;                 // policy 字段是驱动服务发布的策略
                    priority = 200; //驱动启动优先级(0~200)，值越大，优先级越低，建议默认
                            为 100，优先级相同则不保证 device 的加载顺序
                    preload = 0;                //驱动按需加载字段
                    permission = 0777;          //驱动创建设备节点权限
                    moduleName = "HDF_LED";     //驱动名称，该字段的值必须和驱动入口结
                                构的 moduleName 值一致
                    serviceName = "hdf_led";    //驱动对外发布服务的名称，必须唯一
```

```
                    deviceMatchAttr = "st_stm32mp157_led"; //驱动私有数据匹配的关键字,
                                                         必须和驱动私有数据配置表中
                                                         的 match_attr 值相等
                }
            }
        }
    }
}
```

(2) 驱动的私有配置信息。

如果驱动有私有配置,则可以添加一个驱动的配置文件,用来填写一些驱动的默认配置信息。HDF 驱动框架在加载驱动的时候,会获取对应的配置信息并将其保存在 HdfDeviceObject 中的 property 里面,通过 Bind 和 Init 传递给驱动。

驱动的配置信息代码如下:

```
root {
    LedDriverConfig {
        led_gpio_num = 13;
        match_attr = "st_stm32mp157_led"; //该字段的值必须和 device_info.hcs 中的 deviceMatchAttr
                                          值一致
    }
}
```

定义配置信息之后,需要将该配置文件添加到板级配置入口文件 hdf.hcs,代码如下:

```
#include "device_info/device_info.hcs"
#include "led/led_config.hcs"
```

6.2
驱动服务管理

驱动服务管理

HDF 驱动框架可以集中管理驱动服务,开发者可直接通过 HDF 驱动框架对外提供的能力接口获取驱动相关的服务。

6.2.1 驱动服务简介

驱动服务是 HDF 驱动设备对外提供能力的对象,由 HDF 驱动框架统一管理。驱动服务管理主要包含驱动服务的发布和驱动服务的获取。

1. 驱动服务的发布

HDF 驱动框架定义了驱动服务对外发布的策略，由配置文件中的 policy 字段来控制，policy 字段的取值范围以及含义的代码如下：

```
typedef enum {
    SERVICE_POLICY_NONE = 0,        //驱动不提供服务
    SERVICE_POLICY_PUBLIC = 1,      //驱动对内核态发布服务
    SERVICE_POLICY_CAPACITY = 2,    //驱动对内核态和用户态都发布服务
    SERVICE_POLICY_FRIENDLY = 3,    //驱动服务不对外发布服务，但可以被订阅
    SERVICE_POLICY_PRIVATE = 4,     //驱动私有服务不对外发布服务，也不能被订阅
    SERVICE_POLICY_INVALID          //错误的服务策略
} ServicePolicy;
```

当驱动需要以接口的形式对外提供能力时，可以使用 HDF 驱动框架的驱动服务管理能力。

2. 驱动服务的获取

驱动服务的获取有两种方式：通过 HDF 驱动框架提供的能力接口直接获取和通过 HDF 驱动框架提供的订阅机制获取。

(1) 直接获取：当确认驱动已经加载完成时，可以通过 HDF 驱动框架提供的能力接口直接获取该驱动服务。

(2) 订阅机制获取：当内核态感知不到驱动(同一个 Host)加载的时机时，可以通过 HDF 驱动框架提供的订阅机制来订阅该驱动，当该驱动加载完成时，HDF 驱动框架会将被订阅的驱动服务发布给订阅者。

6.2.2　驱动服务管理开发

1. 驱动服务管理接口

针对驱动服务管理功能，HDF 驱动框架开放了部分接口给开发者调用，如表 6-3 所示。

表 6-3　驱动服务管理接口

方　　法	描　　述
int32_t (*Bind)(struct HdfDeviceObject *deviceObject);	需要驱动开发者实现 Bind 函数，将自己的服务接口绑定到 HDF 驱动框架中
const struct HdfObject *DevSvcManagerClntGetService(const char *svcName);	获取驱动服务
int HdfDeviceSubscribeService(struct HdfDeviceObject *deviceObject, const char *serviceName, struct SubscriberCallback callback);	订阅驱动服务

2. 驱动服务管理开发步骤

驱动服务管理开发包括驱动服务的编写、绑定、获取或者订阅。

(1) 驱动服务的编写。

驱动服务管理开发的第一步是定义驱动服务接口，具体代码如下：

```
/*驱动服务结构的定义*/
struct ITestDriverService
{
    struct IDeviceIoService ioService;    //服务结构的首个成员必须是 IDeviceIoService 类型的成员
    int32_t (*ServiceA)(void);            //驱动的第一个服务接口
    int32_t (*ServiceB)(uint32_t inputCode);  //驱动的第二个服务接口，有多个可以依次往下累加
};
/*驱动服务接口的实现*/
int32_t TestDriverServiceA(void)
{
    return HDF_SUCCESS;    //驱动开发者实现业务逻辑
}
int32_t TestDriverServiceB(uint32_t inputCode)
{
    return HDF_SUCCESS;    //驱动开发者实现业务逻辑
}
```

(2) 驱动服务的绑定。

将驱动服务绑定到 HDF 驱动框架中，实现 HdfDriverEntry 中的 Bind 指针函数。

```
int32_t TestDriverBind(struct HdfDeviceObject *deviceObject)
{
    //deviceObject 为 HDF 驱动框架给每一个驱动创建的设备对象,用来保存设备相关的私有数据
     和服务接口
    if (deviceObject == NULL)
    {
        HDF_LOGE("Test device object is null!");
        return HDF_FAILURE;
    }
    static struct ITestDriverService testDriverA =
    {
        .ServiceA = TestDriverServiceA,
        .ServiceB = TestDriverServiceB,
    };
    deviceObject->service = &testDriverA.ioService;
```

```
        return HDF_SUCCESS;
}
```

(3) 驱动服务的获取。

我们知道，驱动服务的获取方式有两种，一种是通过 HDF 驱动框架提供的能力接口直接获取，另一种是通过 HDF 驱动框架提供的订阅机制获取。

通过 HDF 驱动框架提供的能力接口直接获取驱动服务的代码如下：

```
const struct ITestDriverService *testService =
    (const struct ITestDriverService *)DevSvcManagerClntGetService("test_driver");
if (testService == NULL)
{
        return HDF_FAILURE;
}
testService->ServiceA();
testService->ServiceB(5);
```

通过 HDF 提供的订阅机制获取驱动服务需要编写订阅回调函数，当被订阅的驱动加载完成后，HDF 驱动框架会将被订阅的驱动服务发布给订阅者，订阅者通过这个回调函数来使用。

```
// object 为订阅者的私有数据，service 为被订阅的服务对象
int32_t TestDriverSubCallBack(struct HdfDeviceObject *deviceObject, const struct HdfObject *service)
{
        const struct ITestDriverService *testService = (const struct ITestDriverService *)service;
        if (testService == NULL)
        {
            return HDF_FAILURE;
        }
        testService->ServiceA();
        testService->ServiceB(5);
}
//订阅过程的实现
int32_t TestDriverInit(struct HdfDeviceObject *deviceObject)
{
        if (deviceObject == NULL)
        {
            HDF_LOGE("Test driver init failed, deviceObject is null!");
            return HDF_FAILURE;
        }
```

```
struct SubscriberCallback callBack;
callBack.deviceObject = deviceObject;
callBack.OnServiceConnected = TestDriverSubCallBack;
int32_t ret = HdfDeviceSubscribeService(deviceObject, "test_driver", callBack);
if (ret != HDF_SUCCESS)
{
    HDF_LOGE("Test driver subscribe test driver failed!");
}
return ret;
}
```

6.3

驱动消息机制

鸿蒙系统的 HDF 驱动框架提供了统一的驱动消息机制，它的主要功能有两种：
(1) 用户态应用发送消息到驱动。
(2) 用户态应用接收驱动主动上报事件。
当用户态应用和内核态驱动需要交互时，可以使用 HDF 驱动框架的消息机制来实现。

6.3.1 驱动消息机制管理

HDF 驱动框架提供了驱动消息机制接口，如表 6-4 所示。该消息机制的实现方法就是
通过表 6-4 所示的接口对设备的事件缓存区进行操作。

表 6-4 驱动消息机制接口

接　　口	描　　述
struct HdfIoService *HdfIoServiceBind (const char *serviceName)	用户态获取驱动服务，获取该服务之后通过服务中的 Dispatch 方法向驱动发送消息
void HdfIoServiceRecycle(struct HdfIoService *service);	释放驱动服务
int HdfDeviceRegisterEventListener(struct HdfIoService *target, struct HdfDevEventlistener *listener);	用户态程序注册接收驱动上报事件的操作方法
int HdfDeviceSendEvent(struct HdfDeviceObject *deviceObject, uint32_t id, struct HdfSBuf *data);	驱动主动上报事件接口

6.3.2　驱动消息机制开发

驱动消息机制的开发可以按照下面的步骤来进行。

1. 修改服务策略 policy 字段

将驱动配置信息中服务策略 policy 字段设置为 2，代码如下：

```
device_test :: Device {
    policy = 2;
    ...
}
```

其中 policy 具体的定义可查看 6.2.1 小节。

2. 配置驱动信息中的服务设备节点权限

配置驱动信息中的服务设备节点权限(permission 字段)是框架给驱动创建设备节点的权限，默认是 0666，驱动开发者可根据驱动的实际使用场景配置驱动服务设备节点权限。

3. 实现 Dispatch 方法

在服务实现过程中，实现服务基类成员 IDeviceIoService 中的 Dispatch 方法的代码如下：

```
// Dispatch 是用来处理用户态发下来的消息的
int32_t TestDriverDispatch(struct HdfDeviceIoClient *device, int cmdCode, struct HdfSBuf *data, struct
    HdfSBuf *reply)
{
    HDF_LOGE("test driver lite A dispatch");
    return HDF_SUCCESS;
}
int32_t TestDriverBind(struct HdfDeviceObject *device)
{
    HDF_LOGE("test for lite os test driver A Open!");
    if (device == NULL)
    {
        HDF_LOGE("test for lite os test driver A Open failed!");
        return HDF_FAILURE;
    }
    static struct ITestDriverService testDriverA =
    {
        .ioService.Dispatch = TestDriverDispatch,
        .ServiceA = TestDriverServiceA,
        .ServiceB = TestDriverServiceB,
    };
```

```
    device->service = (struct IDeviceIoService *)(&testDriverA);
    return HDF_SUCCESS;
}
```

4. 定义 cmd 类型

驱动定义消息处理函数中的 cmd 类型代码如下：

```
#define TEST_WRITE_READ 1        //读/写操作码 1
```

5. 获取服务接口并发送消息

用户态获取服务接口并发送消息到驱动，代码如下：

```
int SendMsg(const char *testMsg)
{
    if (testMsg = = NULL)
    {
        HDF_LOGE("test msg is null");
        return HDF_FAILURE;
    }
    struct HdfIoService *serv = HdfIoServiceBind("test_driver");
    if (serv = = NULL)
    {
        HDF_LOGE("fail to get service");
        return HDF_FAILURE;
    }
    struct HdfSBuf *data = HdfSBufObtainDefaultSize();
    if (data = = NULL)
    {
        HDF_LOGE("fail to obtain sbuf data");
        return HDF_FAILURE;
    }
    struct HdfSBuf *reply = HdfSBufObtainDefaultSize();
    if (reply = = NULL)
    {
        HDF_LOGE("fail to obtain sbuf reply");
        ret = HDF_DEV_ERR_NO_MEMORY;
        goto out;
    }
    if (!HdfSbufWriteString(data, testMsg))
    {
        HDF_LOGE("fail to write sbuf");
```

```
            ret = HDF_FAILURE;
            goto out;
        }
        int ret = serv->dispatcher->Dispatch(&serv->object, TEST_WRITE_READ, data, reply);
        if (ret != HDF_SUCCESS)
        {
            HDF_LOGE("fail to send service call");
            goto out;
        }
    out:
        HdfSBufRecycle(data);
        HdfSBufRecycle(reply);
        HdfIoServiceRecycle(serv);
        return ret;
    }
```

6. 用户态接收驱动上报的消息

(1) 用户态编写驱动上报消息的处理函数，代码如下：

```
static int OnDevEventReceived(void *priv,   uint32_t id, struct HdfSBuf *data)
{
    OsalTimespec time;
    OsalGetTime(&time);
    HDF_LOGE("%s received event at %llu.%llu", (char *)priv, time.sec, time.usec);

    const char *string = HdfSbufReadString(data);
    if (string == NULL)
    {
        HDF_LOGE("fail to read string in event data");
        return HDF_FAILURE;
    }
    HDF_LOGE("%s: dev event received: %d %s",   (char *)priv, id, string);
    return HDF_SUCCESS;
}
```

(2) 用户态注册接收驱动上报消息的操作方法，代码如下：

```
int RegisterListen()
{
    struct HdfIoService *serv = HdfIoServiceBind("test_driver");
    if (serv == NULL)
```

```
    {
        HDF_LOGE("fail to get service");
        return HDF_FAILURE;
    }
    static struct HdfDevEventlistener listener =
    {
        .callBack = OnDevEventReceived,
        .priv ="Service0"
    }
    if (HdfDeviceRegisterEventListener(serv, &listener) != 0)
    {
        HDF_LOGE("fail to register event listener");
        return HDF_FAILURE;
    }
    ...
    HdfDeviceUnregisterEventListener(serv, &listener);
    HdfIoServiceRecycle(serv);
    return HDF_SUCCESS;
}
```

(3) 驱动上报事件，代码如下：

```
    int32_t TestDriverDispatch(struct HdfDeviceObject *device, int cmdCode, struct HdfSBuf *data, struct
HdfSBuf *reply)
    {
        ...
        return HdfDeviceSendEvent(deviceObject, cmdCode, data);
    }
```

6.4

驱动配置管理

HCS 是 HDF 驱动框架的配置描述源码，内容以 Key-Value 为主要形式。它实现了配置代码与驱动代码解耦，便于开发者进行配置管理。

6.4.1　HCS 简介

鸿蒙 HCS 配置管理是指鸿蒙系统中的一种配置管理机制。

HCS 可以帮助开发者对应用程序进行灵活的配置管理，以满足不同设备、不同场景的需求。

HCS 配置管理以树状结构来组织配置项，开发者可以根据需要定义不同的配置项，并将其组织成一个层次化的结构。每个配置项都有一个唯一的标识符，开发者可以通过标识符来访问和修改配置项的值。

通过 HCS 配置管理，开发者可以实现动态配置的功能。在运行时，开发者可以根据需要修改特定的配置项的值，而无需重新编译和部署应用程序。这样可以大大提高应用程序的灵活性和可维护性。

鸿蒙 HCS 配置管理还支持多种配置项类型，包括整数、浮点数、字符串等。开发者可以根据具体需求选择适合的配置项类型。

HC-GEN(HDF Configuration Generator)是 HCS 配置转换工具，可以将 HDF 配置文件转换为软件可读取的文件格式。环境不同，转换的文件格式也不同。在弱性能环境中，文件格式转换为配置树源码或配置树宏定义，驱动可直接调用 C 代码或宏式 APIs 获取配置。在高性能环境中，文件格式转换为 HCB(HDF Configuration Binary)二进制文件，驱动可使用 HDF 驱动框架提供的配置解析接口获取配置。

HCS 配置使用流程图如图 6-3 所示。

HCS 经过 HC-GEN 编译生成 HCB 二进制文件，HDF 驱动框架中的 HCS Parser 模块会从 HCB 文件中重建配置树，HDF 驱动模块使用 HCS Parser 提供的配置读取接口获取配置内容。

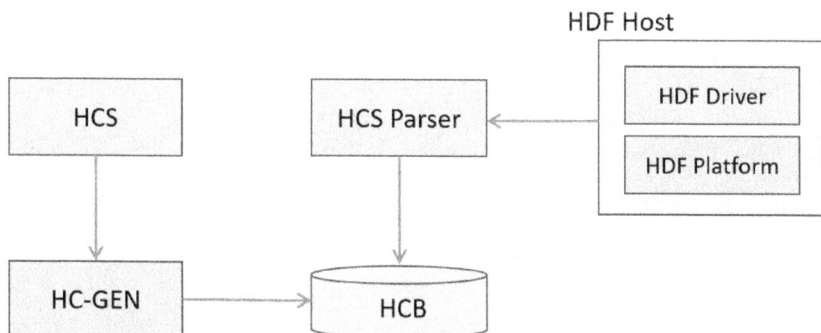

图 6-3　HCS 配置使用流程图

6.4.2　HCS 配置语法

HCS 配置语法包括关键字、基本组成结构、数据类型、预处理、注释、引用修改、节点复制、删除、属性引用等的描述。

1. 关键字

HCS 配置语法的部分关键字如表 6-5 所示。

表 6-5　HCS 配置语法关键字

关键字	用　　途	说　　明
root	配置根节点	—
include	引用其他 HCS 配置文件	—
delete	删除节点或属性	只能用于操作 include 导入的配置树
template	定义模板节点	—
match_attr	用于标记节点的匹配查找属性	解析配置时可以使用该属性的值查找到对应节点

2. 基本组成结构

HCS 配置文件主要由属性(attribute)和节点(node)两部分组成。

1) 属性

属性是最小的配置单元，是一个独立的配置项。其语法如下：

```
attribute_name = value;
```

其中：attribute_name 是字母、数字、下画线的组合且必须以字母或下画线开头，字母区分大小写。

value 的可用格式如下：

(1) 数字常量，支持二进制、八进制、十进制、十六进制数。

(2) 字符串，内容使用双引号引用。

(3) 节点引用。

attribute 必须以分号";"结束且必须属于一个 node。

2) 节点

节点是一组属性的集合，其语法如下：

```
node_name
{
    module = "test";
    ...
}
```

其中：node_name 是字母、数字、下画线的组合且必须以字母或下画线开头，字母区分大小写；大括号后无需添加结束符分号";"。

root 为保留关键字，用于声明配置表的根节点，每个配置表必须以 root 节点开始。

root 节点中必须包含 module 属性，其值应该为一个字符串，用于表征该配置所属模块。

节点中可以增加 match_attr 属性，其值为一个全局唯一的字符串。当驱动程序在解析配置时，可以以该属性的值为参数调用查找接口查找到包含该属性的节点。

3. 数据类型

在属性定义中使用自动数据类型，不强制要求数据类型，属性支持的数据类型有整型、字符串、数组、布尔类型。

(1) 整型：整型长度自动推断，根据实际数据长度给予最小空间占用的类型，有二进制、八进制、十进制和十六进制。

① 二进制，0b 前缀，示例：0b1010。

② 八进制，0 前缀，示例：0664。

③ 十进制，无前缀，且支持有符号与无符号，示例：1024，+1024 均合法。驱动程序在读取负值时注意使用有符号数读取接口。

④ 十六进制，0x 前缀，示例：0xff00、0xFF。

(2) 字符串：字符串使用双引号表示。

(3) 数组：数组元素支持整型、字符串，不支持混合类型。整型数组中，若 uint32_t 与 uint64_t 混用，则会向上转型为 uint64_t 数组。整型数组与字符串数组示例如下：

```
attr_foo = [0x01, 0x02, 0x03, 0x04];
attr_bar = ["hello", "world"];
```

(4) 布尔类型：布尔类型中 true 表示真，false 表示假。

4. 预处理

include 用于导入其他 HCS 文件。其语法如下：

```
#include "foo.hcs"
#include "../bar.hcs"
```

其中，文件名必须使用双引号，若不在同一目录下，则需要使用相对路径引用。被导入的文件也必须是合法的 HCS 文件。

若是多个 include 语句，当存在相同的节点时，则后者覆盖前者，其余的节点依次展开。

5. 注释

注释支持两种风格：单行注释和多行注释。其语法如下：

```
// comment        单行注释
/*
comment           多行注释
*/
```

6. 引用修改

引用修改可以实现修改另外任意一个节点的内容。其语法如下：

```
node :& source_node
```

上述语句表示 node 节点中的内容是对 source_node 节点内容的修改。具体代码如下：

```
root
{
    module = "test";
    foo {
        foo_ :& root.bar
        {
            attr = "foo";
        }
        foo1 :& foo2
        {
            attr = 0x2;
        }
        foo2
        {
            attr = 0x1;
        }
    }
    bar {
        attr = "bar";
    }
}
```

最终生成配置树，代码如下：

```
root
{
    module = "test";
    foo
    {
        foo2
        {
            attr = 0x2;
        }
    }
    bar
    {
        attr = "foo";
    }
}
```

在以上示例中，可以看到 foo.foo_节点通过引用将 bar.attr 属性的值修改为 foo，foo.foo1 节点通过引用将 foo.foo2.attr 属性的值修改为 0x2。foo.foo_以及 foo.foo1 节点表示对目标节点内容的修改，其自身并不会存在于最终生成的配置树中。

7. 节点复制

节点复制可以实现在节点定义时先从另一个节点复制内容，用于定义内容相似的节点。其语法如下：

```
node : source_node
```

上述语句表示在定义 node 节点时将另一个节点 source_node 的属性复制过来。具体代码如下：

```
root
{
    module = "test";
    foo
    {
        attr_0 = 0x0;
    }
    bar:foo
    {
        attr_1 = 0x1;
    }
}
```

上述代码的最终生成配置树如下：

```
root {
    module = "test";
    foo {
        attr_0 = 0x0;
    }
    bar {
        attr_1 = 0x1;
        attr_0 = 0x0;
    }
}
```

在上述示例中，编译后 bar 节点既包含 attr_0 属性，也包含 attr_1 属性，在 bar 节点中对 attr_0 属性的修改不会影响到 foo。

foo 和 bar 在同级 node 节点中可不指定 foo 的路径，否则需要使用绝对路径引用。

8. 删除

要对 include 导入的 base 配置树中不需要的节点或属性进行删除，可以使用 delete 关键字。下面的示例中 test1.hcs 通过 include 导入了 test2.hcs 中的配置内容，并使用 delete 删除了 test2.hcs 中的 attr_2 属性和 foo_2 节点。具体代码如下：

```
//test2.hcs
root
{
    attr_1 = 0x1;
    attr_2 = 0x2;
    foo_2
    {
        t = 0x1;
    }
}
//test1.hcs
#include "test2.hcs"
root
{
    attr_2 = delete;
    foo_2 : delete
    {
    }
}
```

上述代码在生成过程中将会删除 root.foo_2 节点与 attr_2 属性，最终生成配置树如下：

```
root
{
    attr_1 = 0x1;
}
```

9. 属性引用

为了在解析配置时快速定位到关联的节点，可以把节点作为属性的右值，通过读取属性查找到对应节点。其语法如下：

```
attribute = &node;
```

上述语句表示 attribute 的值是一个 node 节点的引用，在解析时可以用这个 attribute 快速定位到 node 节点，便于关联和查询其他 node 节点。代码如下(示例 1)：

```
node1
```

```
{
    attributes;
}
node2
{
    attr_1 = &root.node1;
}
```

代码如下(示例 2)：

```
node2
{
    node1
    {
        attributes;
    }
    attr_1 = &node1;
}
```

10. 模板

模板的用途在于生成严格一致的节点结构，以便对同类型 node 进行遍历和管理。

使用 template 关键字定义模板节点，子节点通过双冒号 ":" 声明继承关系。子节点可以改写或新增但不能删除 template 中的属性，子节点中没有定义的属性将使用 template 中的定义作为默认值。代码如下：

```
root
{
    module = "test";
    template foo
    {
        attr_1 = 0x1;
        attr_2 = 0x2;
    }
    bar :: foo
    {
    }
    bar_1 :: foo
    {
        attr_1 = 0x2;
    }
```

```
    }
```

生成配置树如下：

```
root
{
    module = "test";
    bar
    {
        attr_1 = 0x1;
        attr_2 = 0x2;
    }
    bar_1
    {
        attr_1 = 0x2;
        attr_2 = 0x2;
    }
}
```

在上述示例中，bar 和 bar_1 节点继承了 foo 节点，生成配置树节点结构与 foo 完全一致，只是属性的值不同。

6.4.3 生成配置

HC-GEN 是配置生成的工具，可以对 HCS 配置语法进行检查并把 HCS 源文件转换成 HCB 二进制文件。

HC-GEN 的具体参数如下：

```
Usage: hc-gen [Options] [File]
options:
    -o <file>      output file name, default same as input
    -a             hcb align with four bytes
    -b             output binary output, default enable
    -t             output config in C language source file style
    -m             output config in macro source file style
    -i             output binary hex dump in C language source file style
    -p <prefix>    prefix of generated symbol name
    -d             decompile hcb to hcs
    -V             show verbose info
    -v             show version
    -h             show this help message
```

生成各种配置文件的命令如下。

(1) 生成.c/.h 配置文件：

```
hc-gen -o [OutputCFileName] -t [SourceHcsFileName]
```

(2) 生成 HCB 配置文件：

```
hc-gen -o [OutputHcbFileName] -b [SourceHcsFileName]
```

(3) 生成宏定义配置文件：

```
hc-gen -o [OutputMacroFileName] -m [SourceHcsFileName]
```

(4) 反编译 HCB 文件为 HCS：

```
hc-gen -o [OutputHcsFileName] -d [SourceHcbFileName]
```

6.5

HDF 点亮 LED 灯实验

HDF 点亮 LED 灯实验

本节基于 HDF 驱动框架，设计一个完整的样例，包含驱动代码的实现以及用户程序和驱动交互的过程。

6.5.1　用户程序和驱动交互代码

1. 主函数功能

(1) HdfIoServiceBind()函数通过驱动服务名 hdf_led 绑定驱动。

(2) SendEvent()函数实现用户程序和驱动的数据交互。

(3) HdfIoServiceRecycle()函数释放申请的内存资源。

2. SendEvent()函数功能

(1) HdfSBufObtainDefaultSize()函数申请存放数据的内存空间。

(2) serv->dispatcher->Dispatch()函数将数据传入驱动以及接收驱动回传的数据。

(3) HdfSbufWriteUint8()函数将数据写入内存。

(4) HdfSbufReadInt32()函数将内存的数据读取出来。

(5) HdfSBufRecycle()函数释放内存。

具体代码如下：

```c
#include <fcntl.h>
#include <sys/stat.h>
#include <sys/ioctl.h>
#include <unistd.h>
#include <stdio.h>
#include "hdf_sbuf.h"
#include "hdf_io_service_if.h"

#define LED_WRITE_READ 1
#define LED_SERVICE "hdf_led"

static int SendEvent(struct HdfIoService *serv, uint8_t eventData)
{
    int ret = 0;
    struct HdfSBuf *data = HdfSBufObtainDefaultSize();
    if (data == NULL)
    {
        printf("fail to obtain sbuf data!\r\n");
        return 1;
    }

    struct HdfSBuf *reply = HdfSBufObtainDefaultSize();
    if (reply == NULL)
    {
        printf("fail to obtain sbuf reply!\r\n");
        ret = HDF_DEV_ERR_NO_MEMORY;
        goto out;
    }
    /*写入数据*/
    if (!HdfSbufWriteUint8(data, eventData))
    {
        printf("fail to write sbuf!\r\n");
        ret = HDF_FAILURE;
        goto out;
    }
    /*通过 Dispatch 发送到驱动*/
    ret = serv->dispatcher->Dispatch(&serv->object, LED_WRITE_READ, data, reply);
    if (ret != HDF_SUCCESS)
    {
```

```
                printf("fail to send service call!\r\n");
                goto out;
        }

        int replyData = 0;
        /*读取驱动的回复数据*/
        if (!HdfSbufReadInt32(reply, &replyData))
        {
                printf("fail to get service call reply!\r\n");
                ret = HDF_ERR_INVALID_OBJECT;
                goto out;
        }
        printf("\r\nGet reply is: %d\r\n", replyData);
out:
        HdfSBufRecycle(data);
        HdfSBufRecycle(reply);
        return ret;
}

int main(int argc, char **argv)
{
        int i;
        /*获取服务*/
        struct HdfIoService *serv = HdfIoServiceBind(LED_SERVICE);
        if (serv == NULL)
        {
                printf("fail to get service %s!\r\n", LED_SERVICE);
                return HDF_FAILURE;
        }
        for (i=0; i < argc; i++)
        {
                printf("\r\nArgument %d is %s.\r\n", i, argv[i]);
        }
        SendEvent(serv, atoi(argv[1]));     //发送传入的参数
        HdfIoServiceRecycle(serv);          //释放内存
        printf("exit");
        return HDF_SUCCESS;
}
```

6.5.2 驱动代码

驱动入口相关介绍如下：

(1) .moduleName = "HDF_LED"：驱动名称，编译工具链用到。

(2) .Bind = HdfLedDriverBind：驱动对外提供的服务能力，实现驱动与用户程序的数据交互。

(3) .Init = HdfLedDriverInit：驱动自身业务初始的接口，LED 引脚初始化配置。

(4) .Release = HdfLedDriverRelease：驱动资源释放。

LedDriverDispatch 函数与用户程序实现数据交互、开灯关灯及状态翻转代码实现。

驱动代码如下：

```
#include "hdf_device_desc.h"
#include "hdf_log.h"
#include "device_resource_if.h"
#include "osal_io.h"
#include "osal.h"
#include "osal_mem.h"
#include "gpio_if.h"
#include "stdio.h"
#include "Module_Common.h"

#define HDF_LOG_TAG led_driver    //打印日志所包含的标签，如果不定义则用默认定义的
                                  HDF_TAG 标签
#define LED_WRITE_READ 1          //读写操作码 1

enum LedOps
{
    LED_OFF,
    LED_ON,
    LED_TOGGLE,
};

struct Stm32Mp1ILed
{
    uint32_t gpioNum;
};
static struct Stm32Mp1ILed g_Stm32Mp1ILed;
uint8_t status = 0;
```

```
// Dispatch 用来处理用户态发来的消息
int32_t LedDriverDispatch(struct HdfDeviceIoClient *client, int cmdCode, struct HdfSBuf *data, struct
    HdfSBuf *reply)
{
    uint8_t contrl;
    HDF_LOGE("Led driver dispatch");
    if (client == NULL || client->device == NULL)
    {
        HDF_LOGE("Led driver device is NULL");
        return HDF_ERR_INVALID_OBJECT;
    }

    switch (cmdCode)
    {   /*接收用户态发来的 LED_WRITE_READ 命令*/
    case LED_WRITE_READ:
        /*读取 data 里的数据，赋值给 contrl*/
        HdfSbufReadUint8(data,&contrl);
        switch (contrl)
        {
        /*开灯*/
        case LED_ON:
            GpioWrite(g_Stm32Mp1ILed.gpioNum, GPIO_VAL_LOW);
            status = 1;
            break;
        /*关灯*/
        case LED_OFF:
            GpioWrite(g_Stm32Mp1ILed.gpioNum, GPIO_VAL_HIGH);
            status = 0;
            break;
        /*状态翻转*/
        case LED_TOGGLE:
            if(status == 0)
            {
                GpioWrite(g_Stm32Mp1ILed.gpioNum, GPIO_VAL_LOW);
                status = 1;
            }
            else
            {
```

```
                    GpioWrite(g_Stm32Mp1ILed.gpioNum, GPIO_VAL_HIGH);
                    status = 0;
                }
                break;
            default:
                break;
            }
            /*把 LED 的状态值写入 reply，可被带至用户程序*/
            if (!HdfSbufWriteInt32(reply, status))
            {
                HDF_LOGE("replay is fail");
                return HDF_FAILURE;
            }
            break;
        default:
            break;
        }
    return HDF_SUCCESS;
}


//读取驱动私有配置
static int32_t Stm32LedReadDrs(struct Stm32Mp1ILed *led, const struct DeviceResourceNode *node)
{
    int32_t ret;
    struct DeviceResourceIface *drsOps = NULL;

    drsOps = DeviceResourceGetIfaceInstance(HDF_CONFIG_SOURCE);
    if (drsOps == NULL || drsOps->GetUint32 == NULL)
    {
        HDF_LOGE("%s: invalid drs ops!", __func__);
        return HDF_FAILURE;
    }
    /*读取 led.hcs 里面 led_gpio_num 的值*/
    ret = drsOps->GetUint32(node, "led_gpio_num", &led->gpioNum, 0);
    if (ret != HDF_SUCCESS)
    {
        HDF_LOGE("%s: read led gpio num fail!", __func__);
        return ret;
```

```
    }
    return HDF_SUCCESS;
}

//驱动对外提供的服务能力，将相关的服务接口绑定到 HDF 驱动框架
int32_t HdfLedDriverBind(struct HdfDeviceObject *deviceObject)
{
    if (deviceObject == NULL)
    {
        HDF_LOGE("Led driver bind failed!");
        return HDF_ERR_INVALID_OBJECT;
    }
    static struct IDeviceIoService ledDriver =
    {
        .Dispatch = LedDriverDispatch,
    };
    deviceObject->service = (struct IDeviceIoService *)(&ledDriver);
    HDF_LOGD("Led driver bind success");
    return HDF_SUCCESS;
}

//驱动自身业务初始的接口
int32_t HdfLedDriverInit(struct HdfDeviceObject *device)
{
    struct Stm32Mp1ILed *led = &g_Stm32Mp1ILed;
    int32_t ret;

    if (device == NULL || device->property == NULL)
    {
        HDF_LOGE("%s: device or property NULL!", __func__);
        return HDF_ERR_INVALID_OBJECT;
    }
    /*读取 hcs 私有属性值*/
    ret = Stm32LedReadDrs(led, device->property);
    if (ret != HDF_SUCCESS)
    {
        HDF_LOGE("%s: get led device resource fail:%d", __func__, ret);
        return ret;
```

```
    }
    /*将 GPIO 引脚配置为输出*/
    ret = GpioSetDir(led->gpioNum, GPIO_DIR_OUT);
    if (ret != 0)
    {
        HDF_LOGE("GpioSerDir: failed, ret %d\n", ret);
        return ret;
    }
    HDF_LOGD("Led driver Init success");
    return HDF_SUCCESS;
}


//驱动资源释放的接口
void HdfLedDriverRelease(struct HdfDeviceObject *deviceObject)
{
    if (deviceObject == NULL)
    {
        HDF_LOGE("Led driver release failed!");
        return;
    }
    HDF_LOGD("Led driver release success");
    return;
}


//定义驱动入口的对象，必须为 HdfDriverEntry(在 hdf_device_desc.h 中定义)类型的全局变量
struct HdfDriverEntry g_ledDriverEntry =
{
    .moduleVersion = 1,              //版本号
    .moduleName = "HDF_LED",         //驱动名称
    .Bind = HdfLedDriverBind, //驱动对外提供的服务能力，将相关的服务接口绑定到 HDF 驱动
                              框架
    .Init = HdfLedDriverInit,             //驱动自身业务初始的接口
    .Release = HdfLedDriverRelease,       //驱动资源释放的接口
};
                                //调用 HDF_INIT 将驱动入口注册到 HDF 驱动框架中
HDF_INIT(g_ledDriverEntry);
```

6.5.3　实验结果

对实验代码进行编译烧录后，打开 MobaXterm 串口助手对 STM32MP157 进行操控。等待系统启动完成后，输入以下命令即可操控 LED 灯。

输入 "./my_led 0"，实验箱上的 LED 灯熄灭。

输入 "./my_led 1"，实验箱上的 LED 灯点亮。

输入 "./my_led 2"，实验箱上的 LED 灯状态发生改变。

程序运行结果如图 6-4 所示。

```
OHOS # cd bin
OHOS # ./my_led 1
OHOS #
Argument 0 is my_led.

Argument 1 is 1.

Get reply is: 1
01-01 00:01:07.727 10 43 E 02500/led_driver: Led driver dispatch
exit
OHOS # ./my_led 0
OHOS #
Argument 0 is my_led.

Argument 1 is 0.

Get reply is: 0
exit01-01 00:01:27.875 11 43 E 02500/led_driver: Led driver dispatch

OHOS # ./my_led 2
OHOS #
Argument 0 is my_led.

Argument 1 is 2.

Get reply is: 1
exit01-01 00:01:34.908 12 43 E 02500/led_driver: Led driver dispatch
```

图 6-4　点亮 LED 灯程序运行结果

习　　题

1. 填空题

(1) HDF 驱动配置文件主要由_____和_____组成。

(2) HDF 定义的设备驱动模型中，包括：_____、_____、_____、_____。

(3) HDF 驱动配框架一般将类型相同、功能相似或业务关联紧密的多种设备放到一个_____里面。

(4) HDF 驱动开发中的驱动实现包含_____和_____。

(5) HDF 驱动开发中的驱动配置包含 HDF 驱动配框架定义的_____及驱动的_____两部分。

2. 判断题

(1) HDF 驱动配框架中驱动服务管理开发的第一步是定义驱动的服务接口。(   )

(2) HDF 驱动配框架在加载驱动的时候，会获取对应的配置信息并将其保存在 HdfDeviceObject 中的 property 里面，通过 cmd 和 data 传递给驱动。(   )

(3) HDF 使用 HCS 作为配置描述源码。(   )

(4) BUILD.gn 文件中 sources 模块为头文件路径。(   )

(5) HDF 驱动配框架中的驱动入口必须为 HdfDriverEntry 类型的全局变量。(   )

3. 简答题

HDF 点亮 LED 灯实验实现底层与应用层交互的代码有哪些？

实 践 篇

项目 1　智能安防设备开发

随着物联网时代的到来，很多场合对于安防的需求越来越旺盛，例如写字楼、住宅、政府部门等。本项目通过智能安防设备的开发，使读者掌握 OpenHarmony 轻量级系统的开发过程。

S1.1

智能安防概述

智能安防技术是传统安防技术向智能安全监控、预警、管理等方向转型的产物。

智能安防技术源于传统安全技术，最早的录像监控系统诞生于 20 世纪 80 年代。这种系统由记录仪、摄像机和显示器三个部分组成，可以记录、监控现场的情况。由于这种监控系统不稳定，容易被人为破坏和破解，因此无法真正实现安全监控。

随着数字技术和计算机技术的迅速发展，智能安防技术开始向数字安防技术转型。数字化监控系统可以将数字视频传输到网络中，实现远程监控，不仅可以提高监控效率，也可以降低监控成本和智能安防技术的门槛。此外，数字化安防技术可以结合数据分析，实现智能告警和智能管理。

随着人工智能的兴起和应用，智能安防技术又向人工智能化、自动化方向转型。通过图像识别、行为分析和数据挖掘，智能安防系统可以自动识别嫌疑人、车辆等，实现自动报警，大大提高了监控效率和预警能力。

智能安防技术主要应用场景有城市安防、工厂生产、家庭监控等。

1. 城市安防

城市是人们生活的重要场所，也是犯罪、突发事件发生的重点地区。智能安防技术可以在城市公共场所、交通枢纽、商业区等区域实现全面、高效的安全监控和警报。通过人脸识别、车辆追踪等技术手段，可以实时掌握犯罪嫌疑人的身份和活动轨迹，有效遏制犯罪行为的发生，大大提高城市安全系数。

2. 工厂生产

在传统安防中，工厂生产是一个比较容易被忽视的环节。随着智能安防技术的发展，工厂生产环节的监控得到了很大的改善和提升。通过传感器技术和智能算法，可以实现对机器运行状态的监测和控制，在出现故障或异常情况时，能够及时发出警报或自动停机，避免生产线被破坏或出现生产质量问题。

3. 家庭监控

随着人们对家庭安全的关注度越来越高，智能家居安防已经成为智能安防技术的应用领域之一。智能安防系统可以通过摄像头、门窗传感器等感应设备实现对家庭安全的监控和保护。并且通过智能设备的组合，能够实现语音控制、情景触发等功能，提高了家庭安全保障的智能化和便捷性。

为了保障家庭生活中人身及财产安全，本项目将基于鸿蒙系统设计一款智能安防报警系统。当家中发生非正常紧急情况时，该智能安防报警系统通过相关传感器的感应，即可及时将测量数据反馈给智能设备，若设备判断为外来人员入侵，则立即进行声光报警。

S1.2

智能安防设备硬件环境

本项目要开发的智能安防设备的主控芯片是 Hi3861 芯片，使用的硬件设备是热释电红外传感器、蜂鸣器、LED 灯等，实现检测到人体后触发报警的功能。

1. Hi3861 芯片

Hi3861 是海思半导体有限公司开发的一款高度集成的 2.4 GHz SoC WiFi 芯片，如图 S1-1 所示。该芯片集成了 IEEE 802.11b/g/n 基带和 RF 电路，RF 电路包括功率放大器 PA、低噪声放大器 LNA、RF balun、天线开关以及电源管理等模块；还集成了高性能 32 bit 微处理器和丰富的外设接口，外设接口包括 SPI、UART、I^2C、PWM、GPIO 和多路 ADC。该芯片内置 SRAM 和 Flash，可独立运行，并支持在 Flash 上运行程序。该芯片还支持 Huawei LiteOS 和第三方组件，并配套提供开放、易用的开发和调试运行环境。

图 S1-1　Hi3861 芯片

Hi3861 芯片适用于智能家电等物联网智能终端领域。其典型应用场景包括智慧路灯、智慧物流、人体红外等连接类设备。

2. 热释电红外传感器

热释电红外传感器又称人体红外传感器，其外形如图 S1-2 所示。

热释电红外传感器是一种新型高灵敏度红外探测元件。它能以非接触形式检测出人体或某些动物辐射的红外线能量的变化，并将其转换成电压信号输出。若将输出的电压信号放大，则可驱动各种控制电路，故热释电红外传感器广泛应用于防盗报警、来客告知及非接触开关等红外领域。

3. 蜂鸣器

蜂鸣器是一种一体化结构的电子器件，其采用直流电压供电，广泛应用于计算机、打印机、复印机、报警器、电子玩具、电子设备、电话机、定时器等电子产品中作为发声器件。蜂鸣器外形如图 S1-3 所示。

图 S1-2　热释电红外传感器　　　　　图 S1-3　蜂鸣器

4. LED 灯

贴片 LED 又称 SMD LED，是电路板上常用的元器件，如图 S1-4 所示。它的发光原理是电流流过化合物半导体，通过电子与空穴的结合使过剩的能量以光的形式释出，从而实现发光的效果。

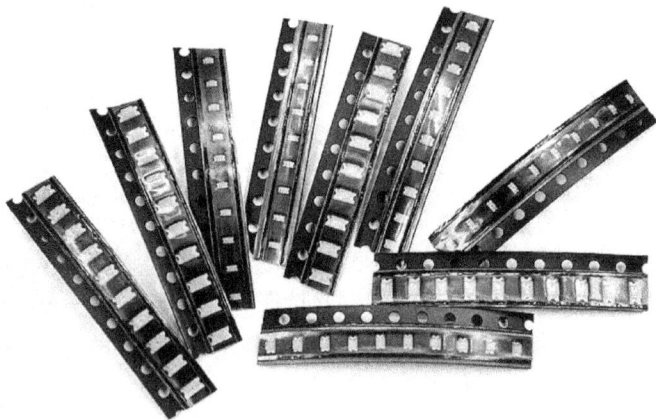

图 S1-4　LED 灯

5. NFC 通信

NFC 即近场通信，是一种非接触式识别互联技术，可以在移动设备、PC 和智能设备间进行近距离无线通信。

NFC 芯片是 NFC 技术的重要组成部分，其具有通信功能和一定的计算能力，部分 NFC 芯片甚至具有加密逻辑电路及加密/解密模块。

使用的 NFC 芯片是 NT3H1201 芯片，该芯片支持 I^2C 通信，支持可配置的现场检测引脚，其内部配备有 EEPROM 存储芯片，允许在 RF 和 I^2C 之间快速传输数据。

S1.3

项 目 开 发

智能安防设备开发

在进行项目开发之前，需要对工程进行设计，一个工程不仅包含.h 头文件和.c 程序文件，还有 BUILD.gn 编译文件。

搭建完成工程目录就可以进行正式的开发工作，包括蜂鸣器驱动、热释电传感器驱动的开发和安防任务的开发。开发完成后，进行最后的功能调测。

S1.3.1　搭建智能安防设备开发代码

在 Hi3861 工程目录下添加智能安防工程 AF，如图 S1-5 所示。

(1) 在 Hi3861 工程目录的 app 文件夹下创建文件夹 AF，即安防的简称。

(2) 在 AF 文件夹下创建 app_AF.c 与 BUILD.gn 文件以及 inc 与 src 文件夹。

在 inc 文件夹下创建 AF.h 文件。

在 src 文件夹下创建 AF.c 文件。

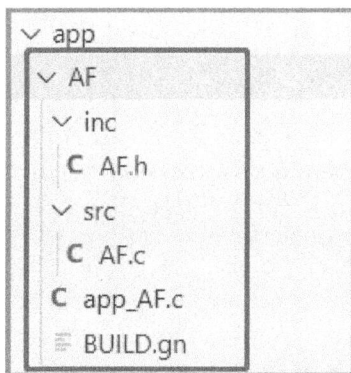

图 S1-5　智能安防工程目录

S1.3.2 蜂鸣器驱动开发

蜂鸣器驱动开发主要包括初始化 GPIO 引脚、设置蜂鸣器状态两方面的内容。

1. 初始化 GPIO 引脚

Hi3861 芯片连接蜂鸣器的引脚为 GPIO_08，将该引脚进行宏定义，相关代码如下：

```
#define AF_BEEP 8        //蜂鸣器的引脚
```

控制蜂鸣器需要用到 PWM，GPIO_08 引脚对应的为 PWM1_OUT 复用信号。所以对引脚进行初始化时需要将引脚复用为 PWM1 并设置为输出模式，相关代码如下：

```
/*GPIO 初始化*/
hi_gpio_init();                                         //初始化 GPIO
hi_io_set_func(AF_BEEP, HI_IO_FUNC_GPIO_8_PWM1_OUT); //设置 GPIO_8 引脚复用功能为 PWM
hi_gpio_set_dir(AF_BEEP, HI_GPIO_DIR_OUT);           //设置 GPIO_8 引脚为输出模式
hi_pwm_init(HI_PWM_PORT_PWM1);                        //初始化 PWM1 端口
```

2. 设置蜂鸣器状态

宏定义 PWM 的频率与占空比，相关代码如下：

```
#define PWM_DUTY 3999                //PWM 的占空比
#define PWM_FREQ 4000                //PWM 的频率
```

通过控制 GPIO_08 引脚是否输出 PWM 来达到控制蜂鸣器的目的，相关代码如下：

```
/*设置蜂鸣器的状态*/
void BeepStatusSet(int status)
{
    if (status == 1)
    {
        hi_pwm_start(HI_PWM_PORT_PWM1, PWM_DUTY, PWM_FREQ);    //输出 PWM
    }
    if (status == 0)
    {
        hi_pwm_stop(HI_PWM_PORT_PWM1);                          //停止输出 PWM
    }
}
```

S1.3.3 人体热释电传感器驱动开发

人体热释电传感器驱动开发包括初始化 GPIO 引脚、传感器检测功能两方面内容。

1. 初始化 GPIO 引脚

Hi3861 芯片连接人体热释电传感器的引脚为 GPIO_07，将该引脚进行宏定义，相关代码如下：

```
#define AF_PIR   7        //热释电红外传感器的引脚
```

由于人体热释电传感器模块检测到有人靠近时会输出高电平，因此与之对应的 GPIO_07 引脚需要检测输入电平是否为高电平。所以需要将 GPIO_07 设置为上拉输入模式，相关代码如下：

```
/** GPIO 初始化 **/
hi_gpio_init();
hi_io_set_func(AF_PIR, HI_IO_FUNC_GPIO_7_GPIO);     //设置为 GPIO 模式
hi_gpio_set_dir(AF_PIR, HI_GPIO_DIR_IN);            //设置 GPIO_7 为输入模式
hi_io_set_pull(AF_PIR, HI_IO_PULL_UP);              //上拉模式
```

2. 功能开发

Hi3861 芯片只需要检测人体热释电传感器模块是否输出高电平，即可知道是否有人靠近而需要发出警报，所以需要用到 GPIO_07 的上升沿中断，相关代码如下：

```
hi_gpio_register_isr_function(AF_PIR,HI_INT_TYPE_EDGE,
HI_GPIO_EDGE_RISE_LEVEL_HIGH, func, NULL);          //设置上升沿中断
```

中断响应函数的功能是将标志位写入事件中，中断触发则证明此事件发生。其他等待此事件触发的函数即可根据有无此标志位进行判断，相关代码如下：

```
static void BeepAlarm(char *arg)
{
    (void)arg;
    osEventFlagsSet(g_eventFlagsId, FLAGS_MSK1);
}
```

S1.3.4　智能安防任务开发

对任务、延时、事件等参数进行宏定义或者全局定义，相关代码如下：

```
#define TASK_STACK_SIZE (1024 * 8)     //任务内存大小
#define TASK_PRIO 25                    //任务优先级
#define TASK_DELAY_3S 300               //延时 3 s 的参数
#define TASK_DELAY_1S 100               //延时 1 s 的参数
#define TASK_DELAY_100MS 100000         //延时 100 ms 的参数
#define FLAGS_MSK1 0x00000001U          //事件标志位
```

```
osEventFlagsId_t g_eventFlagsId;              //事件
uint8_t topic_buf[64] = "MQTT_MCU";           //发布的主题
```

创建智能安防任务，相关代码如下：

```
osThreadAttr_t attr;
attr.name = "AFTask";                    //任务名称
attr.attr_bits = 0U;                     //任务属性位
attr.cb_mem = NULL;                      //任务控制块的内存初始化地址，默认为系统分配
attr.cb_size = 0U;                       //任务控制块的内存大小
attr.stack_mem = NULL;                   //任务的内存初始地址，默认为系统自动分配
attr.stack_size = TASK_STACK_SIZE;       //任务的内存大小
attr.priority = TASK_PRIO;               //任务的优先级
/*创建任务*/
if (osThreadNew((osThreadFunc_t)AFTask, NULL, &attr) == NULL)
{
    printf("Failed to create AFTask!\n");
}
printf("Succeed to create AFTask!\n");
```

创建事件，初始化及启动人体热释电传感器，初始化及启动 NFC 功能并将 NFC 芯片序列号组包输出，相关代码如下：

```
g_eventFlagsId = osEventFlagsNew(NULL);       //创建一个事件 ID
if (g_eventFlagsId == NULL)
{
    printf("Failed to create EventFlags!\n");
}

AFInit();                                //初始化 AF 模块
ret = AFReadData(BeepAlarm);             //读人体热释电传感器的数据
if (ret != 0)
{
  printf("AF Read Data failed!\r\n");
  return;
}printf("AF Read Data succeed!\r\n");

NFC_GPIOInit();                          //初始化 NFC 的通信引脚
usleep(TASK_DELAY_100MS);                //延迟 100 ms
```

```
NT3HGetNxpSerialNumber(buffer);              //获取 NFC 芯片的序列号
Hex2StringArray(str_buf, 6, buffer);         //转化为字符串
StringCat(topic_buf, str_buf);               //组成一个新的发布主题
printf("Topic:%s\r\n", topic_buf);
rct = storcText(NDEFFirstPos, topic_buf);    //把发布的主题写入 NFC 芯片中
if (ret != 1)
{
    printf("NFC Write Data Falied :%d ", ret);
}
printf("Successful deployment!\r\n");
```

智能安防功能代码实现。程序会一直等待事件响应，如果有人靠近，则人体热释电传感器模块输出高电平触发中断，向事件中写入标志位；等待的事件得到响应，蜂鸣器报警并且在串口输出警报以及警报次数，相关代码如下：

```
while (1)
{
    osEventFlagsWait(g_eventFlagsId, FLAGS_MSK1, osFlagsWaitAny, osWaitForever);
                                          //等待事件响应
    printf("\r\n !!!warning!!! \r\n");
    time++;
    printf("Number of alerts: %d\r\n",time);
    BeepStatusSet(ON);            //开蜂鸣器
    osDelay(TASK_DELAY_3S);       //延时 3 s
    BeepStatusSet(OFF);           //关蜂鸣器
    osDelay(TASK_DELAY_1S);       //延时 1 s
}
```

S1.3.5　智能安防设备功能调测

对代码的编译烧写完成后启动程序，运行结果如图 S1-6 所示，图中：
(1) 输出"Succeed to create AFTask!"，表示智能安防任务创建成功。
(2) 输出"AF Read Data succeed!"，表示人体热释电传感器启动成功。
(3) 输出"Successful deployment!"，表示程序启动成功，开始检测是否有人员靠近。
(4) 输出"!!!warning!!!"，表示有人员靠近并发出警报，蜂鸣器开始工作，发出警报声。
(5) 输出"Number of alerts:"，表示报警次数。

```
hiview init success.
Succeed to create AFTask!
AF Read Data succeed!

[PARAM][param_service.c:125]ParamServiceTask start
Topic:MQTT_MCU000005002010

Successful deployment!


!!!warning!!!

Number of alerts: 1


!!!warning!!!

Number of alerts: 2
```

图 S1-6　智能安防设备的程序运行结果

S1.3.6　项目工程代码

智能安防设备代码包括：app_AF.c、inc/AF.h 和 src/AF.c 三个部分。

(1) app_AF.c：主体程序代码，包含智能安防任务创建、各外设程序初始化、主要功能代码实现。相关代码如下：

```c
#include <stdio.h>
#include <string.h>

#include "cmsis_os2.h"
#include "ohos_init.h"


#include "hi_io.h"
#include "hi_pwm.h"
#include "hi_gpio.h"
#include "AF.h"
#include "mqtt_connect.h"
#include "bsp_string.h"
```

```
#include "bsp_nfc.h"
#include "NT3H.h"

#define TASK_STACK_SIZE (1024 * 8)      //任务内存大小
#define TASK_PRIO 25                    //任务优先级
#define TASK_DELAY_3S 300               //延时 3 s 的参数
#define TASK_DELAY_1S 100               //延时 1 s 的参数
#define TASK_DELAY_100MS 100000         //延时 100 ms 的参数
#define FLAGS_MSK1 0x00000001U          //事件标志位

osEventFlagsId_t g_eventFlagsId;        //事件
uint8_t topic_buf[64] = "MQTT_MCU";     //发布的主题

/* *
  * @brief 中断响应函数
*/
static void BeepAlarm(char *arg)
{
    (void)arg;
    osEventFlagsSet(g_eventFlagsId, FLAGS_MSK1);
}

/* *
  * @brief AF 任务函数
*/
static void AFTask(void)
{
    int ret;
    int time = 0;
    uint8_t human_state = '1';
    uint8_t buffer[16] = {0};
    uint8_t str_buf[32] = {0};

    AFInit();                           //初始化 AF 模块
    ret = AFReadData(BeepAlarm);        //读人体热释电传感器的数据
    if (ret != 0) {
        printf("AF Read Data failed!\r\n");
        return;
```

```
        }printf("AF Read Data succeed!\r\n");

        NFC_GPIOInit();                          //初始化 NFC 的通信引脚
        usleep(TASK_DELAY_100MS);                //延迟 100 ms
        NT3HGetNxpSerialNumber(buffer);          //获取 NFC 芯片的序列号
        Hex2StringArray(str_buf, 6, buffer);     //转化为字符串
        StringCat(topic_buf, str_buf);           //组成一个新的发布主题
        printf("Topic:%s\r\n", topic_buf);
        ret = storeText(NDEFFirstPos, topic_buf);    //把发布的主题写入 NFC 芯片中
        if (ret != 1)
        {
            printf("NFC Write Data Falied :%d ", ret);
        }
        printf("Successful deployment!\r\n");

        while (1)
        {
            osEventFlagsWait(g_eventFlagsId,FLAGS_MSK1,osFlagsWaitAny, osWaitForever);
                                                 //等待事件响应
            printf("\r\n !!!warning!!! \r\n");
            time++;
            printf("Number of alerts: %d\r\n",time);
            BeepStatusSet(ON);                   //开蜂鸣器
            osDelay(TASK_DELAY_3S);              //延时 3 s
            BeepStatusSet(OFF);                  //关蜂鸣器
            osDelay(TASK_DELAY_1S);              //延时 1 s
        }
    }

/* *
    * @brief AF 任务创建函数
    */
static void AFEntry(void)
{
    g_eventFlagsId = osEventFlagsNew(NULL);  //创建一个事件 ID
    if (g_eventFlagsId = = NULL)
    {
        printf("Failed to create EventFlags!\n");
```

```
    }
    osThreadAttr_t attr;

    attr.name = "AFTask";               //任务名称
    attr.attr_bits = 0U;                //任务属性位
    attr.cb_mem = NULL;                 //任务控制块的内存初始化地址，默认为系统分配
    attr.cb_size = 0U;                  //任务控制块的内存大小
    attr.stack_mem = NULL;              //任务的内存初始地址，默认为系统自动分配
    attr.stack_size = TASK_STACK_SIZE;  //任务的内存大小
    attr.priority = TASK_PRIO;          //任务的优先级

    /*创建任务*/
    if (osThreadNew((osThreadFunc_t)AFTask, NULL, &attr) == NULL)
    {
        printf("Failed to create AFTask!\n");
    }
    printf("Succeed to create AFTask!\n");
}
/*让系统运行指定的函数*/
APP_FEATURE_INIT(AFEntry);
```

(2) inc/AF.h：硬件外设初始化头文件，相关代码如下：

```
#ifndef __AF_H__
#define __AF_H__

typedef enum {
    OFF = 0,
    ON
};

void AFInit(void);
int AFReadData(char *func);
void BeepStatusSet(int status);

#endif
```

(3) src/AF.c：硬件外设引脚初始化及对应功能实现，相关代码如下：

```
#include <math.h>
```

```c
#include <stdio.h>
#include <string.h>
#include <unistd.h>

#include "cmsis_os2.h"
#include "hi_io.h"
#include "hi_pwm.h"
#include "hi_gpio.h"

#define AF_BEEP 8                                    //蜂鸣器的引脚
#define AF_PIR   7                                   //热释电红外传感器的引脚

#define PWM_DUTY 3999                                //PWM 的占空比
#define PWM_FREQ 4000                                //PWM 的频率

/*IO 初始化*/
static void AFIoInit(void)
{
    /*GPIO 初始化*/
    hi_gpio_init();                                  //初始化 GPIO
    hi_io_set_func(AF_BEEP, HI_IO_FUNC_GPIO_8_PWM1_OUT);
                                                     //设置 GPIO_8 引脚复用功能为 PWM
    hi_gpio_set_dir(AF_BEEP, HI_GPIO_DIR_OUT);       //设置 GPIO_8 引脚为输出模式
    hi_pwm_init(HI_PWM_PORT_PWM1);                   //初始化 PWM1 端口

    hi_io_set_func(AF_PIR, HI_IO_FUNC_GPIO_7_GPIO);  //设置为 GPIO 模式
    hi_gpio_set_dir(AF_PIR, HI_GPIO_DIR_IN);         //设置 GPIO_7 为输入模式
    hi_io_set_pull(AF_PIR, HI_IO_PULL_UP);           //上拉模式
}

/*初始化 AF*/
void AFInit(void)
{
    AFIoInit();
}

/*读传感器数据*/
int AFReadData(char *func)
```

```
    {
        uint32_t ret;

        ret=hi_gpio_register_isr_function(AF_PIR,HI_INT_TYPE_EDGE,
            HI_GPIO_EDGE_RISE_LEVEL_HIGH, func, NULL);                    //设置上升沿中断
        if ( ret != 0)
        {
            return -1;
        }
        return 0;
    }


    /*设置蜂鸣器的状态*/
    void BeepStatusSet(int status)
    {
        if (status == 1)
        {
            hi_pwm_start(HI_PWM_PORT_PWM1, PWM_DUTY, PWM_FREQ);    //输出 PWM
        }
        if (status == 0)
        {
            hi_pwm_stop(HI_PWM_PORT_PWM1);                        //停止输出 PWM
        }
    }
```

习　　题

1. 填空题

(1) 智能安防设备开发中，人体热释电传感器检测到有人靠近会输出_____信号。

(2) 智能安防设备开发中，控制蜂鸣器报警是通过主控芯片输出_____实现的。

(3) 智能安防设备开发中，中断函数的作用是_____。

(4) 智能安防设备开发中，等待事件响应的函数是_____。

2. 判断题

(1) 智能安防设备采用中断的方式读取人体热释电传感器的信息。(　　)

(2) 智能安防设备开发中，创建事件的函数是 osEventFlagsSet。(　　)

3. 简答题

简述智能安防设备开发主要的代码开发逻辑。

项目 2　智能出行设备开发

在项目 1 中,我们通过开发智能安防设备来学习 OpenHarmony 轻量级系统的应用,本项目将通过开发智能出行设备来学习如何使用 OpenHarmony 小型系统进行设备开发。

S2.1

GPS 定位技术

随着科技的不断进步和人们对便捷出行的需求不断增加,智能出行逐渐成为主流选择,智能出行的新时代已经来临。

智能出行是一种以信息技术为支撑的智能网络,它能够有效整合交通运输、物流信息、公共服务系统和资源,使交通管理更加综合、高效、便利。智能出行网络集成了多个系统,它能够检测出行中个体的实时信息,根据出行信息生成时间最优、最适合出行者需求的路径方案,从而节省出行资源。

智能出行网络使用的信息技术包括自动车牌识别、路况监控、导航信息技术、交通运输调度技术、GPS 定位技术、智能感知技术和大数据技术等。它可以提供出行的实时状态、实时调度、实时信息提示等服务,快速响应出行路径信息的变化,助力出行者安全、高效地出行。

智能出行设备开发中主要使用了 GPS 定位技术和自动速度检测及自动调速、超速自动报警等功能,以保证车辆的安全行驶。

GPS(Global Positioning System)是一种以地球卫星为基础的无线电导航定位系统。它在全球任何地方以及近地空间都能够提供准确的地理位置、车行速度及精确的时间信息;它是具有海、陆、空全方位实时三维导航与定位功能的新一代卫星导航与定位系统。GPS 定位技术由于具有准确性和易用性,因此广泛应用于多个领域:

(1) 对车辆进行监控。利用车载 GPS 对车辆进行实时监控,防止车辆丢失,监测行驶路线。

(2) 实现路线导航。基于 GPS 模块的车辆定位系统为汽车提供定位信息。GPS 系统提供全球覆盖、24 小时免费、高精度的标准定时/导航和定位服务。通过 GPS 模块，可以实时获取经纬度信息来确定位置、速度、时间等信息。

(3) 跟踪个人位置。通过佩戴或携带 GPS 定位装置，可以跟踪儿童、老人的位置，提高安全保障，防止人员走失。

(4) 实现物流管理。对货物配置 GPS 定位器，实现货物的实时定位，可以提高物资配送效率、优化仓库管理和缩短运输时间等。

总之，GPS 定位技术具有广泛的应用场景，不仅在个人生活中发挥重要作用，也在各行各业中提供了更精确的服务。

S2.2

智能出行设备硬件环境

本项目开发的智能出行设备使用的主控芯片是 STM32MP157 芯片，使用的硬件设备是 GPS 模块、带测速编码器的直流电机等，实现速度的自动检测和自动控制功能。

1. STM32MP157 芯片

STM32MP157 芯片是由意法半导体公司推出的一款嵌入式处理器，如图 S2-1 所示。该处理器采用双核 Cortex-A7 架构和 Cortex-M4 内核，支持多种接口和协议，可广泛应用于工业控制、智能家居、智能物联网等领域。

STM32MP157 芯片拥有丰富的硬件资源，包括 GPIO、SPI、I²C、UART、USB 等接口，支持多种存储介质和通信协议，如 NAND Flash、SD 卡、Ethernet、WiFi、Bluetooth 等。此外，该芯片还支持多种外设，如 ADC、DAC、PWM、CAN、RTC 等，可满足不同应用场景的需求。

图 S2-1　STM32MP157 芯片

2. GPS 模块

L80R 是一款超紧凑型 GPS 模块,其节省空间的设计非常适合微型设备,如图 S2-2 所示。

L80R 集成了贴片天线,支持自辅助 AGPS 轨道预测技术。AGPS 技术使 L80R 能自动计算和预测长达三天的轨道信息,并将这些信息存储到内部 RAM 存储器中,即使在室内弱信号下也能实现快速定位。

图 S2-2　L80R GPS 模块

L80R 凭借尺寸小、高灵敏度等众多优点,几乎能够满足 M2M 客户所有应用需求,尤其适用于车载、个人跟踪、工业级 PDA 以及相关手持设备等领域,特别适合 GPS 接收机和 OBD 应用。

3. 直流电机

带测速编码器的直流电机采用直流减速电机,如图 S2-3 所示。电动机转轴带动轴上的磁钢旋转,从而改变磁场大小,通过霍尔电路将磁场变化转换为脉冲信号,经放大整形,输出矩形脉冲信号。当转速改变时,输出脉冲的频率会发生变化,从而获得减速电机旋转的速度。

图 S2-3　直流电机

S2.3

PWM 控制技术

PWM(Pulse Width Modulation)控制技术是对脉冲的宽度进行调制的技术,即通过对一系列脉冲的宽度进行调制，来等效地获得所需要的波形。

PWM 控制技术中有两个重要的参数：频率和占空比。频率即周期的倒数，占空比是高电平在一个周期内所占的比例。PWM 波形示意图如图 S2-4 所示。

从图 S2-4 中可以看出，频率 f 的值为 $1/(T_1+T_2)$，占空比 D 的值为 $T_1/(T_1+T_2)$。可以得到如下结论：

(1) 通过改变单位时间内脉冲的个数就可以实现调频。

(2) 通过改变占空比就可以实现调压。占空比越大，得到的平均电压就越大，幅值也越大；占空比越小，得到的平均电压就越小，幅值也越小。

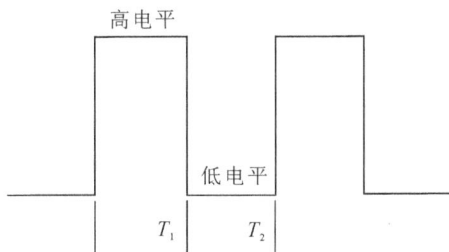

图 S2-4　PWM 方波示意图

这里以 24 V 直流电机为例进行说明。在电机两端接上 24 V 的直流电源，电机会以额定转速转动，如果将 24 V 电压降低到 16 V，即降低至 2/3 电压，那么电机就会以额定转速的 2/3 转速转动。由此可知，如果要调节电机的转速，那么只需要改变电机两端的电压即可实现。

S2.4　项目开发

智能出行设备开发项目主要包含了 GPS 模块和直流电机，GPS 模块实现定位功能，直流电机模拟汽车行驶功能。除了 GPS 模块和直流电机，该项目还使用了 LED 灯、蜂鸣器等辅助器件(其详细介绍见 S1.2 节)。

智能出行设备开发项目使用的元器件较多，开发过程复杂，因此搭建工程时采用驱动层和应用层分离的方式存放各类文件。

S2.4.1　搭建智能出行设备开发代码

智能出行设备的代码包括两部分：应用层代码、驱动层代码。下面介绍详细的搭建过程。

1. 搭建智能出行应用层代码

在 STM32MP157 应用层工程目录下添加智能出行工程 qc，如图 S2-5 所示。

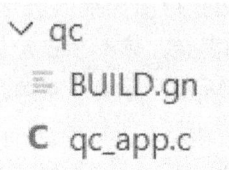

图 S2-5　应用层工程文件位置

(1) 在 STM32MP157 应用层工程目录下创建文件夹 qc。

(2) 在 qc 文件夹下创建 qc_app.c 与 BUILD.gn 文件。

2. 搭建智能出行驱动层代码工程

在 STM32MP157 驱动层工程目录下添加智能出行工程 QC,如图 S2-6 所示。

(1) 在 STM32MP157 驱动层工程目录的 module_driver 文件夹下创建文件夹 QC。

(2) 在 QC 文件夹下创建 QC_hdf.c 文件以及 inc 与 src 文件夹。

(3) 在 inc 文件夹下创建 QC.h 与 pid.h 文件;在 src 文件夹下创建 QC.c 与 pid.c 文件。

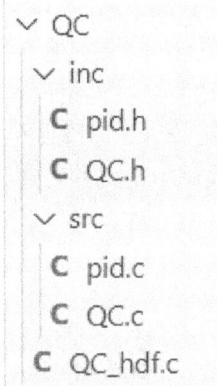

图 S2-6　驱动层工程文件位置

S2.4.2　LED 指示灯驱动开发

LED 指示灯驱动开发包括初始化 GPIO 引脚和设置 LED 指示灯状态。

1. 初始化 GPIO 引脚

宏定义 STM32MP157 的 PI8 引脚。连接 LED 指示灯的 STM32MP157 引脚为 PI8,PI8 引脚为 136 号引脚,在库函数 BM_Module_GPIO.c 中将该引脚定义为 MODULE_IO_15,所以只需要对 MODULE_IO_15 进行宏定义即可。相关代码如下:

```
case MODULE_IO_15:   //PI8
    return 136;
    ...
#define QC_Light MODULE_IO_15      //宏定义 LED 指示灯引脚
```

初始化 PI8 引脚。调用库函数 BM_Module_GPIO.c 中的 MODULE_GPIOInit()函数即可

对引脚初始化。将引脚配置为禁止上下拉模式。相关代码如下：

```
MODULE_GPIOInit(QC_Light,MODULE_GPIO_Out_PullNone);    //初始化指示灯引脚
```

2. 设置 LED 指示灯状态

调用库函数 BM_Module_GPIO.c 中的 MODULE_GPIOWrite()函数即可实现对 LED 指示灯的控制。因为 LED 指示灯另一端接的是 3.3 V 电源，所以当 PI8 引脚输出低电平时，LED 指示灯点亮，当 PI8 引脚输出高电平时，LED 指示灯熄灭。相关代码如下：

```
int QC_Light_StatusSet(QC_Status_ENUM status)
{
    int ret = 0;
        if(status = = ON)
                ret = MODULE_GPIOWrite(QC_Light, 0);      //设置输出低电平点亮灯
        if(status = = OFF)
                ret = MODULE_GPIOWrite(QC_Light, 1);      //设置输出高电平关闭灯
        return ret;
}
```

S2.4.3 蜂鸣器驱动开发

蜂鸣器驱动开发主要包括初始化 GPIO 引脚、设置蜂鸣器状态。

1. 初始化 GPIO 引脚

宏定义 STM32MP157 的 PB12 引脚。连接蜂鸣器的 STM32MP157 引脚为 PB12，PB12 引脚为 28 号引脚，在库函数 BM_Module_GPIO.c 中将该引脚定义为 MODULE_IO_9，所以只需要对 MODULE_IO_9 进行宏定义即可。相关代码如下：

```
case MODULE_IO_9:                         //PB12
    return 28;
    ...
#define QC_Beep    MODULE_IO_9            //蜂鸣器的引脚
```

初始化 PB12 引脚。调用库函数 BM_Module_GPIO.c 中的 MODULE_GPIOInit()函数即可对引脚初始化，将引脚配置为禁止上下拉模式。相关代码如下：

```
MODULE_GPIOInit(QC_Beep,MODULE_GPIO_Out_PullNone);    //初始化蜂鸣器
```

2. 设置蜂鸣器状态

调用库函数 BM_Module_GPIO.c 中的 MODULE_GPIOWrite()函数即可实现对蜂鸣器的控制。当 PB12 引脚输出高电平时，蜂鸣器打开；当 PB12 引脚输出低电平时，蜂鸣器关闭。相关代码如下：

```
int QC_Beep_StatusSet(QC_Status_ENUM status)
{
    int ret = 0;
        if(status = = ON)
                    ret = MODULE_GPIOWrite(QC_Beep, 1);    //设置输出高电平打开蜂鸣器
        if(status = = OFF)
                    ret = MODULE_GPIOWrite(QC_Beep, 0);    //设置输出低电平关闭蜂鸣器
    return ret;
}
```

S2.4.4　GPS 驱动开发

需要先通过启动引脚来启动 GPS 模块，启动后的 GPS 模块会采集定位信息并通过 I^2C 接口发送给 STM32MP157。

1. 启动 GPS 模块

(1) GPS 模块通过 STM32MP157 的 PE8 引脚输出高电平启动。

宏定义 STM32MP157 的 PE8 引脚。STM32MP157 的 PE8 引脚为 72 号引脚，在库函数 BM_Module_GPIO.c 中将该引脚定义为 MODULE_IO_12，所以只需要对 MODULE_IO_12 进行宏定义即可。相关代码如下：

```
case MODULE_IO_12:                      //PE8
    return 72;
    ...
#define QC_Start MODULE_IO_12           //宏定义启动 GPS 引脚
```

初始化 PE8 引脚。调用库函数 BM_Module_GPIO.c 中的 MODULE_GPIOInit()函数即可对引脚初始化，将引脚配置为上拉输出模式。相关代码如下：

```
MODULE_GPIOInit(QC_Start,MODULE_GPIO_Out_PullUp);    //初始化启动 GPS 引脚
```

(2) 启动 GPS 模块。调用库函数 BM_Module_GPIO.c 中的 MODULE_GPIOWrite()函数使 PE8 引脚输出高电平时启动 GPS 模块。相关代码如下：

```
void QC_Init(void)
{
    MODULE_GPIOInit(QC_Beep,MODULE_GPIO_Out_PullNone);     //初始化蜂鸣器
    MODULE_GPIOInit(QC_Light,MODULE_GPIO_Out_PullNone);    //初始化指示灯引脚
    MODULE_GPIOInit(QC_Start,MODULE_GPIO_Out_PullUp);      //初始化启动 GPS 引脚
    MODULE_GPIOWrite(QC_Start, 1);                         //设置输出高电平启动 GPS
}
```

2. 获取 GPS 模块定位信息

GPS 模块采集到数据后通过 I²C1 发送给 STM32MP157，STM32MP157 获取 GPS 模块采集的 GPRMC 格式数据，对此格式数据进行解析就可以得到经纬度信息。

(1) 通过 I²C1 获取 GPS 数据，再通过解析函数解析经纬度信息，相关代码如下：

```
void QC_gps(void)
{
    uint8_t Read_Buff_gps[100] = {0};
    ...
    MODULE_IICRead(0xA2, Read_Buff_gps, 90);           //读取数据
    NMEA_BDS_GPRMC_Analysis(&gpsmsg, Read_Buff_gps);   //解析数据
    ...
}
```

(2) 解析 GPRMC 格式数据，提取数据中的经纬度信息。

GPRMC 格式数据如下：

```
$GPRMC,090634.000,A,2812.7182,N,11252.7955,E,0.23,29.82,270421,,,A*5A
```

需要解析的纬度数据为第三个逗号到第四个逗号间的数据 2812.7182，小数点前两位为分(')，该两位前的为度(°)。解析出来为 28°12'。

需要解析的经度数据为第五个逗号到第六个逗号间的数据 11252.7955，小数点前两位为分(')，该两位前的为度(°)。解析出来为 112°52'。

① GPRMC 格式数据解析。先通过 strstr()函数在 GPS 模块回传的数据中找出 GPRMC 格式数据的首地址，如上例为"$"的地址。

② 根据 NMEA_Comma_Pos()函数得出 GPRMC 格式数据到第三个逗号前数据的长度，纬度为数据"$GPRMC,090634.000,"的长度为 20，经度数据"$GPRMC,090634.000,A,2812.7182,N,"的长度为 32。

③ 数据计算。GPRMC 格式数据的首地址("$"的地址)加上长度 20 就是纬度数据的地址(2812.7182 中第一个 2 的地址)，通过 NMEA_Pow()函数将纬度数据转换成整型数据得到"2812"，最后将纬度数据除以 100 得到 28.12，代表纬度为 28°12'。经度数据计算只有加上长度为 32 不一样，其余原理一样。相关代码如下：

```
void NMEA_BDS_GPRMC_Analysis(gps_msg *gpsmsg, u8 *buf)
{
    u8 *p4, dx;
    u8 posx;
    u32 temp;
    p4 = (u8 *)strstr((const char *)buf, "$GPRMC");    //判断$GPRMC 首地址.
    if (p4 != NULL)
    {
```

```
        posx = NMEA_Comma_Pos(p4, L80R_CONSTANT_3);    //得到纬度
        if (posx != 0XFF)
        {
            temp = NMEA_Str2num(p4 + posx, &dx);
            gpsmsg->latitude_bd = temp;
        }
        posx = NMEA_Comma_Pos(p4, L80R_CONSTANT_5);    //得到经度
        if (posx != 0XFF)
        {
            temp = NMEA_Str2num(p4 + posx, &dx);
            gpsmsg->longitude_bd = temp;
        }
    }
    memset(buf,0,sizeof(buf));
}
void QC_gps(void)
{
    ...
    NMEA_BDS_GPRMC_Analysis(&gpsmsg, Read_Buff_gps);    //解析数据
    Longitude = (float)((float)gpsmsg.longitude_bd / L80R_DATA_LEN);
    Latitude = (float)((float)gpsmsg.latitude_bd / L80R_DATA_LEN);
    printf("\r\nLongitude:%f\r\n", Longitude);
    printf("\r\nLatitude:%f\r\n", Latitude);
}
```

④ 数据提取与转换。先用循环一个一个字符判断其是否为".",并记录有多少个字符。当字符为"."时跳出循环。

⑤ 以纬度数据提取为例。输入为 2812.7182 的第一个 2 的地址,先进入循环判断"2"是不是".",若不是,则将地址加 1 且数据长度也加 1,进入下一个循环,直到字符是".",则退出,此时"2812"的长度为 4。再将数据一个一个字符转换为整数并通过幂函数NMEA_Pow()乘相应的位数得到整型的"2812"纬度数据。相关代码如下:

```
int NMEA_Str2num(u8 *buf, u8 *dx)
{
    u8 *p = buf;
    u32 ires = 0;
    u8 ilen = 0, i;
    u8 mask = 0;
    int res;
```

```
    while (1)
    {
        if (*p == '-')
        {
            mask |= 0x02;
            p++;
        }                               //说明有负数
        if (*p == ',' || *p == '*')
        {
            break;                      //遇到结束符
        }
        if (*p == '.')                  //遇到小数点
        {
            break;
        }
        else if (*p > '9' || (*p < '0'))    //数字不在 0 和 9 之内，说明有非法字符
        {
            ilen = 0;
            break;
        }
        ilen++;                         //str 长度加一
        p++;                            //下一个字符
    }
    if (mask & 0x02)
    {
        buf++;                          //移到下一位，除去负号
    }
    for (i = 0; i < ilen; i++)          //得到整数部分数据
    {
        ires += NMEA_Pow(L80R_CONSTANT_10, ilen - 1 - i) * (buf[i] - '0');
    }
    res = ires;
    if (mask & 0x02)
        res = -res;
    return res;
}
```

⑥ 幂函数。计算 *n* 个 *m* 相乘，主要用来将单个整型数据赋予位数。相关代码如下：

```
u32 NMEA_Pow(u8 m, u8 n)
{
    u32 result = 1;
    while (n--)
    {
        result *= m;
    }
    return result;
}
```

⑦ 从字符串里面得到第 N 个逗号所在的位置。通过循环每次都判断字符是否为 ",",每次循环地址加 1。当循环到字符为 "," 时,逗号数减 1,当逗号数减到 0 时,代表地址已经到第 N 个逗号所在的位置,跳出循环。再将字符串的首地址减去此时位置的地址就可以得到第 N 个逗号前所有字符的数量。相关代码如下:

```
u8 NMEA_Comma_Pos(u8 *buf, u8 cx)
{
    u8 *p = buf;
    while (cx)
    {
        if (*buf == '*' || *buf < ' ' || *buf > 'z')
        {
            return 0xFF;
        }
        if (*buf == ',')
        {
            cx--;
        }
        buf++;
    }
    return buf - p;
}
```

S2.4.5 测速编码器驱动开发

测速编码器模块采集到速度数据后通过 I^2C1 发送给 STM32MP157。

1. STM32MP157 的 I^2C 通信

STM32MP157 的 I^2C 通信用到的是第一组 I^2C——I^2C1。

库函数 Module_Common 文件中已经给出了打开 I^2C1 "MODULE_IICOpen()" 及读取

I^2C1 "MODULE_IICRead()" 函数的定义，所以只需调用该函数即可。相关代码如下：

```
#define BM_MODULE_IIC_CHANNEL_NUM 1
...
MODULE_Status MODULE_IICOpen()
{

    if(i2cHandler != NULL)
    {
        MODULE_Log("I2C has opened,please don't open again!");
        return MODULE_Failed;
    }
    i2cHandler = I2cOpen(BM_MODULE_IIC_CHANNEL_NUM);    //打开 IIC1
    if(i2cHandler == NULL)
    {
        MODULE_Log("I2C open failed!");
        return MODULE_Failed;
    }
    return MODULE_Ok;
}
MODULE_Status MODULE_IICRead(uint32_t addr,uint8_t* data,uint32_t len)
{
    MODULE_IIC_Msg msg;
    msg.addr = addr;
    msg.buf = data;
    msg.len = len;
    msg.flags = MODULE_I2C_FLAG_READ;
    if (MODULE_IICTransmit(&msg, 1) != MODULE_Ok)
    {
        HDF_LOGE("i2c read err");
        printf("i2c read err");
        return -1;
    }
    return 0;
}
```

2. 获取速度

通过 I^2C1 获取速度数据后，对数据速度进行解析。因为速度数据为字符串，所以需要将字符串转换为整型数据，将对应的字符数据减去字符 "0" 就可以得到该字符对应的整型

数据。相关代码如下:

```
int QC_speed(void)
{
    int ret = 0;
    uint8_t Read_Buff_speed[5] = {0};
    MODULE_IICRead(0xA2, Read_Buff_speed, 2);          //读取数据
    if((Read_Buff_speed[0] - '0') == 0)
    {
        ret = Read_Buff_speed[1] - '0';
    }
    else
    {
        ret = Read_Buff_speed[0] - '0';
        ret = ret*10 + Read_Buff_speed[1] - '0';
    }
    if((ret > 100) || (ret < 0))
    {
        ret = -1;
    }
    return ret;
}
```

S2.4.6 直流电机驱动开发

STM32MP157 通过控制 PWM 波的占空比来控制电机的转速。

1. 宏定义 PWM 索引、分频系数、频率及占空比

STM32MP157 通过输出 PWM 波就可以控制电机的转速。STM32MP157 控制电机的引脚为 PA6,使用 PA6 引脚的 TIM3_CH1 输出 PWM 波。

(1) 在 pwm_config.hcs 文件中定义了 PA6 引脚、TIM3_CH1 及 PWM 索引号。相关代码如下:

```
device_pwm3 :: pwm_device {
    tim_addr = 0x40001000;
    tim_clk_hz = 10000000;            //10 kHz
    channel = 1;                      //channel_1
    num = 3;                          //PWM 索引号
    gpio_port_addr = 0x50002000;      //GPIOA
    pin_number = 6;                   //PA6
```

```
        match_attr = "st_stm32mp157_pwm_3";
    }
```

(2) 宏定义 PWM 索引号、分频系数、频率及占空比。相关代码如下：

```
#define MOTOR_PWM1 3                        //PWM 索引
#define MOTOR_PWM1_POLARITY 0               //分频系数
#define MOTOR_PWM1_PERIOD 1000              //频率
#define MOTOR_PWM1_DUTY 0                   //占空比
```

2. 电机初始化

Module_Common 文件中已经给出使用 PWM 相关函数的定义，所以只需调用这些函数即可。

(1) 设置 PWM 的输出频率及占空比，通过 MODULE_PWMSet()函数实现。相关代码如下：

```
void Encoder_Motor_PWMSet(uint32_t period, uint32_t duty)
{
    MODULE_PWMSet(period, duty);
    MODULE_Log("Encoder_Motor PWM Set.");
}
```

(2) 停止输出 PWM 波，通过 MODULE_PWMStop()函数实现。相关代码如下：

```
void Encoder_Motor_Stop(void)
{
    MODULE_PWMStop();       //停止输出 PWM
    MODULE_Log("Encoder_Motor Stop.");
}
```

(3) 初始化。先用 MODULE_PWMOpen()函数根据 PWM 索引打开引脚的 PWM 功能，然后用 MODULE_PWMSetPolarity()函数设置分频系数，接着设置 PWM 的输出频率及占空比，最后停止输出 PWM 波等，需要用到的时候再开启。相关代码如下：

```
void Encoder_Motor_Init(void)
{
    MODULE_PWMOpen(MOTOR_PWM1);                                 //打开 PWM
    MODULE_PWMSetPolarity(MOTOR_PWM1_POLARITY);                 //设置分频系数
    Encoder_Motor_PWMSet(MOTOR_PWM1_PERIOD, MOTOR_PWM1_DUTY);
                                                               //设置 PWM 输出参数
    Encoder_Motor_Stop();                                       //停止输出 PWM
    MODULE_Log("Encoder_Motor_Init succeed.");
```

```
    }
```

3. 设置 PWM 的占空比

因为占空比的精度为 0.1%，所以需要将输入的占空比乘 10 才能得到实际的速度，使用 MODULE_PWMSetDuty()函数写入占空比。相关代码如下：

```
int32_t Encoder_Motor_PWMSetDuty(uint32_t duty)
{
    if((duty < 1) || (duty > 100))
    {
        MODULE_Log("Duty Parameter Setup Error!");
        return -1;
    }
    MODULE_PWMSetDuty(duty*10);
    MODULE_Log("Encoder_Motor PWM Duty Setup Success.");
    return 0;
}
```

4. 输出 PWM 波

输出 PWM 波是通过 MODULE_PWMStart()函数来实现的。相关代码如下：

```
void Encoder_Motor_Start(void)
{
    MODULE_PWMStart();          //开始输出 PWM
    MODULE_Log("Encoder_Motor Start.");
}
```

S2.4.7　PID 调速功能开发

由于机械结构、阻力等诸多因素会导致实际的电机转速与预设的电机转速存在一定的误差，要想消除该误差就需要用到 PID 控制算法。PID 控制算法是结合比例、积分和微分三种算法于一体的自动控制算法，它是连续系统中技术最为成熟、应用最为广泛的一种控制算法。

PID 控制组件的实质就是根据输入的偏差值，按照比例、积分、微分的函数关系进行运算，再通过运算的结果控制输出，从而使电机的实际转速与预设的转速值相等。

PID 控制算法中比例、积分和微分运算的作用如下：

比例算法：计算出电机实际转速与预设转速的误差值，再乘以对应的比例系数，最后加上前一次由 PID 计算得出的输出值，通过计算结果可使实际转速趋近于预设转速。

积分算法：计算前 5 次实际转速与预设转速之差的和，再乘以对应的积分系数，最后加上前一次由 PID 计算得出的输出值，通过计算结果可使实际转速等于预设转速。

微分算法：计算本次实际转速与预设转速之差与上次实际转速与预设转速之差的差值，再乘以对应的微分系数，最后加上前一次由 PID 计算得出的输出值，通过计算结果，能够平稳地使实际转速到达预设转速，防止转速波动过大

(1) 对 PID 结构体进行定义。定义 PID 算法所需要用到的变量及数组。相关代码如下：

```
typedef struct
{
    pid_y kp;                    //比例参数
    pid_y ki;                    //积分参数
    pid_y kd;                    //差分参数
    pid_y input;                 //输入值
    pid_y set_point;             //设定的期望值
    pid_y output;                //计算得出的值
    pid_y output_speed;          //实际输出的值
    pid_y Last_output;           //上次实际输出的值
    pid_y pid_output;            //PID 计算值
    pid_y error;                 //误差值
    pid_y Last_error;            //上次误差值
    int error_data;              //误差值次数
    pid_y error_i[5];            //前 5 次误差值
    pid_y integral;              //内部的积分值
    pid_y differential;          //内部的微分值
    pid_y proportion;            //内部的比例值
}pid_struct;
```

(2) 对 PID 参数初始化。对比例、积分、微分系数赋值，上次误差值、误差值次数与前 5 次的误差值均赋值为 0，初始输出给电机的转速值为 20。相关代码如下：

```
void pid_init(pid_struct *pid)
{
    pid->kp= 0.5;                //比例系数
    pid->ki= 0.02;               //积分系数
    pid->kd= 0.05;               //微分系数
    pid->Last_error = 0;         //上次误差值
    pid->Last_output = 20;       //初始输出给电机的转速值
    pid->error_data = 0;         //误差值次数
    /*前 5 次误差值*/
    for (int j = 0; j < 5; j++)
    {
```

```
        pid->error_i[j] = 0;
    }
}
```

(3) PID 算法综合了比例算法、积分算法和微分算法这三种算法。

① 比例算法：将采集到的实际转速与预设的目标转速相减得到误差值，再乘以比例系数得到比例值。相关代码如下：

```
pid->error = pid->set_point - pid->input;        //误差
pid->proportion = pid->kp * pid->error;          //比例计算
```

② 积分算法：计算前 5 次误差的和再乘以对应的积分系数得到积分值。相关代码如下：

```
/*积分算法*/
pid->error_i[pid->error_data] = pid->error;      //记录 5 次误差用于积分计算
for (int j = 0; j < 5; j++)
{
    pid->integral += pid->error_i[j];            //误差积累
}
pid->integral = pid->integral * pid->ki;         //积分计算
pid->error_data++;                               //数组地址加 1，方便下次误差存入
/*更新数组地址*/
if (pid->error_data == 5)
{
    pid->error_data = 0;
}
```

③ 微分算法：将本次的误差值减去上次的误差值得到差值，再乘以微分系数得到微分值。相关代码如下：

```
pid->differential = pid->kd * (pid->error - pid->Last_error);      // 微分计算
```

④ PID 运算：将比例值、积分值与微分值相加得到 PID 值。为了防止 PID 算法跑飞，将该 PID 的最大值设置为 10，最小值设置为 -10，如果计算得出的 PID 值超过此范围，则 PID 值等于最大或者最小值；再将 PID 值加上前一次输出给电机的转速值，得到经过 PID 运算后需要输出给电机的转速值。相关代码如下：

```
/*PID 算法*/
pid->pid_output = pid->proportion + pid->differential + pid->integral;
/*防止 PID 过大*/
if(pid->pid_output > 10)
{
    pid->pid_output = 10;
```

```
    }
    if(pid->pid_output < (-10))
    {

        pid->pid_output = -10;

    }
    pid->output = pid->Last_output + pid->pid_output;      //输出值
    /*输出值超出正常则过滤*/
    if((pid->output < 0) || (pid->output > 110))
    {

        pid->output = pid->Last_output;

    }
```

⑤ 将输出的电机转速值乘 10 得到占空比，并将此次的误差值及输出值赋值到变量中，供下次 PID 计算使用。相关代码如下：

```
    pid_y pid_runing(pid_struct *pid)
    {
        /*实际转速在正常范围*/
        if((pid->input > 0) && (pid->input <101))
        {
            /*比例算法*/
            /*积分算法*/
            /*微分算法*/
            /*PID 运算*/
            pid->output_speed = pid->output * 10;    //占空比精度为 0.1，所以需要乘 10
            pid->Last_output = pid->output;          //赋值给下次计算使用
            pid->Last_error = pid->error;            //赋值给下次计算使用
        }
        return pid->output_speed;
    }
```

(4) 封装 PID 参数初始化函数。相关代码如下：

```
    void Encoder_Motor_PIDInit(void)
    {
        pid_init(&motor_pid);      //PID 参数初始化赋值
    }
```

(5) 调用 PID 运算函数。先将传入的目标值与电机实际转速值赋值给结构体，再调用 PID 运算函数，根据 PID 运算函数返回的运算结果，输出 PWM 波，达到控制电机转速的效果。相关代码如下：

```
void Encoder_Motor_PIDRuning(uint8_t speed,int cruise)
{
    pid_y pid_duty = 0;
    motor_pid.set_point = cruise;                        //目标值
    motor_pid.input = speed;                             //实际值
    pid_duty = pid_runing(&motor_pid);                   //PID 算法
    Encoder_Motor_PWMSet(MOTOR_PWM1_PERIOD, pid_duty);   //输出 PWM
}
```

S2.4.8　智能出行设备功能接口开发

智能出行设备功能接口开发主要包括应用层接口开发和驱动层接口开发。当应用层接口和驱动层接口开发完成之后，将二者进行绑定。

1. 应用层接口开发

(1) 宏定义应用层服务名。相关代码如下：

```
#define LED_SERVICE "hdf_qc"      // 应用层服务名
```

(2) 编写主函数。先绑定应用层服务名，然后将输入的参数通过服务函数发送给驱动层。相关代码如下：

```
int main(int argc, char **argv)
{
    int i;
    /*绑定服务*/
    struct HdfIoService *serv = HdfIoServiceBind(LED_SERVICE);
    if (serv == NULL)
    {
        printf("fail to get service %s!\r\n", LED_SERVICE);
        return HDF_FAILURE;
    }
    for (i=0; i < argc; i++)
    {
        printf("\r\nArgument %d is %s.\r\n", i, argv[i]);
    }
    SendEvent(serv, atoi(argv[1]), atoi(argv[2]));       //发送传入的参数
    HdfIoServiceRecycle(serv);                           //释放内存
    return HDF_SUCCESS;
}
```

　　(3) 编写服务函数。通过 Dispatch 函数将参数发送给驱动并且接收驱动回传的数据。相关代码如下：

```
static int SendEvent(struct HdfIoService *serv, uint8_t evetCmd, uint8_t eventData)
{
    int ret = 0;
    int cmd = evetCmd;
    struct HdfSBuf *data = HdfSBufObtainDefaultSize();          //给指针申请一个内存
    if (data == NULL)
    {
        printf("fail to obtain sbuf data!\r\n");
        return 1;
    }
    struct HdfSBuf *reply = HdfSBufObtainDefaultSize();         //给指针申请一个内存
    if (reply == NULL)
    {
        printf("fail to obtain sbuf reply!\r\n");
        ret = HDF_DEV_ERR_NO_MEMORY;
        goto out;
    }
    /*写入数据*/
    if (!HdfSbufWriteUint8(data, eventData))
    {
        printf("fail to write sbuf!\r\n");
        ret = HDF_FAILURE;
        goto out;
    }
    /*通过 Dispatch 发送到驱动*/
    ret = serv->dispatcher->Dispatch(&serv->object, cmd, data, reply);
    if (ret != HDF_SUCCESS)
    {
        printf("fail to send service call!\r\n");
        goto out;
    }
    char *replyData;
    replyData = HdfSbufReadString(reply);
    printf("\r\nGet reply is: %s\r\n", replyData);
out:
    HdfSBufRecycle(data);
```

```
    HdfSBufRecycle(reply);                              //释放申请的内存
    return ret;
}
```

2. 驱动层接口开发

(1) 定义驱动入口对象。定义驱动名及 HDF 驱动框架，按照 HDF 驱动服务、HDF 驱动初始化、HDF 驱动资源释放依次运行。相关代码如下：

```
//驱动对外提供的服务能力，将相关的服务接口绑定到 HDF 驱动框架
static int32_t Hdf_QC_DriverBind(struct HdfDeviceObject *deviceObject)
{
    if (deviceObject = = NULL)
    {
        HDF_LOGE("Module driver bind failed!");
        return HDF_ERR_INVALID_OBJECT;
    }
    static struct IDeviceIoService moduleDriver =
    {
        .Dispatch = QCDriverDispatch,
    };
    deviceObject->service = (struct IDeviceIoService *)(&moduleDriver);
    HDF_LOGD("Module driver bind success");
    return HDF_SUCCESS;
}
//HDF 驱动初始化
static int32_t Hdf_QC_DriverInit(struct HdfDeviceObject *device)
{
    Encoder_Motor_Init();          //电机初始化
    QC_Init();                     //系统初始化
    QC_Light_StatusSet(OFF);       //关闭 LED 灯
    return HDF_SUCCESS;
}
//驱动资源释放的接口
void Hdf_QC_DriverRelease(struct HdfDeviceObject *deviceObject)
{
    if (deviceObject = = NULL)
    {
        HDF_LOGE("Led driver release failed!");
        return;
```

```
        }
        HDF_LOGD("Led driver release success");
        return;
    }
    //定义驱动入口的对象，必须为 HdfDriverEntry(在 hdf_device_desc.h 中定义)类型的全局变量
    struct HdfDriverEntry g_QCDriverEntry = {
        .moduleVersion = 1,
        .moduleName = "HDF_QC",
        .Bind = Hdf_QC_DriverBind,
        .Init = Hdf_QC_DriverInit,
        .Release = Hdf_QC_DriverRelease,
    };
```

(2) 编写 HDF 服务函数，HDF 驱动服务中调用此函数，实现整个系统功能。其中："client"为 HDF 驱动服务名称。

"cmdCode"为选择功能指令：0 代表系统初始化；1 代表停止输出 PWM 波，电机停止转动；2 代表读取电机转速数据；3 代表电机加减速；4 代表定速巡航；5 代表蜂鸣器；6 代表 LED 灯；7 代表获取 GPS 经纬度数据。

"data"为操作指令：如果功能为电机加减速，则操作指令为"0"时电机转速值加 5，为"1"时电机转速值减 5；如果功能为定速巡航，则操作指令的数据为电机的实际转速；如果功能为蜂鸣器，则操作指令为"0"时关闭蜂鸣器，为"1"时打开蜂鸣器；如果功能为 LED 灯，则操作指令为"0"时关灯，为"1"时开灯。

"reply"为返回给应用层的数据。

编写 HDF 服务函数的相关代码如下：

```
    int32_t QCDriverDispatch(struct HdfDeviceIoClient *client, int cmdCode, struct HdfSBuf *data, struct
HdfSBuf *reply)
    {
        int ret;
        char *replay_buf;
        HDF_LOGE("Module driver dispatch");
        if (client == NULL || client->device == NULL)
        {
            HDF_LOGE("Module driver device is NULL");
            return HDF_ERR_INVALID_OBJECT;
        }
        switch (cmdCode)
        {
            ...
```

```
    }
    return HDF_SUCCESS;
}
```

① HDF 服务函数中初始化功能指令。调用系统初始化函数，对整个系统进行初始化，并设置初始转速为 20，然后将初始化成功信息返回给应用层。相关代码如下：

```
case QC_Start:
    Encoder_Motor_PWMSetDuty(20);                     //设置占空比
    Encoder_Motor_Start();                            //开始输出 PWM
    Encoder_Motor_PIDInit();                          //PID 初始化
    MODULE_IICOpen();                                 //打开 IIC
    speed = 20;                                        //初始转速为 20
    /*将字符串写入*/
    ret = HdfSbufWriteString(reply, "QC Init successful");
    if (ret == 0)
    {
        HDF_LOGE("reply failed");
        return HDF_FAILURE;
    }
    break;
```

② HDF 服务函数中去初始化功能指令。调用停止输出 PWM 波函数，电机停止转动，相关代码如下：

```
case QC_Stop:
    Encoder_Motor_Stop();                             //停止输出 PWM
    speed = 0;                                         //转速为 0
    break;
```

③ HDF 服务函数中读取电机转速数据指令。调用 IIC 函数读取电机转速数据，保存到数组中并判断数据是否正确。调用 PID 运算函数对电机转速进行控制，最后将读取的电机转速数据返回至应用层。相关代码如下：

```
case QC_Read:
    int reaf_speed;
    reaf_speed = QC_speed();                          //读取转速数据
    Encoder_Motor_PIDRuning(Read_Buff[0],speed);      //PID 算法输入实际转速
    replay_buf = OsalMemAlloc(100);                   //申请内存
    (void)memset_s(replay_buf, 100, 0, 100);          //置零
    /*转化为字符串*/
```

```
    sprintf(replay_buf, "{\"Speed\":%d}",Read_Buff[0]);
    /*把传感器数据写入 reply，可被带至用户程序*/
    if (!HdfSbufWriteString(reply, replay_buf))
    {
        HDF_LOGE("replay is fail");
        return HDF_FAILURE;
    }
    OsalMemFree(replay_buf);                        //释放内存
    break;
```

④　HDF 服务函数中加减速指令。根据应用层下发的操作指令实现对电机加减速的控制，并且最大转速为 100，最小转速为 0。相关代码如下：

```
case QC_Write:
    int32_t cruise_w;
    int8_t speed_w;
    /*从对象中读取数据*/
    ret = HdfSbufReadInt32(data, &cruise_w);        //将数据转化为整数
    reaf_speed = QC_speed();
    speed_w = reaf_speed;
    if(cruise_w == 0)                               //加速
    {
        speed = speed_w + 5;
    }
    if(cruise_w == 1)                               //减速
    {
        speed = speed_w - 5;
    }
    /*过滤无效数据*/
    if(speed < 0)
    {
        speed = 0;
    }
    if(speed > 100)
    {
        speed = 100;
    }
    replay_buf = OsalMemAlloc(100);                 //申请内存
    (void)memset_s(replay_buf, 100, 0, 100);        //置零
    sprintf(replay_buf, "Write Data OK!\n");        //写入数据
```

```
    /*把传感器数据写入 reply, 可被带至用户程序*/
    if (!HdfSbufWriteString(reply, replay_buf))
    {
        HDF_LOGE("replay is fail");
        return HDF_FAILURE;
    }
    OsalMemFree(replay_buf);                          //释放内存
    break;
```

⑤ HDF 服务函数中定速巡航指令。根据应用层下发的操作指令实现对电机转速的控制。相关代码如下:

```
case QC_Control:
    int32_t cruise_c;
    /*从对象中读取数据*/
    ret = HdfSbufReadInt32(data, &cruise_c);          //将数据转化为整数
    speed = cruise_c;                                 //转速为定速
    replay_buf = OsalMemAlloc(100);                   //申请内存
    (void)memset_s(replay_buf, 100, 0, 100);          //置零
    sprintf(replay_buf, "Write Data OK!\n");          //写入数据
    /*把传感器数据写入 reply, 可被带至用户程序*/
    if (!HdfSbufWriteString(reply, replay_buf))
    {
        HDF_LOGE("replay is fail");
        return HDF_FAILURE;
    }
    OsalMemFree(replay_buf);                           //释放内存
    break;
```

⑥ HDF 服务函数中开关蜂鸣器功能指令。根据应用层下发的操作指令实现对蜂鸣器的控制，并将蜂鸣器状态返回至应用层。相关代码如下:

```
case QC_SetBeep:
    int32_t beep_state;
    /*从对象中读取字符串*/
    ret = HdfSbufReadInt32(data, &beep_state);        //将数据转化为整数
    if (beep_state == 1)
    {
        QC_Beep_StatusSet(ON);                        //打开蜂鸣器
    }
    else if (beep_state == 0)
    {
```

```
        QC_Beep_StatusSet(OFF);                        //关闭蜂鸣器
    }
    else
    {
        HDF_LOGE("Command wrong!");
        return HDF_FAILURE;
    }
    replay_buf = OsalMemAlloc(100);                     //申请内存
    (void)memset_s(replay_buf, 100, 0, 100);           //置零
    sprintf(replay_buf, "%d",beep_state);              //写入数据
    /*把传感器数据写入 reply，可被带至用户程序*/
    if (!HdfSbufWriteString(reply, replay_buf))
    {
        HDF_LOGE("replay is fail");
        return HDF_FAILURE;
    }
    OsalMemFree(replay_buf);                            //释放内存
    break;
```

⑦　HDF 服务函数中开关 LED 灯功能指令。根据应用层下发的操作指令实现对 LED 灯的控制，并将 LED 灯状态返回至应用层。相关代码如下：

```
case QC_SetLight:
    int32_t light_state;
    /*从对象中读取字符串*/
    ret = HdfSbufReadInt32(data, &light_state);        //将数据转化为整数
    if (light_state == 1)
    {
        QC_Light_StatusSet(ON);                        //打开灯
    }
    else if (light_state == 0)
    {
        QC_Light_StatusSet(OFF);                       //关闭灯
    }
    else
    {
        HDF_LOGE("Command wrong!");
        return HDF_FAILURE;
    }
    replay_buf = OsalMemAlloc(100);                    //申请内存
    (void)memset_s(replay_buf, 100, 0, 100);          //置零
```

```
sprintf(replay_buf, "%d",light_state);                //写入数据
/*把传感器数据写入 reply，可被带至用户程序*/
if (!HdfSbufWriteString(reply, replay_buf))
{
    HDF_LOGE("replay is fail");
    return HDF_FAILURE;
}
OsalMemFree(replay_buf);                          //释放内存
break;
```

⑧ HDF 服务函数中获取 GPS 经纬度功能指令。根据应用层下发的操作指令实现获取 GPS 采集的经纬度数据。相关代码如下：

```
case QC_Gps:
    QC_gps();                                     //获取 GPS 数据
    replay_buf = OsalMemAlloc(100);               //申请内存
    (void)memset_s(replay_buf, 100, 0, 100);      //置零
    sprintf(replay_buf, "GPS Data OK!\n");        //写入数据
    /*把传感器数据写入 reply，可被带至用户程序*/
    if (!HdfSbufWriteString(reply, replay_buf))
    {
        HDF_LOGE("replay is fail");
        return HDF_FAILURE;
    }
    OsalMemFree(replay_buf);                       //释放内存
    break;
```

3. 应用层与驱动层绑定

在 STM32MP157 工程文件夹下的 device_info.hcs 文件中添加应用服务名与驱动名，将应用层与驱动层绑定在一起。相关代码如下：

```
device5 :: deviceNode
{
    policy = 2;
    priority = 100;
    permission = 0777;
    moduleName = "HDF_QC";
    serviceName = "hdf_qc";
}
```

S2.4.9　智能出行设备功能调测

(1) 启动应用，输入"./qc_app 0 0"，初始化系统，给电机赋予初始转速为 20，电机开始转动，如图 S2-7 所示。

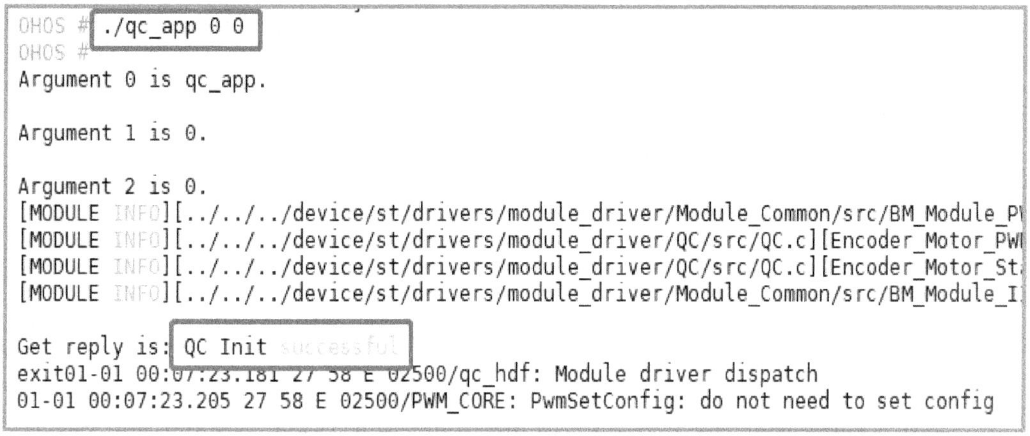

```
OHOS # ./qc_app 0 0
OHOS #
Argument 0 is qc_app.

Argument 1 is 0.

Argument 2 is 0.
[MODULE INFO][../../../device/st/drivers/module_driver/Module_Common/src/BM_Module_P
[MODULE INFO][../../../device/st/drivers/module_driver/QC/src/QC.c][Encoder_Motor_PW
[MODULE INFO][../../../device/st/drivers/module_driver/QC/src/QC.c][Encoder_Motor_St
[MODULE INFO][../../../device/st/drivers/module_driver/Module_Common/src/BM_Module_I

Get reply is: QC Init successful
exit01-01 00:07:23.181 27 58 E 02500/qc_hdf: Module driver dispatch
01-01 00:07:23.205 27 58 E 02500/PWM_CORE: PwmSetConfig: do not need to set config
```

图 S2-7　启动应用

(2) 启动应用，输入"./qc_app 2 0"，读取电机转速。因为电机机械结构、阻力等原因导致电机实际转速不等于初始转速 20，所以再次输入"./qc_app 2 0"，即可通过 PID 算法将电机转速稳定在 20，如图 S2-8 所示。

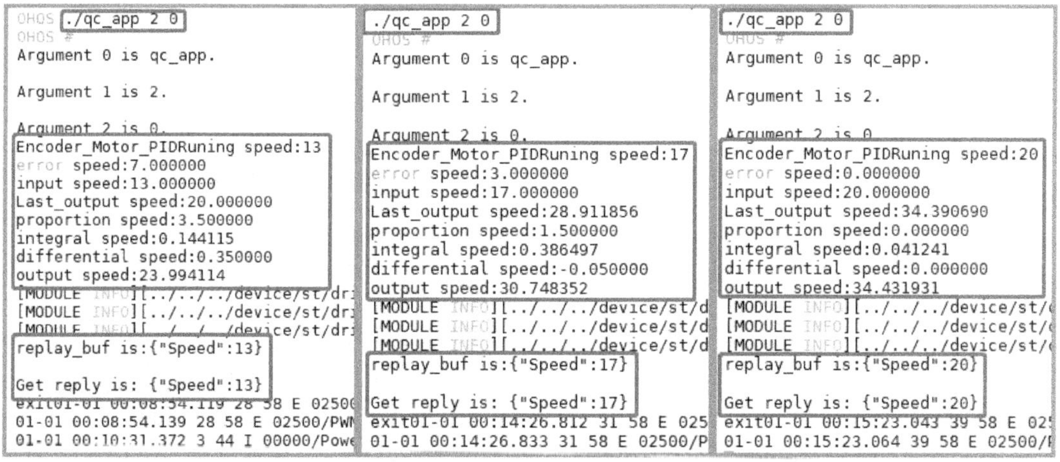

```
OHOS # ./qc_app 2 0
OHOS #
Argument 0 is qc_app.

Argument 1 is 2.

Argument 2 is 0.
Encoder_Motor_PIDRuning speed:13
error speed:7.000000
input speed:13.000000
Last_output speed:20.000000
proportion speed:3.500000
integral speed:0.144115
differential speed:0.350000
output speed:23.994114
[MODULE INFO][../../../device/st/dri
[MODULE INFO][../../../device/st/dri
[MODULE INFO][../../../device/st/dri
replay_buf is:{"Speed":13}

Get reply is: {"Speed":13}
exit01-01 00:08:54.119 28 58 E 02500
01-01 00:08:54.139 28 58 E 02500/PW
01-01 00:10:31.372 3 44 I 0000/Powe
```

```
./qc_app 2 0
OHOS #
Argument 0 is qc_app.

Argument 1 is 2.

Argument 2 is 0.
Encoder_Motor_PIDRuning speed:17
error speed:3.000000
input speed:17.000000
Last_output speed:28.911856
proportion speed:1.500000
integral speed:0.386497
differential speed:-0.050000
output speed:30.748352
[MODULE INFO][../../../device/st/d
[MODULE INFO][../../../device/st/d
[MODULE INFO][../../../device/st/d
replay_buf is:{"Speed":17}

Get reply is: {"Speed":17}
exit01-01 00:14:26.812 31 58 E 025
01-01 00:14:26.833 31 58 E 02500/P
```

```
./qc_app 2 0
OHOS #
Argument 0 is qc_app.

Argument 1 is 2.

Argument 2 is 0.
Encoder_Motor_PIDRuning speed:20
error speed:0.000000
input speed:20.000000
Last_output speed:34.390690
proportion speed:0.000000
integral speed:0.041241
differential speed:0.000000
output speed:34.431931
[MODULE INFO][../../../device/st/d
[MODULE INFO][../../../device/st/d
[MODULE INFO][../../../device/st/d
replay_buf is:{"Speed":20}

Get reply is: {"Speed":20}
exit01-01 00:15:23.043 39 58 E 025
01-01 00:15:23.064 39 58 E 02500/P
```

图 S2-8　读取电机速度指令

(3) 启动应用，输入"./qc_app 3 0"，电机转速值加 5。系统会先获取电机的实时转速，然后再在此转速值上加 5，再次输入"./qc_app 2 0"，即可通过 PID 算法将电机转速稳定在 25，如图 S2-9 和图 S2-10 所示。若输入"./qc_app 3 1"，则电机转速值减 5，其他与加速同理。

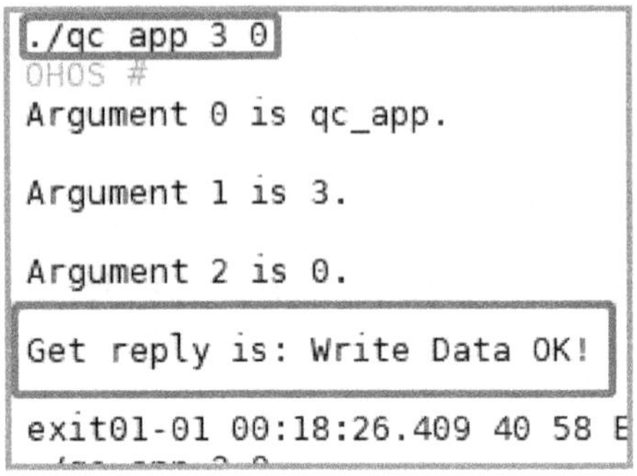

```
./qc_app 3 0
OHOS #
Argument 0 is qc_app.

Argument 1 is 3.

Argument 2 is 0.

Get reply is: Write Data OK!

exit01-01 00:18:26.409 40 58 E
```

图 S2-9　启动加速指令

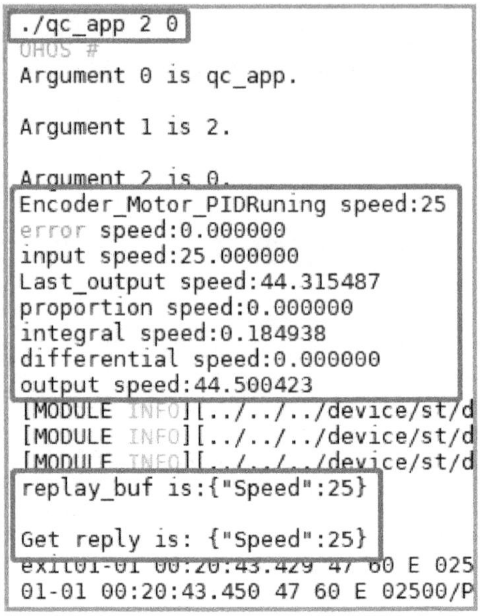

```
./qc_app 2 0
OHOS #
Argument 0 is qc_app.

Argument 1 is 2.

Argument 2 is 0.
Encoder_Motor_PIDRuning speed:25
error speed:0.000000
input speed:25.000000
Last_output speed:44.315487
proportion speed:0.000000
integral speed:0.184938
differential speed:0.000000
output speed:44.500423
[MODULE INFO][../../../device/st/d
[MODULE INFO][../../../device/st/d
[MODULE INFO][../../../device/st/d
replay_buf is:{"Speed":25}

Get reply is: {"Speed":25}
exit01-01 00:20:43.429 47 60 E 025
01-01 00:20:43.450 47 60 E 02500/P
```

图 S2-10　PID 算法指令

(4) 启动应用，输入"./qc_app 4 40"，电机定速巡航转速为 40。系统会先将电机的目标转速设置为 40，再次输入"./qc_app 2 0"，即可通过 PID 算法将电机转速稳定在 40。如图 S2-11 和图 S2-12 所示。

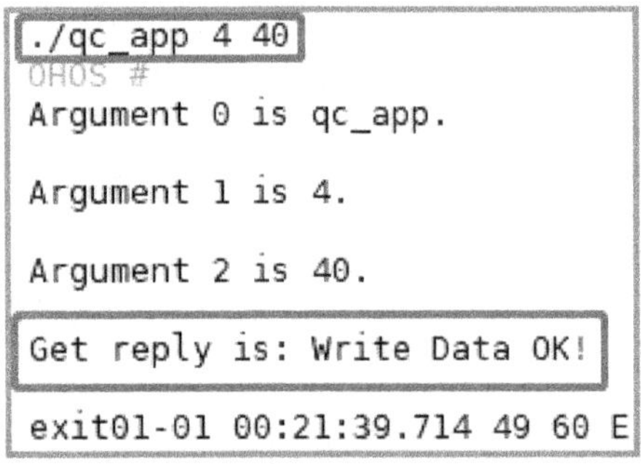

```
./qc_app 4 40
OHOS #
Argument 0 is qc_app.

Argument 1 is 4.

Argument 2 is 40.

Get reply is: Write Data OK!

exit01-01 00:21:39.714 49 60 E
```

图 S2-11　启动定速巡航指令

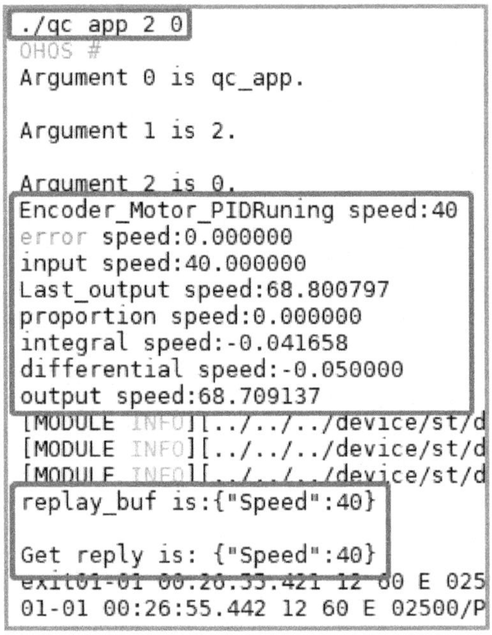

```
./qc_app 2 0
OHOS #
Argument 0 is qc_app.

Argument 1 is 2.

Argument 2 is 0.
Encoder_Motor_PIDRuning speed:40
error speed:0.000000
input speed:40.000000
Last_output speed:68.800797
proportion speed:0.000000
integral speed:-0.041658
differential speed:-0.050000
output speed:68.709137
[MODULE INFO][../../../device/st/d
[MODULE INFO][../../../device/st/d
[MODULE INFO][../../../device/st/d
replay_buf is:{"Speed":40}

Get reply is: {"Speed":40}
exit01-01 00:26:55.421 12 60 E 025
01-01 00:26:55.442 12 60 E 02500/P
```

图 S2-12　执行 PID 算法指令

(5) 启动应用，输入"./qc_app 1 0"，关闭电机，如图 S2-13 所示。

(6) 启动应用，输入"./qc_app 5 1"，打开蜂鸣器，若输入"./qc_app 5 0"，则关闭蜂鸣器，如图 S2-14 所示。

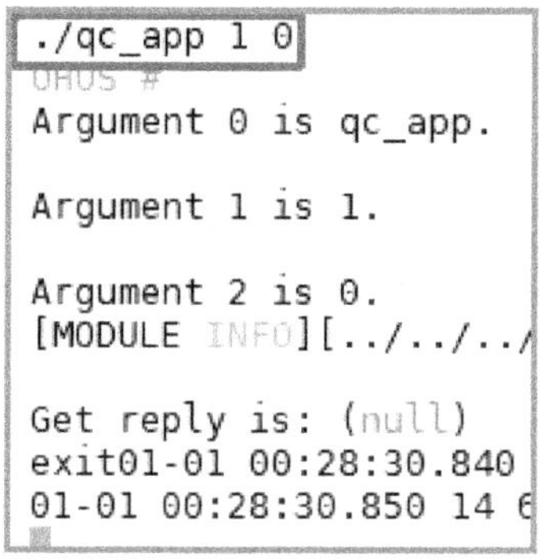

```
OHOS # ./qc_app 1 0
OHOS #
Argument 0 is qc_app.

Argument 1 is 1.

Argument 2 is 0.
[MODULE INFO][../../../

Get reply is: (null)
exit01-01 00:28:30.840
01-01 00:28:30.850 14 6
```

图 S2-13　关闭电机指令

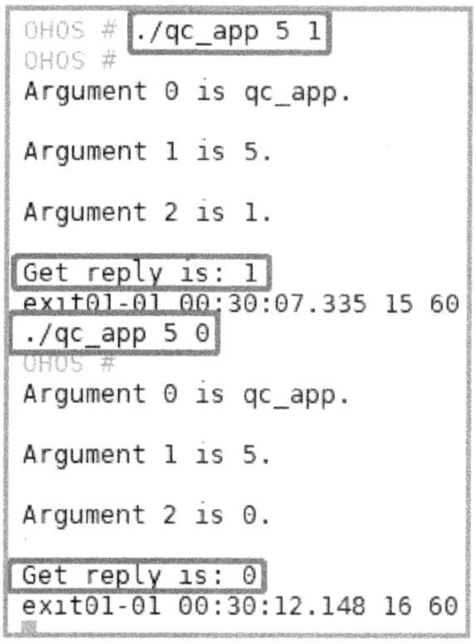

```
OHOS # ./qc_app 5 1
OHOS #
Argument 0 is qc_app.

Argument 1 is 5.

Argument 2 is 1.

Get reply is: 1
exit01-01 00:30:07.335 15 60
./qc_app 5 0
OHOS #
Argument 0 is qc_app.

Argument 1 is 5.

Argument 2 is 0.

Get reply is: 0
exit01-01 00:30:12.148 16 60
```

图 S2-14　控制蜂鸣器指令

(7) 启动应用，输入 "./qc_app 6 1"，打开 LED 灯，若输入 "./qc_app 6 0"，则关闭 LED 灯，如图 S2-15 所示。

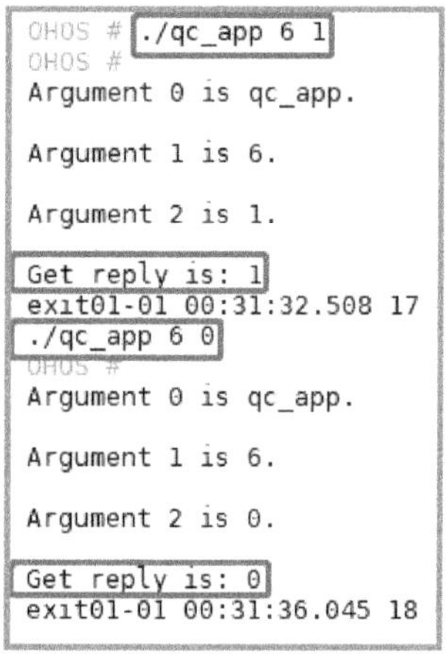

```
OHOS # ./qc_app 6 1
OHOS #
Argument 0 is qc_app.

Argument 1 is 6.

Argument 2 is 1.

Get reply is: 1
exit01-01 00:31:32.508 17
./qc_app 6 0
OHOS #
Argument 0 is qc_app.

Argument 1 is 6.

Argument 2 is 0.

Get reply is: 0
exit01-01 00:31:36.045 18
```

图 S2-15　控制 LED 灯指令

(8) 启动应用，输入 "./qc_app 7 0"，获取 GPS 经纬度数据，如图 S2-16 所示。

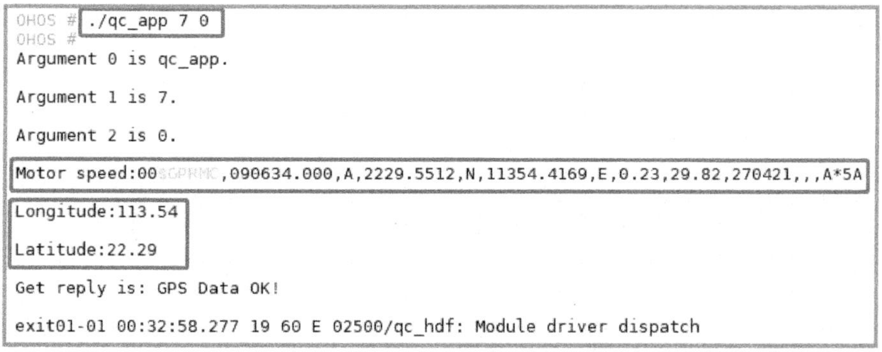

```
OHOS # ./qc_app 7 0
OHOS #
Argument 0 is qc_app.

Argument 1 is 7.

Argument 2 is 0.

Motor speed:00GPRMC,090634.000,A,2229.5512,N,11354.4169,E,0.23,29.82,270421,,,A*5A

Longitude:113.54

Latitude:22.29

Get reply is: GPS Data OK!

exit01-01 00:32:58.277 19 60 E 02500/qc_hdf: Module driver dispatch
```

图 S2-16　获取 GPS 经纬度数据指令

S2.4.10 项目工程代码

智能出行设备开发代码包括应用层和驱动层。

(1) 应用层：实现智能出行设备与用户间的交互。

qc_app.c：main 函数的入口，输入功能码与操作码实现对整个系统的操作，通过服务函数实现与驱动的互联。相关代码如下：

```c
#include <fcntl.h>
#include <sys/stat.h>
#include <sys/ioctl.h>
#include <unistd.h>
#include <stdio.h>
#include "hdf_sbuf.h"
#include "hdf_io_service_if.h"

#define LED_SERVICE "hdf_qc"                    //应用层服务名

/*   函数描述：发送事件
  *参数 serv：获取的 HDF 服务
  *参数 evetCmd：发送的指令
  *参数 eventData：发送的数据
  *返回值：程序运行的状态
*/
static int SendEvent(struct HdfIoService *serv, uint8_t evetCmd, uint8_t eventData)
{
    int ret = 0;
    int cmd = evetCmd;
    struct HdfSBuf *data = HdfSBufObtainDefaultSize();    //给指针申请一个内存
    if (data == NULL)
    {
        printf("fail to obtain sbuf data!\r\n");
        return 1;
    }
    struct HdfSBuf *reply = HdfSBufObtainDefaultSize();    //给指针申请一个内存
    if (reply == NULL)
    {
        printf("fail to obtain sbuf reply!\r\n");
        ret = HDF_DEV_ERR_NO_MEMORY;
```

```
            goto out;
        }
        /*写入数据*/
        if (!HdfSbufWriteUint8(data, eventData))
        {
            printf("fail to write sbuf!\r\n");
            ret = HDF_FAILURE;
            goto out;
        }
        /*通过 Dispatch 发送到驱动*/
        ret = serv->dispatcher->Dispatch(&serv->object, cmd, data, reply);
        if (ret != HDF_SUCCESS)
        {
            printf("fail to send service call!\r\n");
            goto out;
        }
        char *replyData;
        replyData = HdfSbufReadString(reply);
        printf("\r\nGet reply is: %s\r\n", replyData);
out:
    HdfSBufRecycle(data);
    HdfSBufRecycle(reply);                      //释放拿到的内存
    return ret;
}

int main(int argc, char **argv)
{
    int i;
    /*获取服务*/
    struct HdfIoService *serv = HdfIoServiceBind(LED_SERVICE);
    if (serv == NULL)
    {
        printf("fail to get service %s!\r\n", LED_SERVICE);
        return HDF_FAILURE;
    }
    for (i=0; i < argc; i++)
    {
        printf("\r\nArgument %d is %s.\r\n", i, argv[i]);
```

```
    }
    SendEvent(serv, atoi(argv[1]), atoi(argv[2]));         //发送传入的参数
    HdfIoServiceRecycle(serv);                             //释放内存
    printf("exit");
    return HDF_SUCCESS;
}
```

(2) 驱动层：主要实现智能出行系统的程序设计。

pid.c：实现 PID 调速功能，包括 PID 算法及 PID 参数的初始化。相关代码如下：

```c
#include "pid.h"
#include <stdio.h>

/* *
 * @brief   PID 参数初始化
 * @details 对内部参数进行初始化
 * @param pid PID 对象指针
*/
void pid_init(pid_struct *pid)
{
    pid->kp= 0.5;                          //比例系数
    pid->ki= 0.02;                         //积分系数
    pid->kd= 0.05;                         //微分系数
    pid->Last_error = 0;                   //上次误差值
    pid->Last_output = 20;                 //初始输出给电机的转速
    pid->error_data = 0;                   //误差值次数
    /*前 5 次误差值*/
    for (int   j = 0; j < 5; j++)
    {
        pid->error_i[j] = 0;
    }
}
/* *
 * @brief PID 运行时的输入接口
 * @warning 必须严格按照 PID 的运行周期来调用此函数接口
 * @param pid PID 对象指针
 * @retval 返回 PID 控制器的运算输出值
*/
pid_y pid_runing(pid_struct *pid)
```

```
{
    /*实际转速在正常范围*/
    if((pid->input > 0) && (pid->input <101))
    {
        pid->error = pid->set_point - pid->input;        //误差

        printf("error speed:%f\r\n", pid->error);
        printf("input speed:%f\r\n", pid->input);
        printf("Last_output speed:%f\r\n", Last_output);
        pid->proportion = pid->kp * pid->error;          //比例计算
        printf("proportion speed:%f\r\n", pid->proportion);
        /*积分算法*/
        pid->error_i[pid->error_data] = pid->error;      //记录 5 次误差用于积分计算
        for (int j = 0; j < 5; j++)
        {
            pid->integral += pid->error_i[j];            //误差积累
        }
        pid->integral = pid->integral * pid->ki;         //积分计算
        pid->error_data++;                               //数组地址加 1，方便下次误差存入
        /*更新数组地址*/
        if (pid->error_data == 5)
        {
            pid->error_data = 0;
        }
        printf("integral speed:%f\r\n", pid->integral);
        pid->differential = pid->kd * (pid->error - pid->Last_error);    //微分计算
        printf("differential speed:%f\r\n", pid->differential);
        /*PID 算法*/
        pid->pid_output = pid->proportion + pid->differential + pid->integral;
        /*防止 PID 过大*/
        if(pid->pid_output > 10)
        {
            pid->pid_output = 10;
        }
        if(pid->pid_output < (-10))
        {
            pid->pid_output = -10;
        }
```

```
        pid->output = pid->Last_output + pid->pid_output;    //输出值
        /*输出值超出正常则过滤*/
        if((pid->output < 0) || (pid->output > 110))
        {
            pid->output = pid->Last_output;
        }
        printf("output speed:%f\r\n", pid->output);
        pid->output_speed = pid->output * 10;           //占空比精度为0.1，所以需要乘10
        pid->Last_output = pid->output;                 //赋值给下次计算使用
        pid->Last_error = pid->error;                   //赋值给下次计算使用
    }
    return pid->output_speed;
}
```

pid.h：该文件是 PID 调速功能的头文件，定义了与 PID 相关的声明。相关代码如下：

```
#ifndef _pid_h_include_
#define _pid_h_include_
#include <stdint.h>
/* *
 * @brief PID 控制器的运算类型为浮点型
*/
typedef float pid_y;
/* *
 * @brief PID 控制器参数成员
*/
typedef struct
{
    /** @brief 比例参数*/
    pid_y kp;
    /** @brief 积分参数*/
    pid_y ki;
    /** @brief 差分参数*/
    pid_y kd;
    /** @brief 输入值*/
    pid_y input;
    /** @brief 设定的期望值*/
    pid_y set_point;
    /** @brief 计算得出的值*/
```

```
        pid_y output;
        /** @brief 实际输出的值*/
        pid_y output_speed;
        /** @brief 上次实际输出的值*/
        pid_y Last_output;
        /** @brief PID 计算值*/
        pid_y pid_output;
        /** @brief 误差值*/
        pid_y error;
        /** @brief 上次误差值*/
        pid_y Last_error;
        /** @brief 误差值次数*/
        int error_data;
        /** @brief 前 5 次误差值*/
        pid_y error_i[5];
        /** @brief 内部的积分值*/
        pid_y integral;
        /** @brief 内部的微分值*/
        pid_y differential;
        /** @brief 内部的比例值*/
        pid_y proportion;
    }pid_struct;
    void pid_init(pid_struct *pid);
    pid_y pid_runing(pid_struct *pid);
    #endif
```

QC.c：该文件包括了各项驱动的实现，具体包含蜂鸣器、LED 灯、GPS 功能、测速功能、电机驱动功能的驱动开发，以及 PID 调速算法的功能调用。相关代码如下：

```
#include <math.h>
#include <stdio.h>
#include <string.h>
#include <unistd.h>
#include "QC.h"
#include "Module_Common.h"
#include "pid.h"
#define MOTOR_PWM1 3                    //PWM 索引
#define MOTOR_PWM1_POLARITY 0           //分频系数
#define MOTOR_PWM1_PERIOD 1000          //频率
```

```c
#define MOTOR_PWM1_DUTY 0                    //占空比
#define QC_Beep MODULE_IO_9                  //蜂鸣器的引脚
#define QC_Light MODULE_IO_15                //宏定义 LED 指示灯引脚
#define QC_Start MODULE_IO_12                //宏定义启动 GPS 引脚
#define moto_pwm_min_value 0
#define moto_pwm_max_value 10000
pid_struct motor_pid;
gps_msg gpsmsg;

void Encoder_Motor_Init(void)
{
    MODULE_PWMOpen(MOTOR_PWM1);                          //打开 PWM
    MODULE_PWMSetPolarity(MOTOR_PWM1_POLARITY);   //设置分频系数
    Encoder_Motor_PWMSet(MOTOR_PWM1_PERIOD, MOTOR_PWM1_DUTY);
                                                        //设置 PWM 输出参数
    Encoder_Motor_Stop();                               //停止输出 PWM
    MODULE_Log("Encoder_Motor_Init succeed.");
}

void Encoder_Motor_Start(void)
{
    MODULE_PWMStart();                                  //开始输出 PWM
    MODULE_Log("Encoder_Motor Start.");
}

void Encoder_Motor_Stop(void)
{
    MODULE_PWMStop();                                   //停止输出 PWM
    MODULE_Log("Encoder_Motor Stop.");
}

void Encoder_Motor_PWMSet(uint32_t period, uint32_t duty)
{
    MODULE_PWMSet(period, duty);
    MODULE_Log("Encoder_Motor PWM Set.");
}

int32_t Encoder_Motor_PWMSetDuty(uint32_t duty)
```

```c
{
    if((duty < 1) || (duty > 100))
    {
        MODULE_Log("Duty Parameter Setup Error!");
        return -1;
    }
    MODULE_PWMSetDuty(duty*10);
    MODULE_Log("Encoder_Motor PWM Duty Setup Success.");
    return 0;
}

void QC_Init(void)
{
    MODULE_GPIOInit(QC_Beep,MODULE_GPIO_Out_PullNone);      //初始化蜂鸣器
    MODULE_GPIOInit(QC_Light,MODULE_GPIO_Out_PullNone);     //初始化指示灯引脚
    MODULE_GPIOInit(QC_Start,MODULE_GPIO_Out_PullUp);       //初始化启动 GPS 引脚
    MODULE_GPIOWrite(QC_Start, 1);                          //设置输出高电平启动 GPS
}

int QC_Light_StatusSet(QC_Status_ENUM status)
{
    int ret = 0;
        if(status == ON)
                ret = MODULE_GPIOWrite(QC_Light, 0);       //设置输出低电平点亮灯
        if(status == OFF)
                ret = MODULE_GPIOWrite(QC_Light, 1);       //设置输出高电平关闭灯
    return ret;
}

int QC_Beep_StatusSet(QC_Status_ENUM status)
{
    int ret = 0;
        if(status == ON)
                ret = MODULE_GPIOWrite(QC_Beep, 1);        //设置输出高电平打开蜂鸣器
        if(status == OFF)
                ret = MODULE_GPIOWrite(QC_Beep, 0);        //设置输出低电平关闭蜂鸣器
    return ret;
}
```

```c
int QC_speed(void)
{
    int ret = 0;
    uint8_t Read_Buff_speed[5] = {0};
        MODULE_IICRead(0xA2, Read_Buff_speed, 2);          //读取数据
    if((Read_Buff_speed[0] - '0') = = 0)
    {
        ret = Read_Buff_speed[1] - '0';
    }
    else
    {
        ret = Read_Buff_speed[0] - '0';
        ret = ret*10 + Read_Buff_speed[1] - '0';
    }

    if((ret > 100) || (ret < 0))
    {
        ret = -1;
    }
    return ret;
}

uint8_t NMEA_Comma_Pos(uint8_t *buf, uint8_t cx)
{
    uint8_t *p = buf;
    while (cx)
    {
        if (*buf = = '*' || *buf < ' ' || *buf > 'z')
        {
            return 0xFF;
        }
        if (*buf == ',')
        {
            cx--;
        }
        buf++;
    }
```

```
        return buf - p;
}


uint32_t NMEA_Pow(uint8_t m, uint8_t n)
{
        uint32_t result = 1;
        while (n--)
        {
                result *= m;
        }
        return result;
}


int NMEA_Str2num(uint8_t *buf, uint8_t *dx)
{
        uint8_t *p = buf;
        uint32_t ires = 0;
        uint8_t ilen = 0, i;
        uint8_t mask = 0;
        int res;
        while (1)
        {
                if (*p == '-')
                {
                        mask |= 0x02;
                        p++;
                }                               //说明有负数
                if (*p == ',' || *p == '*')
                {
                        break;                  //遇到结束符
                }
                if (*p == '.')                  //遇到小数点
                {
                        break;
                } else if (*p > '9' || (*p < '0'))      //数字不在 0 到 9 之内，说明有非法字符
                {
                        ilen = 0;
                        break;
```

```
        }
        ilen++;                            //str 长度加 1
        p++;                               //下一个字符
    }
    if (mask & 0x02) {
        buf++;                             //移到下一位，除去负号
    }
    for (i = 0; i < ilen; i++)             //得到整数部分数据
    {
        ires += NMEA_Pow(L80R_CONSTANT_10, ilen - 1 - i) * (buf[i] - '0');
    }
    res = ires;
    if (mask & 0x02)
        res = -res;
    return res;
}


void NMEA_BDS_GPRMC_Analysis(gps_msg *gpsmsg, uint8_t *buf)
{
    uint8_t *p4, dx;
    uint8_t posx;
    uint32_t temp;
    p4 = (uint8_t *)strstr((const char *)buf, "$GPRMC");      //判断$GPRMC 首地址.
    if (p4 != NULL)
    {
        posx = NMEA_Comma_Pos(p4, L80R_CONSTANT_3);           //得到纬度
        if (posx != 0XFF)
        {
            temp = NMEA_Str2num(p4 + posx, &dx);
            gpsmsg->latitude_bd = temp;
        }
        posx = NMEA_Comma_Pos(p4, L80R_CONSTANT_5);           //得到经度
        if (posx != 0XFF)
        {
            temp = NMEA_Str2num(p4 + posx, &dx);
            gpsmsg->longitude_bd = temp;
        }
    }
```

```
        memset(buf,0,100);
    }

    void QC_gps(void)
    {
        uint8_t Read_Buff_gps[100] = {0};
        float Longitude = 0;
        float Latitude = 0;
        MODULE_IICRead(0xA2, Read_Buff_gps, 90);                  //读取数据
        printf("\r\nMotor speed:%s\r\n", Read_Buff_gps);
        NMEA_BDS_GPRMC_Analysis(&gpsmsg, Read_Buff_gps);         //解析数据
        Longitude = (float)((float)gpsmsg.longitude_bd / L80R_DATA_LEN);
        Latitude = (float)((float)gpsmsg.latitude_bd / L80R_DATA_LEN);
        printf("\r\nLongitude:%.2f\r\n", Longitude);
        printf("\r\nLatitude:%.2f\r\n", Latitude);
    }
    void Encoder_Motor_PIDInit(void)
    {
        pid_init(&motor_pid);                                    //PID 参数初始化赋值
    }
    void Encoder_Motor_PIDRuning(uint8_t speed,int cruise)
    {
        pid_y pid_duty = 0;
        motor_pid.set_point = cruise;                            //目标值
        motor_pid.input = speed;                                 //实际值
        printf("Encoder_Motor_PIDRuning speed:%d\r\n", speed);
        pid_duty = pid_runing(&motor_pid);                       //PID 算法
        Encoder_Motor_PWMSet(MOTOR_PWM1_PERIOD, pid_duty);       //PWM
    }
```

QC.h：作为驱动开发的头文件，包含了驱动的相关声明。相关代码如下：

```
#ifndef __QC_H__
#define __QC_H__
#include <stdint.h>
#define L80R_CONSTANT_10 10
#define L80R_CONSTANT_2 2
#define L80R_CONSTANT_3 3
#define L80R_CONSTANT_4 4
```

```c
#define L80R_CONSTANT_5 5
#define L80R_CONSTANT_6 6
#define L80R_CONSTANT_60 60
#define L80R_COEFFICIENT 100000
#define L80R_DATA_LEN 100
typedef enum
{
    OFF = 0,
    ON
} QC_Status_ENUM;
typedef struct {
    float      Longitude;              //经度
    float      Latitude;              //纬度
} GPS_Data;
typedef struct {
    uint32_t latitude_bd;              //纬度分扩大 100000 倍，实际要除以 100000
    uint8_t nshemi_bd;              //北纬 / 南纬,N:北纬;S:南纬
    uint32_t longitude_bd;              //经度分扩大 100000 倍,实际要除以 100000
    uint8_t ewhemi_bd;              //东经 / 西经,E:东经;W:西经
}gps_msg;
#define L80R_CONSTANT_10 10
#define L80R_CONSTANT_2 2
#define L80R_CONSTANT_3 3
#define L80R_CONSTANT_4 4
#define L80R_CONSTANT_5 5
#define L80R_CONSTANT_6 6
#define L80R_CONSTANT_60 60
#define L80R_DATA_LEN 100
void Encoder_Motor_Init(void);
void Encoder_Motor_Start(void);
void Encoder_Motor_Stop(void);
void Encoder_Motor_PWMSet(uint32_t period, uint32_t duty);
int32_t Encoder_Motor_PWMSetDuty(uint32_t duty);
void QC_Init(void);
int QC_Light_StatusSet(QC_Status_ENUM status);
int QC_Beep_StatusSet(QC_Status_ENUM status);
int QC_speed(void);
void QC_gps(void);
```

```
void Encoder_Motor_PIDInit(void);
void Encoder_Motor_PIDRuning(uint8_t speed,int cruise);
#endif
```

QC_hdf.c：该文件内是驱动层主体功能程序代码，包含了各项驱动的调用及各项功能的逻辑实现。相关代码如下：

```
#include <stdint.h>
#include <string.h>
#include <stdio.h>
#include "QC.h"
#include "pid.h"
#include "Module_Common.h"
#include "hdf_device_desc.h"
#include "hdf_log.h"
#include "device_resource_if.h"
#include "osal_io.h"
#include "osal_mem.h"
#include "gpio_if.h"
#include "osal_time.h"
typedef enum
{
    QC_Start = 0,                        //初始化
    QC_Stop,                             //去初始化
    QC_Read,                             //读数据
    QC_Write,                            //加减速
    QC_Control,                          //定速巡航
    QC_SetBeep,                          //设置蜂鸣器的状态
    QC_SetLight,
    QC_Gps,
}
XF_H3A22Ctrl;
uint8_t Read_Buff[256] = {0};            //读数据存放的内存
uint8_t Read_Buff_gps[256] = {0};
int8_t   speed;
//HDF 服务程序
int32_t QCDriverDispatch(struct HdfDeviceIoClient *client, int cmdCode, struct HdfSBuf *data, struct
    HdfSBuf *reply)
{
```

```
int ret;
char *replay_buf;
HDF_LOGE("Module driver dispatch");
if (client == NULL || client->device == NULL)
{
    HDF_LOGE("Module driver device is NULL");
    return HDF_ERR_INVALID_OBJECT;
}
switch (cmdCode)
{
case QC_Start:
    Encoder_Motor_PWMSetDuty(20);              //设置占空比
    Encoder_Motor_Start();                     //开始输出 PWM
    Encoder_Motor_PIDInit();                   //PID 初始化
    MODULE_IICOpen();                          //打开 IIC
    speed = 20;                                //初始转速为 20
    /*将字符串写入*/
    ret = HdfSbufWriteString(reply, "QC Init successful");
    if (ret == 0)
    {
        HDF_LOGE("reply failed");
        return HDF_FAILURE;
    }
    break;
case QC_Stop:
    Encoder_Motor_Stop();                      //停止输出 PWM
    speed = 0;                                 //转速为 0
    break;
case QC_Read:
    int reaf_speed;
    reaf_speed = QC_speed();                   //读取转速数据
    Encoder_Motor_PIDRuning(reaf_speed,speed); //PID 算法输入实际转速
    replay_buf = OsalMemAlloc(100);            //申请内存
    (void)memset_s(replay_buf, 100, 0, 100);   //置零
    /*转化为字符串*/
    sprintf(replay_buf, "{\"Speed\":%d}",reaf_speed);
    printf("replay_buf is:%s\r\n", replay_buf);
    /*把传感器数据写入 reply，可被带至用户程序*/
```

```
                if (!HdfSbufWriteString(reply, replay_buf))
                {
                        HDF_LOGE("replay is fail");
                        return HDF_FAILURE;
                }
                OsalMemFree(replay_buf);                    //释放内存
                break;
        case QC_Write:
                int32_t cruise_w;
                int8_t speed_w;
                /*从对象中读取数据*/
                ret = HdfSbufReadInt32(data, &cruise_w);    //将数据转化为整数
                reaf_speed = QC_speed();
                speed_w = reaf_speed;
                if(cruise_w == 0)                           //加速
                {
                        speed = speed_w + 5;
                }
                if(cruise_w == 1)                           //减速
                {
                        speed = speed_w - 5;
                }
                /** 过滤无效数据 **/
                if(speed < 0)
                {
                        speed = 0;
                }
                if(speed > 100)
                {
                        speed = 100;
                }
                replay_buf = OsalMemAlloc(100);             //申请内存
                (void)memset_s(replay_buf, 100, 0, 100);    //置零
                sprintf(replay_buf, "Write Data OK!\n");    //写入数据

                /*把传感器数据写入 reply，可被带至用户程序*/
                if (!HdfSbufWriteString(reply, replay_buf))
                {
```

```
                HDF_LOGE("replay is fail");
                return HDF_FAILURE;
        }
        OsalMemFree(replay_buf);                          //释放内存
        break;
case QC_Control:
        int32_t cruise_c;
        /*从对象中读取数据*/
        ret = HdfSbufReadInt32(data, &cruise_c);          //将数据转化为整数
        speed = cruise_c;                                 //速度为定速
        replay_buf = OsalMemAlloc(100);                   //申请内存
        (void)memset_s(replay_buf, 100, 0, 100);          //置零
        sprintf(replay_buf, "Write Data OK!\n");          //写入数据
        /*把传感器数据写入 reply，可被带至用户程序*/
        if (!HdfSbufWriteString(reply, replay_buf))
        {
                HDF_LOGE("replay is fail");
                return HDF_FAILURE;
        }
        OsalMemFree(replay_buf);                          //释放内存
        break;
case QC_SetBeep:
        int32_t beep_state;
        /*从对象中读取字符串*/
        ret = HdfSbufReadInt32(data, &beep_state);        //将数据转化为整数
        if (beep_state == 1)
        {
                QC_Beep_StatusSet(ON);                    //打开蜂鸣器
        }
        else if (beep_state == 0)
        {
                QC_Beep_StatusSet(OFF);                   //关闭蜂鸣器
        }
        else
        {
                HDF_LOGE("Command wrong!");
                return HDF_FAILURE;
        }
```

```
        replay_buf = OsalMemAlloc(100);                        //申请内存
        (void)memset_s(replay_buf, 100, 0, 100);               //置零
        sprintf(replay_buf, "%d",beep_state);                  //写入数据
        /*把传感器数据写入 reply，可被带至用户程序*/
        if (!HdfSbufWriteString(reply, replay_buf))
        {
            HDF_LOGE("replay is fail");
            return HDF_FAILURE;
        }
        OsalMemFree(replay_buf);                                //释放内存
        break;
    case QC_SetLight:
        int32_t light_state;
        /*从对象中读取字符串*/
        ret = HdfSbufReadInt32(data, &light_state);            //将数据转化为整数
        if (light_state == 1)
        {
            QC_Light_StatusSet(ON);                            //打开灯
        }
        else if (light_state == 0)
        {
            QC_Light_StatusSet(OFF);                           //关闭灯
        }
        else
        {
            HDF_LOGE("Command wrong!");
            return HDF_FAILURE;
        }
        replay_buf = OsalMemAlloc(100);                        //申请内存
        (void)memset_s(replay_buf, 100, 0, 100);               //置零
        sprintf(replay_buf, "%d",light_state);                 //写入数据
        /*把传感器数据写入 reply，可被带至用户程序*/
        if (!HdfSbufWriteString(reply, replay_buf))
        {
            HDF_LOGE("replay is fail");
            return HDF_FAILURE;
        }
        OsalMemFree(replay_buf);                                //释放内存
```

```
            break;
        case QC_Gps:
            QC_gps();                                    //获取 GPS 数据
            replay_buf = OsalMemAlloc(100);              //申请内存
            (void)memset_s(replay_buf, 100, 0, 100);     //置零
            sprintf(replay_buf, "GPS Data OK!\n");       //写入数据
            /*把传感器数据写入 reply，可被带至用户程序*/
            if (!HdfSbufWriteString(reply, replay_buf))
            {
                HDF_LOGE("replay is fail");
                return HDF_FAILURE;
            }
            OsalMemFree(replay_buf);                      //释放内存
            break;
        default:
            return HDF_FAILURE;
    }
    return HDF_SUCCESS;
}
//驱动对外提供的服务能力，将相关的服务接口绑定到 HDF 驱动框架
static int32_t Hdf_QC_DriverBind(struct HdfDeviceObject *deviceObject)
{
    if (deviceObject = = NULL)
    {
        HDF_LOGE("Module driver bind failed!");
        return HDF_ERR_INVALID_OBJECT;
    }
    static struct IDeviceIoService moduleDriver =
    {
        .Dispatch = QCDriverDispatch,
    };
    deviceObject->service = (struct IDeviceIoService *)(&moduleDriver);
    HDF_LOGD("Module driver bind success");
    return HDF_SUCCESS;
}
//HDF 驱动初始化
static int32_t Hdf_QC_DriverInit(struct HdfDeviceObject *device)
{
```

```
        Encoder_Motor_Init();              //电机初始化
        QC_Init();                         //系统初始化
        QC_Light_StatusSet(OFF);           //关闭 LED 灯
        return HDF_SUCCESS;
}
//驱动资源释放的接口
void Hdf_QC_DriverRelease(struct HdfDeviceObject *deviceObject)
{
        if (deviceObject = = NULL)
        {
            HDF_LOGE("Led driver release failed!");
            return;
        }
        HDF_LOGD("Led driver release success");
        return;
}
//定义驱动入口的对象，必须为 HdfDriverEntry(在 hdf_device_desc.h 中定义)类型的全局变量
struct HdfDriverEntry g_QCDriverEntry =
{
        .moduleVersion = 1,
        .moduleName = "HDF_QC",
        .Bind = Hdf_QC_DriverBind,
        .Init = Hdf_QC_DriverInit,
        .Release = Hdf_QC_DriverRelease,
};
//调用 HDF_INIT 将驱动入口注册到 HDF 驱动框架中
HDF_INIT(g_QCDriverEntry);
```

习　　题

1. 填空题

(1) 智能出行设备开发中，控制电机的转速是通过控制 PWM 波的_____来实现。

(2) 智能出行设备开发中，采集 GPS 数据使用的是_____通信方式。

(3) 智能出行设备开发中，PID 控制算法的目的就是消除_____。

(4) 智能出行设备开发中，GPIO 引脚初始化调用的函数是_____。

2. 判断题

(1) 智能出行设备开发中，PID 控制算法的公式是"上次运算得出的值+比例算法的值+积分算法的值+微分算法的值"。(　　)

(2) 智能出行设备开发中 HDF 驱动框架的服务函数是 QCDriverDispatch。(　　)

3. 简答题

智能出行设备开发中实现点亮 LED 灯的程序步骤及对应的函数有哪些(LED 引脚号为136，低电平导通)？

附录　CMSIS 标准接口

OpenHarmony 作为一款开源的分布式操作系统，支持 CMSIS 标准接口，使得开发者能够在 OpenHarmony 上使用 CMSIS 软件库进行开发。

本书中使用的 CMSIS 接口如附表 1 至附表 8 所示。

附表 1　内核信息与控制

接口名称	描　　述
osKernelInitialize	初始化 RTOS 内核
osKernelStart	启动 RTOS 内核调度程序
osKernelLock	锁定 RTOS 内核调度程序
osKernelUnlock	解锁 RTOS 内核调度程序
osKernelRestoreLock	恢复 RTOS 内核调度程序锁定状态

附表 2　线 程 管 理

接口名称	描　　述
osThreadNew	创建一个线程并将其添加到活动线程中
osThreadResume	恢复线程的执行
osThreadSuspend	暂停执行线程
osThreadTerminate	终止线程的执行
osThreadGetPriority	获取线程的当前优先级
osThreadSetPriority	更改线程的优先级
osThreadExit	终止执行当前正在运行的线程
osThreadGetId	返回当前正在运行线程的 ID
osThreadGetName	获取线程的名称
osThreadGetStackSize	获取线程的堆栈大小
osThreadGetPriority	获取线程的当前优先级

附表3　事件管理

接口名称	描述
osEventFlagsNew	创建并初始化事件标志对象
osEventFlagsDelete	删除事件标志对象
osEventFlagsSet	设置指定的事件标志
osEventFlagsClear	清除指定的事件标志
osEventFlagsGet	获取当前事件标志
osEventFlagsWait	等待一个或多个事件写入标志位

附表4　通用等待函数

接口名称	描述
osDelay	等待超时(时间延迟)
osDelayUntil	等到指定时间

附表5　互斥管理

接口名称	描述
osMutexNew	创建并初始化 Mutex 对象
osMutexRelease	释放由 osMutexAcquire 获取的 Mutex
osMutexAcquire	获取互斥或超时(如果已锁定)
osMutexDelete	删除互斥对象
osMutexGetOwner	获取拥有互斥对象的线程

附表6　信号量

接口名称	描述
osSemaphoreNew	创建并初始化一个信号量对象
osSemaphoreAcquire	获取信号量令牌或超时（如果没有可用的令牌）
osSemaphoreRelease	释放信号量令牌，直到初始最大计数
osSemaphoreDelete	删除一个信号量对象
osSemaphoreGetCount	获取当前信号量令牌计数

附表7　内　存　池

接口名称	描　述
osMemoryPoolNew	创建并初始化一个内存池对象
osMemoryPoolAlloc	从内存池分配一个内存块
osMemoryPoolDelete	删除内存池对象
osMemoryPoolFree	将分配的内存块返回到内存池
osMemoryPoolGetBlockSize	获取内存池中的内存块大小
osMemoryPoolGetCapacity	获取内存池中最大的内存块数
osMemoryPoolGetCount	获取内存池中使用的内存块数
osMemoryPoolGetName	获取内存池对象的名称
osMemoryPoolGetSpace	获取内存池中可用的内存块数

附表8　消　息　队　列

接口名称	描　述
osMessageQueueNew	创建和初始化消息队列对象
osMessageQueueDelete	删除消息队列对象
osMessageQueuePut	消息放入队列，如果队列已满，则按照需求放入或等待
osMessageQueueGet	从队列获取消息，或者如果队列为空，则从超时获取消息
osMessageQueueGetCapacity	获取消息队列中的最大消息数
osMessageQueueGetCount	获取消息队列中排队的消息数
osMessageQueueGetMsgSize	获取内存池中的最大消息大小
osMessageQueueGetSpace	获取消息队列中消息的可用插槽数

参 考 文 献

[1] 佚名. 华为鸿蒙 3.0：真正的国产操作系统来了[J]. 经济导刊，2022(07)：7.

[2] 刘小芬. 鸿蒙系统架构及应用程序开发研究[J]. 电脑编程技巧与维护，2021(12)：3-5+12.

[3] 连志安. OpenHarmony 当前进展和未来趋势[J]. 单片机与嵌入式系统应用，2023，23(11)：4-9+13.

[4] 李传钊. 深入浅出 OpenHarmony 架构、内核、驱动及应用开发全栈[M]. 北京：中国水利水电出版社，2021.

[5] 江苏润和软件股份有限公司. HarmonyOS IoT设备开发实战[M]. 北京：电子工业出版社，2021.